U0220811

国家科学思想库

中国学科发展战略

磷科学

中国科学院

科学出版社

北 京

内 容 简 介

本书从磷化学的战略发展、磷与生命科学、磷与生命起源、磷资源的生物循环利用、磷科学战略联盟五大主题展开讨论，凝练新的学科生长点及学科发展战略思路和政策措施，为国家基础研究以及创新体系中的战略定位和功能的确立提供参考与建议。

本书适合高层次的战略和管理专家、相关领域的高等院校师生、研究机构的研究人员阅读，是科技工作者洞悉学科发展规律、把握前沿领域和重点方向的重要指南，也是科技管理部门重要的决策参考，同时也是社会公众了解磷科学学科发展现状及趋势的权威读本。

图书在版编目（CIP）数据

磷科学 / 中国科学院编. —北京：科学出版社，2022.4
（中国学科发展战略）
ISBN 978-7-03-070148-0

Ⅰ.①磷…　Ⅱ.①中…　Ⅲ.①磷－学科发展－发展战略－中国
Ⅳ.①O613.62-12

中国版本图书馆 CIP 数据核字（2021）第 214024 号

丛书策划：侯俊琳　牛　玲
责任编辑：朱萍萍　高　微 / 责任校对：韩　杨
责任印制：师艳茹 / 封面设计：黄华斌　陈　敬

科学出版社 出版
北京东黄城根北街 16 号
邮政编码：100717
http://www.sciencep.com

北京中科印刷有限公司 印刷
科学出版社发行　各地新华书店经销

＊

2022 年 4 月第　一　版　开本：720×1000　1/16
2024 年 1 月第二次印刷　印张：17
字数：265 000
定价：108.00 元
（如有印装质量问题，我社负责调换）

中国学科发展战略

指 导 组

组　　长：侯建国

副 组 长：高鸿钧　包信和

成　　员：张　涛　朱日祥　裴　钢

　　　　　郭　雷　杨　卫

工 作 组

组　　长：王笃金

副 组 长：苏荣辉

成　　员：钱莹洁　赵剑峰　薛　淮

　　　　　王　勇　冯　霞　陈　光

　　　　　李鹏飞　马新勇

中国学科发展战略·磷科学

项 目 组

组　　长：赵玉芬

成　　员（以姓氏拼音为序）：

陈冀胜	陈宇综	陈志刚	陈忠周	丁奎岭	韩家淮
洪茂椿	胡山鹰	纪志梁	蒋宇扬	焦念志	李艳梅
裴承新	宋宝安	田瑞军	王玉忠	席振峰	许秀成
张　晖	张福锁	张绪穆	张玉奎	周　强	周其林

学术秘书：刘　艳　唐　果

撰 写 组

组　　长：赵玉芬

成　　员（以姓氏拼音为序）：

曹书霞	常俊标	陈　力	陈铁桥	陈晓岚	段　征
段伟良	高　祥	郭　珊	郭海明	郭金虎	韩立彪
郝格非	贺红武	贺峥杰	何志勇	华跃进	邝福儿
蓝　宇	李艳梅	李永芳	刘　艳	刘华东	刘荣雕
梅　毅	倪　锋	彭孝军	渠桂荣	任雪玲	石　磊
宋宝安	唐　果	田　泗	王　婧	王金兰	夏海平
谢明胜	徐利文	许秀成	杨尚东	尹应武	余广鳌
喻学锋	于文全	张彩香	张福锁	张红雨	张树峰
张卫峰	张文雄	张绪穆	张永辉	章　慧	郑丽敏
周　翔	周永波				

总　序

九层之台，起于累土 [①]

白春礼

近代科学诞生以来，科学的光辉引领和促进了人类文明的进步，在人类不断深化对自然和社会认识的过程中，形成了以学科为重要标志的、丰富的科学知识体系。学科不但是科学知识的基本的单元，同时也是科学活动的基本单元：每一学科都有其特定的问题域、研究方法、学术传统乃至学术共同体，都有其独特的历史发展轨迹；学科内和学科间的思想互动，为科学创新提供了原动力。因此，发展科技，必须研究并把握学科内部运作及其与社会相互作用的机制及规律。

中国科学院学部作为我国自然科学的最高学术机构和国家在科学技术方面的最高咨询机构，历来十分重视研究学科发展战略。2009 年 4 月与国家自然科学基金委员会联合启动了"2011～2020年我国学科发展战略研究"19 个专题咨询研究，并组建了总体报告研究组。在此工作基础上，为持续深入开展有关研究，学部于2010 年底，在一些特定的领域和方向上重点部署了学科发展战略研究项目，研究成果现以"中国学科发展战略"丛书形式系列出版，供大家交流讨论，希望起到引导之效。

根据学科发展战略研究总体研究工作成果，我们特别注意到学

[①] 题注：李耳《老子》第 64 章："合抱之木，生于毫末；九层之台，起于累土；千里之行，始于足下。"

科发展的以下几方面的特征和趋势。

一是学科发展已越出单一学科的范围，呈现出集群化发展的态势，呈现出多学科互动共同导致学科分化整合的机制。学科间交叉和融合、重点突破和"整体统一"，成为许多相关学科得以实现集群式发展的重要方式，一些学科的边界更加模糊。

二是学科发展体现了一定的周期性，一般要经历源头创新期、创新密集区、完善与扩散期，并在科学革命性突破的基础上螺旋上升式发展，进入新一轮发展周期。根据不同阶段的学科发展特点，实现学科均衡与协调发展成为了学科整体发展的必然要求。

三是学科发展的驱动因素、研究方式和表征方式发生了相应的变化。学科的发展以好奇心牵引下的问题驱动为主，逐渐向社会需求牵引下的问题驱动转变；计算成为了理论、实验之外的第三种研究方式；基于动态模拟和图像显示等信息技术，为各学科纯粹的抽象数学语言提供了更加生动、直观的辅助表征手段。

四是科学方法和工具的突破与学科发展互相促进作用更加显著。技术科学的进步为激发新现象并揭示物质多尺度、极端条件下的本质和规律提供了积极有效手段。同时，学科的进步也为技术科学的发展和催生战略新兴产业奠定了重要基础。

五是文化、制度成为了促进学科发展的重要前提。崇尚科学精神的文化环境、避免过多行政干预和利益博弈的制度建设、追求可持续发展的目标和思想，将不仅极大促进传统学科和当代新兴学科的快速发展，而且也为人才成长并进而促进学科创新提供了必要条件。

我国学科体系由西方移植而来，学科制度的跨文化移植及其在中国文化中的本土化进程，延续已达百年之久，至今仍未结束。

鸦片战争之后，代数学、微积分、三角学、概率论、解析几何、力学、声学、光学、电学、化学、生物学和工程科学等的近代科学知识被介绍到中国，其中有些知识成为一些学堂和书院的教学内容。1904 年清政府颁布"癸卯学制"，该学制将科学技术分为格致科（自然科学）、农业科、工艺科和医术科，各科又分为诸多学科。1905 年清朝废除科举，此后中国传统学科体系逐步被来自西方的新学科体系取代。

民国时期现代教育发展较快，科学社团与科研机构纷纷创建，现代学科体系的框架基础成型，一些重要学科实现了制度化。大学引进欧美的通才教育模式，培育各学科的人才。1912 年詹天佑发起成立中华工程师会，该会后来与类似团体合为中国工程师学会。1914 年留学美国的学者创办中国科学社。1922 年中国地质学会成立，此后，生理、地理、气象、天文、植物、动物、物理、化学、机械、水利、统计、航空、药学、医学、农学、数学等学科的学会相继创建。这些学会及其创办的《科学》《工程》等期刊加速了现代学科体系在中国的构建和本土化。1928 年国民政府创建中央研究院，这标志着现代科学技术研究在中国的制度化。中央研究院主要开展数学、天文学与气象学、物理学、化学、地质与地理学、生物科学、人类学与考古学、社会科学、工程科学、农林学、医学等学科的研究，将现代学科在中国的建设提升到了研究层次。

中华人民共和国成立之后，学科建设进入了一个新阶段，逐步形成了比较完整的体系。1949 年 11 月中华人民共和国组建了中国科学院，建设以学科为基础的各类研究所。1952 年，教育部对全国高等学校进行院系调整，推行苏联式的专业教育模式，学科体系不断细化。1956 年，国家制定出《十二年科学技术发展远景规划纲要》，该规划包括 57 项任务和 12 个重点项目。规划制定过程中形成的"以任务带学科"的理念主导了以后全国科技发展的模式。1978 年召开全国科学大会之后，科学技术事业从国防动力向经济动力的转变，推进了科学技术转化为生产力的进程。

科技规划和"任务带学科"模式都加速了我国科研的尖端研究，有力带动了核技术、航天技术、电子学、半导体、计算技术、自动化等前沿学科建设与新方向的开辟，填补了学科和领域的空白，不断奠定工业化建设与国防建设的科学技术基础。不过，这种模式在某些时期或多或少地弱化了学科的基础建设、前瞻发展与创新活力。比如，发展尖端技术的任务直接带动了计算机技术的兴起与计算机的研制，但科研力量长期跟着任务走，而对学科建设着力不够，已成为制约我国计算机科学技术发展的"短板"。面对建设创新型国家的历史使命，我国亟待夯实学科基础，为科学技术的持续发展与创新能力的提升而开辟知识源泉。

反思现代科学学科制度在我国移植与本土化的进程，应该看到，20世纪上半叶，由于西方列强和日本入侵，再加上频繁的内战，科学与救亡结下了不解之缘，中华人民共和国成立以来，更是长期面临着经济建设和国家安全的紧迫任务。中国科学家、政治家、思想家乃至一般民众均不得不以实用的心态考虑科学及学科发展问题，我国科学体制缺乏应有的学科独立发展空间和学术自主意识。改革开放以来，中国取得了卓越的经济建设成就，今天我们可以也应该静下心来思考"任务"与学科的相互关系，重审学科发展战略。

现代科学不仅表现为其最终成果的科学知识，还包括这些知识背后的科学方法、科学思想和科学精神，以及让科学得以运行的科学体制，科学家的行为规范和科学价值观。相对于我国的传统文化，现代科学是一个"陌生的""移植的"东西。尽管西方科学传入我国已有一百多年的历史，但我们更多地还是关注器物层面，强调科学之实用价值，而较少触及科学的文化层面，未能有效而普遍地触及到整个科学文化的移植和本土化问题。中国传统文化以及当今的社会文化仍在深刻地影响着中国科学的灵魂。可以说，迄20世纪结束，我国移植了现代科学及其学科体制，却在很大程度上拒斥与之相关的科学文化及相应制度安排。

科学是一项探索真理的事业，学科发展也有其内在的目标，探求真理的目标。在科技政策制定过程中，以外在的目标替代学科发展的内在目标，或是只看到外在目标而未能看到内在目标，均是不适当的。现代科学制度化进程的含义就在于：探索真理对于人类发展来说是必要的和有至上价值的，因而现代社会和国家须为探索真理的事业和人们提供制度性的支持和保护，须为之提供稳定的经费支持，更须为之提供基本的学术自由。

　　20 世纪以来，科学与国家的目的不可分割地联系在一起，科学事业的发展不可避免地要接受来自政府的直接或间接的支持、监督或干预，但这并不意味着，从此便不再谈科学自主和自由。事实上，在现当代条件下，在制定国家科技政策时充分考虑"任务"和学科的平衡，不但是最大限度实现学术自由、提升科学创造活力的有效路径，同时也是让科学服务于国家和社会需要的最有效的做法。这里存在着这样一种辩证法：科学技术系统只有在具有高度创造活力的情形下，才能在创新型国家建设过程中发挥最大作用。

　　在全社会范围内创造一种允许失败、自由探讨的科研氛围；尊重学科发展的内在规律，让科研人员充分发挥自己的创造潜能；充分尊重科学家的个人自由，不以"任务"作为学科发展的目标，让科学共同体自主地来决定学科的发展方向。这样做的结果往往比事先规划要更加激动人心。比如，19 世纪末德国化学学科的发展史就充分说明了这一点。从内部条件上讲，首先是由于洪堡兄弟所创办的新型大学模式，主张教与学的自由、教学与研究相结合，使得自由创新成为德国的主流学术生态。从外部环境来看，德国是一个后发国家，不像英、法等国拥有大量的海外殖民地，只有依赖技术创新弥补资源的稀缺。在强大爱国热情的感召下，德国化学家的创新激情迸发，与市场开发相结合，在染料工业、化学制药工业方面进步神速，十余年间便领先于世界。

　　中国科学院作为国家科技事业"火车头"，有责任提升我国原始创新能力，有责任解决关系国家全局和长远发展的基础性、前瞻性、战略性重大科技问题，有责任引领中国科学走自主创新之路。中国科学院学部汇聚了我国优秀科学家的代表，更要责无旁贷地承担起引领中国科技进步和创新的重任，系统、深入地对自然科学各学科进行前瞻性战略研究。这一研究工作，旨在系统梳理世界自然科学各学科的发展历程，总结各学科的发展规律和内在逻辑，前瞻各学科中长期发展趋势，从而提炼出学科前沿的重大科学问题，提出学科发展的新概念和新思路。开展学科发展战略研究，也要面向我国现代化建设的长远战略需求，系统分析科技创新对人类社会发展和我国现代化进程的影响，注重新技术、新方法和新手段研究，提炼出符合中国发展需求的新问题和重大战略方向。开展学科发展战略研究，还要从支撑学科发展的软、硬件环境和建设国家创新体系的整体要求出发，重点关注学科政策、重点领域、人才培养、经费投入、基础平台、管理体制等核心要素，为学科的均衡、持续、健康发展出谋划策。

2010 年，在中国科学院各学部常委会的领导下，各学部依托国内高水平科研教育等单位，积极酝酿和组建了以院士为主体、众多专家参与的学科发展战略研究组。经过各研究组的深入调查和广泛研讨，形成了"中国学科发展战略"丛书，纳入"国家科学思想库—学术引领系列"陆续出版。学部诚挚感谢为学科发展战略研究付出心血的院士、专家们！

按照学部"十二五"工作规划部署，学科发展战略研究将持续开展，希望学科发展战略系列研究报告持续关注前沿，不断推陈出新，引导广大科学家与中国科学院学部一起，把握世界科学发展动态，夯实中国科学发展的基础，共同推动中国科学早日实现创新跨越！

前　言

　　磷是生命的基本元素，是地球上不可再生的战略资源。生命科学的相关研究必然要充分考虑磷的参与及调控。磷科学的发展涉及化学、生物学、物理学、材料科学、医学、药学和海洋科学等多学科交叉及协作，在发展国民经济、促进物质文明、提升国防安全等诸多方面具有不可替代的作用。只有实现磷资源的循环、有效利用，才能保障我国社会经济的可持续发展。

　　本书是在中国科学院化学部常务委员会的支持和领导下完成的。本书凝结了我国磷科学相关研究领域的几十位专家、学者的集体智慧，着重探讨了磷科学在化学、化工、材料及生命科学等领域的研究热点、难点及未来5～10年的研究发展趋势，挖掘新的科学生长点及促进学科健康发展的战略思路和政策措施。希望该战略研究成果能够促进我国不可再生磷资源的有效开发、利用；利用"磷科学"这一科学桥梁，促进化学、化工、生物、医学、环境、材料等多学科更高效的交叉融合，进一步全面推动"磷科学"自身的创新、发展。

　　参与本书撰写的人员及分工：有机磷试剂的新反应由贺峰杰、张绪穆、夏海平、陈晓岚、周永波、陈铁桥、杨尚东、段伟良、邝福儿、郑丽敏撰写；单质磷由喻学锋、张文雄、唐果撰写；低配位、高配位磷的研究由段征、曹书霞撰写；膦配体由徐利文、余广鳌、蓝宇、王金兰撰写；含磷火安全材料的可持续发展由彭孝军、陈力撰写；磷化工由张福锁、梅毅、韩立彪、尹应武、李永芳、张卫峰撰写；磷资源的循环利用由张彩香、石磊、张树峰撰写；磷与生命起源由赵玉芬、张红雨、刘艳、郭金虎、华跃进、章慧撰写；磷与生命科学由周翔、李艳梅、高祥、王婧、田沺、刘华东、张永辉、郭珊、何志勇、刘荣雕撰写；磷与医药由常俊标、渠桂荣、郭海明、谢明胜、于文全撰写；有机磷农药的发展方向由宋宝安、贺红武、郝格非撰写；磷科学战略联盟的发展由许秀成、倪锋、任雪玲撰写。

目前，书中仍有不少不足之处，磷科学涉及的研究领域没能面面俱到，欢迎广大读者批评指正。

赵玉芬

2021 年 11 月 13 日

摘　要

地球上的生命是由磷元素主导的。磷元素在脱氧核糖核酸（DNA）中占9%，DNA的自发水解半衰期长达3100万年，其结构骨架磷酸二酯键的超强稳定性决定了磷元素是无法被硅、砷、硫等其他元素取代的，生命科学的相关研究必然要充分考虑磷的参与及调控作用。此外，磷科学发展到今天，早已超出生命科学的范畴，成为一门涉及化学、生物、物理、材料、医学、药学、地质、环境和农业等多学科的综合性科学门类，在国民经济、社会文明、国防安全等诸多方面具有不可替代的作用。

"磷科学"学科发展战略研究基于磷化学的战略发展、磷与生命科学、磷与生命起源、磷资源的生物循环利用、磷科学战略联盟五大主题开展讨论，并根据上述五大方面的调研和讨论结果，主要从国家科研基金设立、教育规划及基础研究的产业化等三个方面，为我国"磷科学"的学科发展"顶层设计"提供一些参考意见和建议。

"磷科学"学科发展战略研究项目重点关注的五大研讨主题分别介绍如下。

（一）磷化学的战略发展

磷元素在合成化学的发展进程中始终发挥着不可替代的重要作用。磷化合物具有独特而丰富的分子结构与化学性质，能够以多种方式促进合成反应的发生。磷化合物不仅可以作为化学反应试剂，实现具有高度化学选择性和立体选择性的化学转化，而且能够以有机催化剂和过渡金属催化剂配体的方式，促进合成化学反应达到高效、高选择性和原子经济性的理想效果。

目前，有关磷化合物在合成化学领域中的新应用和新功能已成为世界各国化学家共同关注的研究前沿。当今磷化学领域中的具体研究热点主要包括磷化合物的新反应性、新催化功能及新合成方法等。新中国成立初期，老一辈科学家在相关磷化学领域开展了卓有成效的研究工作，并培养了一批相关领域的人才，建立了良好的科研基础。但与国际先进水平相比还存在较大差距，整体研究力量过于分散，急需整合全国的研究力量，加强团队协作，从而促使我国在磷化学和合成化学领域的研究水平处于世界前沿，并为我国化学工业的技术升级改造和社会经济可持续发展提供先进技术支撑。

1. 高效绿色合成方法及元素磷的开发利用

当下，有机磷化合物的高效绿色合成方法是其主要关切点。主要有两种基本发展策略：一种是以简单易得的有机磷试剂为原料，通过高效、绿色的途径实现功能有机磷化合物的合成；另一种是从最基本的磷单质（白磷）出发，通过白磷的活化手段，从起始源头上实现有机磷化合物的原子经济性合成。这两种策略的核心研究内容均是围绕磷—碳（P—C）键的有效构建。原子经济、低碳环保的磷系产品合成新方法的研究必将是今后推动磷化学基础理论体系发展及磷化工可持续发展的技术支撑及有效驱动力。

黑磷是磷的三种主要同素异形体之一，是直接带隙半导体。黑磷拥有很高的电子迁移率、高的比表面积和众多活性位点。这些特性使得黑磷不仅有望替代硅成为新一代半导体工业的核心材料，用于制造各种新型电子器件和光电器件，在光催化、电催化、储能等领域也有很好的应用前景。此外，黑磷还具有极高的生物相容性，在生物医学领域的应用中具有天然优势。当前，高效、快捷的制备技术及作为新兴材料在催化新能源与生物医学方面的应用是黑磷研究的热点、难点。

2. 高配位磷化学

有机磷化合物存在多种配位成键形式，表现出丰富的结构特点及反应活性。目前，对于四配位磷化合物的反应已经获得了较广泛的研究。但是，五配位、六配位这类高配位磷化合物，由于结构的特殊性，其结构特点及其反应性还有许多尚待探索之处，尤其一些重要反应过程中的立体化学选择机制尚需更深入、更广泛的研究。对高配位磷化合物的反应及其立体化学机制进行研究，不仅可以进一步认识高配位磷化合物的性质特点，而且可以为进一步探索生命科学中高配位磷化合物参与的生物化学反应机制打下良好基础。

3. 有机磷化合物的催化功能——小分子催化剂和有机磷（膦）配体

有机磷化合物的催化功能在发展高效、高选择性有机合成反应中起着至关重要的作用。有机磷化合物主要以有机磷小分子催化剂和有机磷（膦）配体这两种形式实现其在有机合成反应中的催化功能。

有机磷化合物具有丰富的分子结构和化学性质，已成为继酶催化和金属催化后第三类有机小分子催化剂的重要一类。最具代表性的有机磷小分子催化剂包括叔膦和手性磷酸。

当前有机小分子催化剂所面临的挑战性问题，就是包括有机磷催化剂在内的有机小分子催化剂普遍用量较高，因此发展更加高效的有机磷催化剂将是该领域的一项紧迫任务，探索多功能的催化剂结构或利用与过渡金属协同催化的方式应是未来值得探索的方向。

有机磷（膦）配体在合成化学中的使用迄今已超过半个世纪，其在有机合成中所发挥的关键作用已十分广泛。目前，膦配体已是支撑过渡金属催化领域的基石之一。发展和选择适当的膦配体，对于提高过渡金属催化剂的活性和稳定性，以及实现对催化反应的立体控制均起着至关重要的作用。正是使用了膦配体，特别是手性膦配体，使人们能够更高效、更原子经济地获得社会生活中所需的医药和农药等特定构型手性化合物。

虽然目前已发展了大量的手性膦配体，并成功应用于催化不对称合成，但仍然有大量的合成反应缺少适当的催化剂和配体，因此发现和发展结构新颖的手性膦配体将仍是有机磷化学与过渡金属催化领域的研究重点。

4. 磷系阻燃剂及火安全材料

因其结构类型多、易制备、毒性低且阻燃效率高,磷系阻燃剂是继卤系阻燃剂之后应用最广泛的阻燃剂。目前有机磷化合物被认为是卤系(主要是含溴)阻燃剂的替代物。磷系阻燃剂具有丰富的化学可设计性(无机磷到有机磷、磷含量可变、氧化态可变),开发多功能、环境友好的新型磷系阻燃剂及其相应的火安全材料是未来产品开发的主要方向之一。

(二)磷与生命科学

磷是重要的生命元素之一,对生命活动起着重要的调控作用。例如,许多参与生化过程的蛋白质及有机分子都会经历磷酸化修饰,这些修饰对于保证生命过程的精细调控具有不可替代的作用,但是其中具体的一些调节方式与机制尚不清楚。研究还发现,人体内每天的生化反应要利用等同于其体重的腺苷三磷酸(adenosine-5′-triphosphate,ATP),可以说ATP是生命的主角。同时,磷元素还构筑了一些目前已知的第二信使分子,参与生命的应激调控。因此,研究核酸、蛋白质的起源与进化过程中的磷调控机制,特别是密码子如何起源的分子机制,以及蛋白质、核酸的磷作用机制等关键科学问题,是人类认识自己的重中之重。

1. 磷与核酸、蛋白质

1)核酸化学修饰及功能

随着分子生物学和医学的飞速发展,人类对于"大多数疾病的病因在于基因"的认识已达成共识。从基因水平上阻断或控制疾病相关异常基因的表达备受研究者的青睐。具有专一序列的寡核苷酸因其特异性高、降解产物无毒的特性,在多种疾病(如病毒感染、心血管疾病、癌症和炎症等)治疗研究中有很大的应用潜力。为了增强寡核苷酸的稳定性,使其不易被体内核酸酶降解,研究者们对寡核苷酸进行了许多化学修饰,包括磷酸骨架改变、糖环修饰[主要是对核糖核酸(RNA)糖环的2′位进行修饰]、碱基修饰及3′或5′端修饰。由于寡核苷酸发挥其特异性作用的关键在于其碱基排列顺序,而与磷酸二酯键骨架无关,因此对磷酸骨架进行化学修饰具有一定的优越性。

2）蛋白质磷酸化修饰

蛋白质磷酸化修饰是生物界最普遍、最重要的一种蛋白质翻译后修饰方式，对信号转导、基因表达、细胞分裂等生物学过程发挥重要的调控功能，与肿瘤的发生和发展密切相关。蛋白质磷酸化可发生在丝氨酸（Ser）、苏氨酸（Thr）、酪氨酸（Tyr）、天冬氨酸（Asp）、谷氨酸（Glu）、半胱氨酸（Cys）、组氨酸（His）、赖氨酸（Lys）和精氨酸（Arg）等氨基酸残基上。对三种 O-磷酸化修饰（Ser、Thr 和 Tyr）及与其相关联的上下游激酶、酯酶的研究，在过去 20 年中极大地拓展了人类细胞中以蛋白质作为生命活动载体和功能执行者的生命现象的认识，推动了生物富集材料、生物质谱等新技术的发展，带动了以"蛋白质 O-磷酸化"为开端和基础的细胞信号通路研究。然而，N-磷酸化修饰（His、Lys 和 Arg）的相关研究进展缓慢，主要原因是其酸热不稳定的结构特性，现有 O-磷酸化蛋白的富集、分析、鉴定技术难以应用其中，而且缺乏相应工具酶等。蛋白质的 N-磷酸化修饰的相关研究具有明显的基础性、前瞻性和交叉性，可以加深对 N-磷酸化蛋白功能的理解，推进人类对蛋白质翻译后修饰的全面认识，推动我国在磷酸化蛋白原创性基础研究领域的进一步发展。

3）磷与代谢调控——第二信使分子功能与机制

细胞作为生命的基本单元，时刻感知外界环境变化，并实时做出相应的生理行为调控。胞外信号向胞内信号的转导，以及胞内信号引起基因转录组、蛋白质组等的适应性改变，是生命具有应激能力的基础。第二信使系统（second messenger system）是细胞响应胞外信号的重要方式。第二信使是天然存在并广泛调节生命活动的小分子。发现第二信使分子参与的新的调节通路，了解其发挥调节作用的分子机制，将深化我们对细胞活动复杂性的认识，还将有助于设计研发特异性靶向药物。含磷化合物作为信使分子，发挥了重要的生命调控作用，对其开展系统研究，对于揭示生命现象的本质及开发人类疾病治疗新方法具有重要的科学意义和战略价值。

Ap$_n$A 作为蛋白质翻译过程中的必然产物，是细胞内最广泛分布的小分子，并以快速、剧烈地浓度变化响应外界环境变化，参与广泛的生理活动，而它在各个重要方面的具体分子机制，与其他第二信使分子的作用机制相比，目前的研究仍处于起步阶段。它的研究现状可以归纳为参与的生物学功能多、机制明确的调控通路少，围绕第二信使相关分子的调控机制研究是一个非常重要的学科领域生长点。

2. 磷与农药

有机磷农药的应用为中国及其他国家的农业丰收做出巨大的贡献。但在全世界人类对食品安全与生态环境保护高度重视的背景下，某些传统有机磷农药与人类及生态环境不相容的安全性问题引起了公众的极大关注。创制对人类和环境友好的绿色有机磷农药新品种是保障我国有机磷农药工业可持续发展的必然选择。没有"一劳永逸"的有机磷农药品种，有机磷农药需要不断地创新。

新农药创制是我国发展中面临的重大科学技术问题。创制生态友好型有机磷农药新品种是磷科学在农药领域发展中必须解决的核心科学问题。今后新型有机磷农药的创制研发方向应聚焦在：创制对人类和环境友好的有机磷农药新品种，包括设计合成具有高效、低毒、低残留、选择性好、环境相容性好、对非靶标生物安全的有机磷化合物；发现有机磷高活性对映异构体，创制手性有机磷新农药，使其获得更优的生物特性和更高的应用价值，这将有利于农药减量增效，保护生态环境。

3. 磷与医药

含磷药物在整个医药工业体系中占有举足轻重的地位，是药物化学的一个重要分支。根据 2018 年 9 月之前的相关统计，有 70 余种含磷药物已获批上市，涵盖抗病毒、抗肿瘤、抗菌、降压、抗骨质疏松等用途。本书详细介绍了这 70 余种含磷药物的化学名称、结构式、药用活性等，并展望了含磷药物的发展趋势，包括磷酰胺酯前药策略和新的合成技术，将为科研工作者在含磷药物的研发提供帮助。今后，含磷药物的研究应关注具有独立知识产权或者原创性的含磷药物的开发，为"健康中国"行动的实施做出贡献。

（三）磷与生命起源

宇宙起源、物质结构、意识起源及生命起源是国际学术界公认的四大基本科学问题。磷元素在生命起源和生命活动过程中占有重要的地位，对其化学本质的深入研究有助于揭示生命科学中的化学机制，从一个特定的角度阐明生命现象的本质。

对于生命起源问题的研究，目前得到公认的观点为化学起源，即现代的各种生物功能大分子都是由原始的、简单的化学小分子逐渐通过结构及功能的不断进化演变而来。从 1953 年米勒（S. L. Miller）和尤里（H. C. Urey）进行的著名火花放电实验开始至今近 70 年的研究历程中，已基本完成了对组成生命的各种基本有机小分子的前生源合成。然而，生命的"合成砌块"是如何由简单到复杂并逐步组装成一个具有基本功能的生物大分子的、原始的代谢网络是如何出现并逐步进化为现代的代谢网络的、生命体系中的同手性选择是如何实现的、遗传密码子是如何起源的、地外生命是否存在等生命起源的基本科学问题，都是今后生命起源与地外生命探索的研究焦点。

（四）磷资源的生物循环利用

磷矿是不可再生的自然矿产资源之一。磷循环是生命与环境关系中重要的一部分，是解决磷资源可持续利用的关键。在人类活动的干扰下，为了满足农业及工业的快速发展，大量开采磷矿石，制造和使用磷肥、农药和洗涤剂等，磷的消耗日益增长。国土资源部已将磷矿列为 2010 年后不能满足国民经济需求的 20 个矿种之一。研究磷循环规律，可以给人类提供追踪磷元素流向的切实数据，探讨磷资源合理利用途径，实现环境保护和资源循环利用的双赢，以达到生态的平衡及工业文明的可持续发展，是我国科技工作者应优先思考的问题，具有重要战略意义。

（五）磷科学战略联盟

磷资源的可持续利用与全球粮食安全和人类生存保障密切相

关。我国是磷资源大国，也是磷化工生产和消费大国。虽然从磷资源到基础研究再到应用及产业化推广，其中的各个环节独立发展较好，但是链条上下环节缺乏有效衔接，上下游之间的知识、信息无法做到无缝传递。磷科学战略联盟的建立对于解决中国磷问题具有重要意义，也将推动国际磷前沿问题的研究。磷科学战略联盟可以有效整合全国分散的磷科学研究力量，打通磷科学相关产学研链条，激励学术界从事具有战略意义的基础磷科学问题的研究；促进工业界主动对科研成果进行验证，推动高校、院所实验室成果转化；构建国内磷科学团体和国际磷科学团体之间信息与项目交流的桥梁。

Abstract

Phosphorus is a basic element of life and a non-renewable strategic resource on the earth. Up to now, the development of phosphorus science has already gone beyond the scope of life science. Phosphorus science has become a comprehensive scientific research category covering chemistry, biology, physics, materials science, medicine, pharmacy, geology, environmental science and agricultural science, and so on. Phosphorus science plays an irreplaceable role in many aspects, such as the development of national economy, the promotion of civilization and the maintenance of national defense security. Only by realizing the effective utilization and recycling of phosphorus resources, the sustainable development of China's social economy can be guaranteed.

This book has condensed the wisdom of more than 40 experts and scholars from all over our country, included "strategy of developing phosphorus chemistry", "phosphorus chemistry and life sciences", "phosphorus and the origin and evolution of life", "biological recycling and reuse of phosphorus resources", "strategic alliance of phosphorus science", as five major topics to guide the extensive researches and discussions. Besides, according to the above-mentioned research, some guidelines and suggestions have been provided for the top-level design for phosphorus science in China from points of view on how to establish national scientific research fund, how to plan education and how to industrialize fundamental research findings.

The five key topics of the project are as follows.

1. Strategy of developing phosphorus chemistry

Phosphorus plays an irreplaceable role in the development of synthetic chemistry. Phosphorus compounds have unique and versatile molecular structure and chemical properties, which can facilitate the synthesis reaction in many ways. Phosphorus compounds can be used as reagents for the highly chemical selective and stereoselective chemical transformation. Meanwhile, phosphorus compounds can also acting as the ligands for transition metal catalysts or the organocatalysts for the efficiency, selective and atom economic catalytical reaction. At present, the hot research areas in the field of phosphorus chemistry mainly include discovery of new reactivity, catalytic function and synthesis methods of phosphorus compounds.

2. Phosphorus chemistry and life sciences

Phosphorus is one of the essential elements in life, which plays some crucial roles in regulating of life. For example, many proteins and organic molecules that regulate biochemical processes have to undergo reversible phosphorylation modification. However, the specific regulation mode and mechanism of many pathways are still unclear. Daily biochemical transformations in the human body consume adenosine triphosphate (ATP) that is equal to our body weight, which means that ATP is dominating our life. At the same time, phosphorus is also incorporated into the main known second messenger that participates in the regulation of life stress. Therefore, it is the momentous task for us to understand the meaning of phosphorus chemistry in life science, which could be helpful for understanding the nature of life, the mechanism of action of proteins and nucleic acids, and improving life health.

3. Phosphorus and the origin and evolution of life

The origin of the universe, the origin of the structure of matter, the origin of consciousness and the origin of life are four basic scientific puzzles recognized by the international academic community. Phosphorus plays an important role in the origin of life. The in-depth study of its chemical nature helps to reveal the chemical mechanism in life science and clarify the essence of life phenomenon from a specific aspect. Since the famous spark discharge experiment carried out by S. L. Miller and H. C. Urey in 1953, the prebiotic synthesis of various basic organic small molecules has been roughly completed in the nearly 70 years research history. However, how does these "building blocks" of life gradually assemble into a biological macromolecule with basic functions in a way from simple to complex? How did the original metabolic network emerge and evolve into a modern metabolic network? How is homochiral selection realized in life system? How did the genetic code originate? Is there a basic scientific question about the origin of extraterrestrial life? Answering all of these problems will require us to focus future research on the origin of life and extraterrestrial life exploration, and maybe, phosphorus is the key.

4. Biological recycling and reuse of phosphorus resources

Phosphorus cycle is an important part of the relationship between life and environment. Phosphate rock is one of the non-renewable natural mineral resources. Derived by human activities to meet the rapid development of agriculture and industry, a large number of phosphate ores are mined, and phosphate fertilizers, pesticides and detergents are produced and used. In addition, the balance of phosphorus cycling is undermined. Phosphate resource has been listed as one of the twenty necessary mineral resource, that can't satisfy the needs of national economy after the year of 2010, by the Ministry of Land and Resources. If the utilization efficiency of phosphorus is not improved, not only the potential threat of eutrophication in rivers, lakes and coastal waters will gradually increase, but also the extreme shortage problem of phosphorus

resources will rise in the near future, which will seriously restrict China's phosphating industry, corresponding agricultural production and offshore aquaculture. Therefore, the study of phosphorus cycling can provide data for tracking the flow of phosphorus, explore the rational utilization of phosphorus resources, and realize the win-win situation of environmental protection and resource recycling, so as to achieve ecological balance and sustainable development of industrial civilization, which is of great strategic significance.

5. Strategic alliance of phosphorus science

The sustainable utilization of phosphorus resources is closely related to global food security and human survival security. China is rich in phosphorus resource reserves, but also produces and consumes large amount of phosphorus products. In recent years, China's phosphorus science has made outstanding achievements in basic research, talent training, phosphate mining, industrial economy and other aspects. Although each loop of the industrial chain of phosphorus science in China develops well independently, from phosphorus resources to basic research, application/industrialization, there is a lack of effective linking network between each loop of the industry chain as well as the knowledge and information between the upstream and downstream. The establishment of the strategic alliance of phosphorus science is not only of great significance to solve the phosphorus problem in China, but also to promote the international research of frontier problems in phosphorus. In order to effectively integrate the scattered research forces of phosphorus science in China, it is suggested to establish a strategic alliance of phosphorus science to encourage the academic community to engage in the research on fundamental phosphorus scientific problems of strategic significance; to promote the concept evaluation of scientific research achievements by the industry, accelerate the transformation of achievements in laboratories of colleges and institutes; and build information system and project communication between domestic and international phosphorus science groups.

目　录

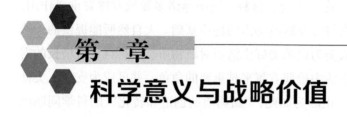

第一章
科学意义与战略价值

英国生物学家、进化论的奠基人——达尔文（Charles Darwin）在其著名巨作《物种起源》（*On the Origin of Species*）一书的结尾提到，在一些温暖的小池塘里存在着丰富的氨及磷酸盐，经光照或加热，蛋白质就可以产生。他认为磷元素和氮元素在生命起源中起到至关重要的作用。地球上的生命是由磷元素主导的。1957 年的诺贝尔化学奖获得者托德［Alexander Robertus Todd（Lord Todd）］曾说"哪里有生命，哪里就有磷"（Todd，1981）。因此，生命科学的相关研究应当充分考虑磷的参与及调控作用。目前，磷科学的发展早已超出生命科学的范畴，成为一门涉及化学、生物学、物理学、材料科学、医学、药学和海洋科学等多学科交叉的综合性科学研究门类，在国计民生、国防建设等诸多方面具有不可替代的作用。

第一节　磷科学与合成化学

化学是研究物质结构、性质及化学反应的科学，是从原子和分子层面阐明物质世界变化规律的科学，是创造新物质的中心科学。合成化学是化学的重要分支，其与生命科学、环境科学、材料科学等紧密联系。人类物质文明进步与社会可持续发展均离不开新物质的发现与创造，而合成化学则是创造新物质最主要的工具和手段。迄今，化学家已凭借智慧和不断进步的合成技术，通过碳、氢、氧、氮、硫、磷、卤素等元素巧妙组合，创造出 5000 多万种功能各异的化学物质，为人类构筑了一个丰富多彩的人工合成物质世界。这些化学合成物质在生命、医药、材料、国防等诸多领域发挥着重要作用，提供了人类生存和社会持续发展所必需的物质基础。大自然所能提供的天然物质越来越难以满足人类为追求美好生活而对新物质、新材料日益增长的需求，合成化学在人类生活中扮演着越来越重要的角色，并已成为支撑人类社会可持续发展的基石。正因为如此，"新物质的创造和转化"的科学问题已明确纳入我国《国家中长期科学和技术发展规划纲要（2006—2020 年）》，需要长期坚持不懈地努力探索并加以解决。

磷化合物具有独特而丰富的分子结构与化学性质，因此磷元素在合成化学领域中占有举足轻重的地位。开展磷化合物相关的新反应性、新催化功能及新合成方法等核心课题的研究，一直是创造新物质的前沿和核心研究内容，同时也是磷化学领域中的研究热点，并不断取得新进展，为我国化学工业、制药工业和材料工业的技术变革提供基础研究支撑，同时将我国宝贵的磷资源转化为高附加值的功能化物质和材料，提高资源的有效利用率，因而具有非常重要的科学意义，并能创造巨大的社会效益、经济效益。

有机磷化合物与我们的日常生活联系紧密，应用也最多。例如，经典的有机磷农药草甘膦除草剂的最主要的组成就是有机磷化合物。有机磷化合物也可以用作军用毒剂（如 VX 神经毒剂等），以及医疗用药（如用于治疗青光眼等）。另外，有机磷化合物是基础科学研究中最常见的一类配体，不仅可以用于稳定金属离子，在配位化学中有十分重要的作用，还可以用作有机催化反应的配体，对当前有机合成化学的发展发挥着极大的推动作用。

磷合成化学的源头是单质磷。1669 年，德国商人 Henning Brandt 将砂石、木炭、石灰、动物尿液放一起加热提炼出单质磷（白磷，P_4）。这是人们首次人工提炼出单质磷。从那时起，人们陆续分离、鉴定、合成了许多有机或无机的含磷化合物，并将它们应用于食品工业、农业、医药行业、材料行业等众多领域。工业上有机磷化合物的起始原料都是白磷，白磷的活化具有重要的理论意义和应用价值。传统路线（图 1-1）需要多步进行，使用氯气将白磷转化为 PCl_3、PCl_5 等工业中间体，然后再与有机试剂反应合成有机磷化合物。但是这种传统的方法有难以克服的弊端，如对有毒的氯气的使用、排放大量的氯化氢、低的原子经济性。磷化氢（PH_3）曾被开发用于制备各种有机磷，然而其潜在的高毒、易燃危险性使其没有大范围使用。例如，实验室常用的三苯基膦是由氯苯在金属钠的作用下与 PCl_3 在回流条件下反应进行制备的；Ph_2PCl 是苯在 $AlCl_3$ 的作用下与 PCl_3 连续反应进行制备的。此类合成方法在实际工业生产时不仅操作烦琐，而且选择性差，对环境污染大，副产物相对较多，分离相对困难。此外，PCl_3、PCl_5、磷化氢等是剧毒、腐蚀性或易燃的物质，在储存、运输及使用时不方便且危险。因此，理想的有机磷制备方法是从白磷出发，避开使用 PCl_3、PCl_5 或磷化氢等，通过直接转化高效合成。但 P—P 键断裂的选择性和磷的转化效率是白磷活化的两大挑战。目前从白磷出发直接构建有机磷化合物存在的主要问题是反应选择性差、产率低。

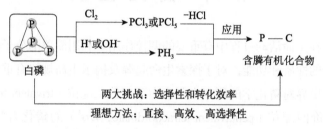

图 1-1 有机磷化合物的工业合成途径

黑磷是除了白磷、红磷外，磷的第三种同素异形体，是目前唯一具有直接带隙的二维单质半导体。自 2014 年，首次被剥离成二维片层（黑磷烯）以来，黑磷吸引了人们广泛的研究兴趣，并且被科睿唯安（Clarivate Analytics）等发布的《2016 研究前沿》列为三十大前沿研究之一。黑磷展现出很多有别于其他材料的独特性质，并在多个领域表现出巨大的应用潜力。首先，黑磷是一种有原子级厚度的直接带隙半导体，即导带底部和价带顶部在同一位置，这是黑磷优于其他二维材料的一大特点（Castellanos-Gomez，2015）。其次，黑磷无论有多少层，始终是直接带隙半导体，这意味着黑磷可以很好地实现电流的"开"和"关"。而且黑磷的带隙随层数可调。单层黑磷的带隙约为 1.51eV，相当于 821nm 的近红外波长，而 5 层黑磷的带隙为 0.59eV，对应约 2102nm 的红外波长，这意味着通过调控黑磷的层数即可实现其对不同波长光的响应（Qiao et al，2014）。同时，黑磷还拥有很高的电子迁移率、高的比表面积和众多活性位点（Li et al，2014），使其成为新一代半导体工业的核心材料，用于制造各种新型电子器件和光电器件，并且在光催化、电催化等领域有很好的应用前景。此外，黑磷结构上具有独特的各向异性，其晶体结构在 x 方向和 y 方向不对称，使其具有一系列奇特的性质，如各向异性导热特性和各向异性导电特性等（Lee et al, 2015；Xia et al, 2014a）。众所周知，磷大量存在于动植物组织和细胞中，因此人们日常的食物都含有丰富的磷。一个成人体内就含有 $600 \sim 900g$ 磷，占到人体重量的 1%（Bridgman, 1914）。此外，黑磷还具有极高的生物相容性，在生物医学应用领域具有其他无机纳米材料所不具备的天然优势。

第二节　高配位磷

磷元素在生命活动过程中有重要的调控作用。利用简单的分子模型研究含磷生物分子的性质和功能，对于探索生命起源及揭示生命规律有重要的辅助作用。目前全世界对磷化学的研究主要集中于三价三配位（trivalent tricoordinate，$\lambda^3\sigma^3$）及五价四配位（pentavalent tetracoordinate，$\lambda^5\sigma^4$）的磷化合物上。20 世纪 60 年代，随着核磁共振（nuclear magnetic resonance，NMR）技术的发展及合成技术的进步，低配位及高配位磷化合物的合成与鉴别有了新的强有力的工具，许多低配位和高配位磷化合物被合成、分离及鉴定出来。

高配位磷是关键生化反应的核心。近几十年来，随着有机磷化学的迅速发展，发现了不少含磷化合物的新反应，合成出具有新型结构的有机磷化合物，而其中关于五配位磷化合物的分子结构的研究同样引人注目。由于生物体内所发生的许多生命过程［如腺苷三磷酸（adenosine-5′- triphosphate，ATP）ATP 的磷酰基转移过程、核糖核酸（ribonucleic acid，RNA）的自剪切、信号转导过程中蛋白的磷酰化与去磷酰化、酶活性调节过程中酶蛋白的磷酰化与去磷酰化等］都是通过五配位磷中间体来完成的，有时还涉及六配位磷过渡态，因此高配位磷化合物在生物化学和有机化学中扮演着重要角色。

对于五配位磷化合物的研究也被称为磷烷化学，作为有机磷化学重要的分支领域，其发展可追溯到 20 世纪 60 年代。1966 年，Westheimer 在研究五元环磷酸酯水解时，提出该水解反应经过五配位磷过渡态的反应机制（Westheimer，1968）。这种假设圆满地解释了五元环磷酸酯环内水解和部分环外水解的实验结果，并成功地解释了非环磷酸酯和磷酸酯的水解过程，也被其他科学家认同。Westheimer 的工作奠定了五配位磷化合物在有机磷化学领域中的地位。同时，Ramirez 建立了一套环状烷氧磷烷化合物形成的规则，总结了五配位磷化合物的结构特点及合成环状五配位磷化合物的方法（Ramirez，1968）。随后，磷烷化学以其丰富的化学内涵开拓了生物有机磷化学研究的新领域，并随之带动包括六配位磷在内的高配位有机磷化学的发展（Holmes，1996；Holmes et al，2008）。

随后的研究表明，高配位磷化合物不仅涉及磷酸酯水解的过渡态。赵玉芬研究小组发现，五配位磷化合物作为反应过程中的过渡态或者中间体，在磷酰基转移反应、核酸转移反应及核酸和蛋白质之间的相互识别过程中均起到关键作用，并且在大量实验事实的基础上提出了五配位磷化合物分子结构是分析磷酸化蛋白活化过程的关键结构（Fu et al，1999）。另外，高配位磷化合物还涉及一些酶催化机制的探讨。以磷酰基转移酶为例（Holmes et al，2008；Holmes，1998），对于在生物酶的催化条件下，磷酰基转移过程中 P—O 化学键断裂和形成，反应过渡态涉及五配位磷化合物。研究结果认为，反应中心的四配位磷原子接受了来自活性残基的配位之后配位数增加，加强了底物的反应过渡态与生物酶之间的结合。在相关的酶学体系中，由于以五配位磷作为反应过渡态的反应机制得以清晰阐述，基于其酶作用机制的抑制剂设计（mechanism-based inhibitor design）工作也得以开展并显示出在药物设计领域的潜力。例如，模拟核糖核酸酶 A（RNase A）反应过渡态的五配位有机钒酸酯及激酶反应过渡态的五配位磷酸酯的设计都体现了五配位磷在生命领域中的重大意义（Messmore and Raines，2000；Parang et al，2001）。

因此，进一步研究高配位磷化合物的化学性质及结构特点、探求高配位磷化学的生物学意义、揭示以核酸和磷酰化蛋白为主的生命物质相互作用的机制，对于充分认识生命现象的本质及设计新型特效药物都有重要的意义。

第三节 膦 配 体

发展高效、高选择性的有机合成反应和催化方法，重点在于构建金属催化反应新体系，其中的关键是实现由配体和金属主导的催化循环。金属种类虽然繁多但发展不平衡，而能够应用于多样化金属催化体系的膦配体是最重要的配体之一，发展新的膦配体及相关金属催化体系往往是实现高效催化合成反应的关键。膦配体的创制与应用已成为磷科学中不可缺少的重要内容。另外，绝大多数有机合成反应都涉及催化过程，使用配体成为保证高效金属催化的必要手段，因此膦配体在化学及其相关学科中具有重要的研究意义。

膦配体是金属有机化学的重要科学基础，同时也与精细化工、高分子材料、农业、制药行业等紧密关联。回顾世界化学的发展史，膦配体作为配体中最重要的一类物质，它们在选择性合成和农医药发展上发挥了巨大的作用。磷原子可以形成 1～6 个化学键，组成结构多样的各种类型的有机磷化合物，从而形成丰富多彩的有机磷化学，其中三配位有机磷化合物作为配体已成为金属有机催化或不对称反应中应用最广泛、成果最丰富的杂原子配体。2001 年，诺贝尔化学奖授予在不对称反应中做出突出贡献的诺尔斯（William S. Knowles）、野依良治（Ryoji Noyori）和夏普莱斯（K. Barry Sharpless），其中前两位都是由于应用新型膦配体于不对称催化反应而获此殊荣。这一点也从另一个角度说明膦配体在合成化学中的重要地位。有机磷化合物具有作为配体的突出优点：①因磷原子可以形成 1～6 个化学键而具有多种类型的配位能力，可与多种原子（如氮、氧、硫等）键连，与金属的配位具有广泛的可调性；②通过膦配体上三个有机取代基的变化，可实现对膦配体的空间和电子结构的调控，从而可操控金属中心的催化活性；③膦配体可以与几乎所有过渡金属配位形成金属络合物，较氮、硫、氧等杂原子具有更广泛的应用范围，普适性高；④因 C—P 键的高稳定性可用于合成手性膦配体（包括膦手性中心的配体），使之作为手性配体应用于不对称催化反应，立体选择性调控能力好。

膦配体的发展为多个学科的发展提供了重要的动力和科学基础，充分体现了磷科学应用在化学学科领域中的科学意义和应用价值。1948 年，Reppe 首次将三苯基膦应用于炔烃／一氧化碳和醇的聚合反应（Reppe and Schweckendiek，1948）。在之后的发展进程中，膦配体逐渐开始被用于其他各类有机反应中，如镍催化的丙烯酸酯化合物的合成、钴催化的氢甲酰化反应（Slaugh and Mullineaux，1968）。这些早期工作使膦配体在相关反应的工业化过程中发挥了关键性作用，这在氢甲酰化反应中最显著，每年全世界超过 600 万吨的甲酰化产品就是通过由金属与膦配体构成的均相催化剂的催化过程来实现工业化生产的。因此，膦配体的发展在一定程度上推动了金属有机化学的发展，并使之成为有机化学中最活跃的重要分支之一。

膦配体特别是手性膦配体的设计和开发，在过渡金属催化的不对称合成反应体系中十分关键。例如，1966 年，Wilkinson 发现三苯基膦氯化铑 [Rh(PPh$_3$)$_3$Cl] 这一新的均相催化剂，比非均相催化剂具有更高的催化活性，并且为均相不对称催化氢化的发展提供了契机。随后，诺贝尔化学奖获得者 Knowles（Knowles and Sabacky，1968）和 Horner 于 1968 年分别报道了用手性膦改性的 Wilkinson 催化剂成功地实现了均相不对称催化氢化反应，同时 Kagan 也在 1972 年报道了螯合的 C$_2$ 轴手性的双膦配体 2,3-O-异丙叉-2,3-二烃基-1,4-双（二苯基膦基）丁烷（DIOP），并成功将这一双膦配体应用于铑催化的均相不对称氢化反应。这些早期的工作及以联萘二苯基膦（BINAP）为代表的手性膦配体极大地推动了手性膦配体的基础和应用研究，对金属有机化学和催化合成化学的发展起到极重要的作用。

膦配体的研究开发与推广应用至今已有 70 多年的历史，但在目前已知的数千个手性膦配体中只有少数手性膦配体具有工业化应用的前景。其根本原因为：①手性膦配体的合成本身具有很大难度；②膦配体与过渡金属构成催化剂的催化效果还受催化体系本身的稳定性、反应活性和反应底物的普适性等其他因素的制约。无论是在学术研究还是工业化应用研究中，膦配体的创制与应用仍然是极具价值的研究方向，直接关系到合成化学、高分子材料、农医药及其中间体、资源和环境化学等的发展。因此，发展膦配体主导的高效催化体系是绿色化学倡导的核心理念之一。

经过几代人数十年对膦配体的持续开发，该工作实际上已渗入能源、化学与材料研究的方方面面。从小分子药物的合成到聚烯烃的制备，都能够呈现出膦配体的重要作用。膦配体的作用本质上是围绕着发现和创造新物质这一化学学科任务，促进化学和材料及与其他学科的交叉融合研究，进而从物质合成层面满足国民经济社会发展与安全的需要。

第四节　磷与火安全材料

作为三大类材料之一的有机高分子材料，与金属材料和无机非金属材料相比，其具有密度低、易加工成形等特点，已广泛应用于国民经济和人民生活的各个领域，成为体积产量最大的一类材料。然而，与金属材料和无机非金属材料不同，绝大多数有机高分子材料属于可燃、易燃材料，在燃烧时热释放速率大、热值高、火焰传播速度快、不易熄灭，通常还伴随着烟气和熔融滴落，由此引发的重特大火灾事故不断发生，造成巨大的经济损失和人员伤亡。赋予高分子材料阻燃性，即对高分子材料进行阻燃化处理，是解决高分子材料火灾事故最重要的途径。

欧盟先后颁布了《关于限制在电子电气设备中使用某些有害成分的指令》（*Restriction of Hazardous Substances*，RoHS 指令）和《关于化学品注册、评估、许可和限制的法规》（REACH 法规），分别对电子及电气设备中禁用物质做了规定和实行化学品注册、评估、许可和限制制度。遗憾的是，我国目前还在大量使用已被列入禁用名单的含卤阻燃剂，市场急需环境友好、对材料其他性能负面影响小的高效阻燃剂。因此，研究开发和生产这类新型火安全材料对我国的相关材料产业健康发展和提高国际市场竞争力具有重要的意义。

磷系阻燃剂因其结构多、易制备、毒性低且阻燃效率高（Morgan and Gilman，2013）等特点，成为继卤系阻燃剂之后应用最广泛的阻燃剂（Levchik and Weil，2006）。

目前，对于"优质"有机磷阻燃剂的开发和评估主要依赖于三个关键方面：第一，提高成本效益，并且不对材料的综合性能造成损失；第二，阻燃剂热稳定性与高分子基体的加工性能、分解过程的匹配性；第三，阻燃剂的设计以环境友好、可持续为发展目标。基于含磷阻燃剂丰富的化学可设计性，开发多功能、环境友好的新型磷系阻燃剂及其相应的火安全材料是未来产品开发的重要关切点。

第五节　磷　化　工

磷科学的发展需要磷化工作为原料提供者的产出与支持。可以说，磷化工是整个磷科学的最底层基础，支撑了整个磷科学的发展。磷化工涉及国计民生的 16 个领域的 60 多个部门。2020 年，世界磷矿石总产量 2.1 亿吨，中国产量居世界首位，占世界总量的 42%。据国家统计局统计，2020 年中国磷矿石产量为 8 893.3 万吨（折含 P_2O_5 30%）。其中，云南、贵州、四川、湖北四大产磷省的产量合计 8 610.2 万吨，占总产量的 96.8%。

全球 80%~90% 的磷矿石用于磷肥生产。我国的磷肥产量约占全球的 37%，排名第一。由于我国加大了高磷肥利用率技术的推广和利用，我国磷肥表观消费量逐步缓慢下降。中国黄磷（白磷）、工业磷酸、三聚磷酸钠、饲料磷酸盐、草甘膦的产能产量均居全球首位。草甘膦是产量最大的含磷农药，我国 2020 年总产能 67 万吨，产量 55.3 万吨。

第六节　磷资源的生物循环利用

磷矿是不可再生的自然矿产资源，在全球粮食生产和磷化学工业中占有极其重要的地位。磷资源并不是取之不尽用之不竭的。我们所开采使用的磷矿资源，是地质构造在数十亿年的时间内富集、形成的。如果人类继续毫无节制地挥霍磷资源，终有一天磷资源将会耗竭。因此，磷的循环研究可以给人类提供追踪磷元素流向的切实数据，使得人类可以循环利用磷资源，以达到生态的平衡及工业文明的可持续发展。

磷循环（phosphorous cycle）是生命与环境关系中重要的一部分。在未受人为干扰的陆地生态系统中，土壤和有机体之间几乎是一个封闭循环系统，磷的损失很少，但是在人类活动的干扰下，为了满足农业及工业的快速发展，大量开采磷矿石，制造和使用磷肥、农药和洗涤剂等，磷的消耗日益增长。当前，施入农田的磷肥当季利用率仅有 10%~20%，大部分磷在土壤中以难溶于水的磷酸盐形式被固定，植物不能直接吸收利用，少部分磷则通过地表侵蚀（径流）等方式进入河流；工业生产中使用的磷，部分也随着污水以点源等方式排出，从而引起水体的富营养化。以上两个主要原因导致我国目前磷循环利用过程中的收支不平衡，而且有越来越多的磷流入近海，埋藏于深海中，进一步加剧了磷的匮乏。如果不提高磷的利用率，不仅河流、湖泊、近海富营养化等潜在威胁将逐渐增加，而且我们在不久的将来会面临磷资源的极度匮乏，使得我国的磷化工、相应的农业生产和近海养殖受到严重的制约。因此，系统研究磷循环规律，探讨磷资源合理利用途径，实现环境保护和资源循环利用的双赢，是我国科技工作者应优先思考的问题，具有重要的战略意义。

随着人类社会对磷认识的不断加强，科学界关于磷的观点也发生了改变。在过去几十年里，磷最初被作为肥料，随后被看作引发水体富营养化的潜在污染物，近期有限磷酸盐矿储量的耗竭作为一个新的社会和科学问题的出现而备受关注，由此引发了全球对磷循环与再利用的思考和研究，世界各国都在启动各种应急预案，以尝试减轻磷矿资源分化带来的危机。我国也正面临磷矿资源严重短缺的问题。为了有效提高矿产资源利用率，实现技术创新，我国《国家中长期科学和技术发展规划纲要（2006—2020年）》中也明确了矿产资源高效开发利用的优先主题，基于地球科学系统前沿问题，面向国家重大战略需求的基础研究，在人类活动对地球系统的影响机制条件下，研究磷资源的生物地球化学循环过程与环境、生态效应。

因此，研究者以地球圈生态系统为研究对象，以探索磷循环利用的核心科学问题为目标，立足于地球科学、海洋学、土壤学、植物营养学、生命科学和环境科学的交叉融合，以不同生态系统中磷元素迁移转化与生物循环利用为研究重点，在多重空间尺度上（宏观、微观）探索地球环境与生命系统之间的相互关系、作用机制和演变规律。在这一总体框架下，聚焦不同的生态系统（土壤、矿山、海洋），认识磷在不同的环境（包括岩石、土壤和水）—生物—人体中的循环过程及其规律、探索其机制，从而实现磷资源的有效利用，满足环境保护与资源充分利用的双赢要求，为缓解磷资源短缺与水体富营养化污染的冲突、探索环境修复和生物危机消除、实现作物"减磷增效"提供相应的理论依据和技术方法支撑，对推动我国国民经济和社会可持续发展及国防安全具有重要的战略价值。

第七节　磷与生命起源

生命起源是人类永恒的探索，被国际学术界公认为四大基础科学问题之一。为纪念创刊 125 周年，《科学》（Science）于 2005 年 7 月提出了 125 个重要的科学问题，其中 25 个最突出的重点问题（highlighted questions）的第 12 个问题就是有关生命起源的问题——地球生命在何处产生、如何产生？针对这些未知问题的探索可以激发生物、化学、物理、地质、空间科学及海洋等多学科交叉，推动各学科发展。它们不仅是谜团，更是一个个科学探索的机会。

1953 年米勒（S. L. Miller）和尤里（H. C. Urey）放电实验后，69 年来，许多生命起源科学家们做了无数的实验，想用简单的含碳、氢、氮、氧、硫、磷元素的无机小分子来构建生命物质单体——氨基酸、碱基（A/G/C/U）、核苷酸，然后将它们聚合成多肽、寡聚核苷酸。这两类大分子是蛋白质起源与 RNA 起源的基础。此外，膜的生成更是原始细胞必需的条件。因此，更合理的生命起源系统应该是蛋白质、核酸及膜"三合一"。萨瑟兰（Earl Wilbur Sutherland）提出从简单的氰化氢、硫化氢、乙炔在铜离子的氧化还原作用下，可以同时产生氨基酸、尿苷单磷酸（UMP）及磷脂的前身化合物（Patel et al, 2015）。但是，即使"三合一"成功了，生命最根本的问题是遗传密码子是如何起源的，只有在密码子"蓝本"的指导下，生命才可能有序地进行。在地球上生命的遗传物质中，磷酸二酯键发挥着不可替代的功能。人们不禁要问地球上的磷是从哪儿来的，其他星球上是否有磷？

在宇宙尘中，磷的丰度排序为第 17 位，但是在地球上磷的丰度排序为第 11 位，含量约为 0.12%，在人体中占 1%，丰度排序为第 6 位，生命机体实现了磷的富集。在生命体中，磷具有很多基础生化功能，如生命信息的存储和传递［核酸（nucleic acids）］、能量传输［腺嘌呤（adenine）和鸟嘌呤核苷酸（guanine nucleotides）］、膜结构［磷脂（phospholipids）］、信号转导［环核苷酸（cyclic nucleotides）］等。

生命起源与地外生命的探索必然要充分考虑磷的参与及其调控作用。2013 年，C. T. Adcock 教授在《自然·地球科学》（Nature Geoscience）上报道称火星上富含磷，火星地幔和地壳中磷含量（P_2O_5wt%）比地球的多 5～10 倍，在火星的水岩相互作用过程中，磷酸盐的释放速率比地球上高出 45 倍，早期潮湿火星环境的磷酸盐浓度是地球的两倍多（Adcock et al，2013）。2001 年，耶鲁大学的 R. E. Blake 教授提出磷酸盐中磷酸根 $^{18}O/^{16}O$ 同位素比值可以作为除液态水以外地外生命探寻的一种新型生命标志物（Blake et al，2001），为寻找地外生命提供了新的研究思路及策略。

生命起源的相关研究，能够帮助人类逐步揭示生命的奥秘，认识和阐明生命的本质，更好地掌握生命发生和发展的规律，具有重大的哲学意义和实践意义。生命起源的研究涉及多个学科领域，如地质、化学、生物、物理、数学、考古及航天科技等，多学科交叉融合才能多层面探寻生命起源的渐进过程，更清楚地认识生命的本质。与此同时，由于相关研究技术手段需求的不断增加，也必然推动各学科领域理论及技术的不断发展。

生命起源不仅是基础科学研究的前沿热点，也是科普教育的热门话题，更是衡量一个国家综合科技水平的主要标杆之一。生命起源的相关研究可以对实施《国家中长期科学和技术发展规划纲要（2006—2020 年）》及国家其他科技政策目标起到良好的支撑作用，推动国民经济、社会的健康发展。

地球上的生命是由磷元素主导的，磷与生命的起源息息相关，对磷科学的深入研究，有助于人们发掘生命产生的源头，解释这一终极问题。另外，生命起源的研究，也是人类认识自己、研究自己的一部分，有助于人类更加全面、正确地认识自己，从而为生命科学和生物医药的研究提供本质上的帮助。

第八节　磷与生命科学

ATP 是几十亿年前就存在的古老分子，到现在依然牢牢地控制着生命体从生到死的所有生命活动过程，包括代谢的调节、信号通路的调节等。ATP 是目前公认的生命机体的"能量货币"，参与生命过程中众多生化反应的能量供给。此外，磷元素还构筑了目前主要已知的第二信使分子，参与生命的应激调控。因此，研究蛋白质、核酸的磷作用机制等关键科学问题，是人类认识自己的重中之重。

一、核酸的化学修饰与功能

核酸是一类由核苷酸聚合而成的含磷生物大分子，是生命的最基本物质之一，具有储存、复制遗传信息与合成蛋白质等生物功能。核酸的基本结构单位是核苷酸（nucleotide）和脱氧核苷酸（deoxynucleotide）。核苷酸是由碱基（base）、戊糖（pentose）和磷酸（phosphoric acid）组成。根据所含戊糖种类不同，核酸分为 DNA 和 RNA。DNA 的碱基主要有腺嘌呤（adenine，A）、鸟嘌呤（guanine，G）、胞嘧啶（cytosine，C）、胸腺嘧啶（thymine，T）四种；RNA 的碱基主要也是四种，其中前三种与 DNA 中的相同，只是尿嘧啶（uracil，U）代替了胸腺嘧啶。DNA 和 RNA 中糖的结构均为呋喃型环状结构。在糖的 2′ 位上，RNA 的核糖有一个羟基，而 DNA 的脱氧核糖缺少氧，只有一个氢，因此命名为脱氧核糖（deoxyribose）。

核苷的戊糖羟基与磷酸通过磷酸酯键连接在一起形成核苷酸。细胞内存在一些游离的单磷酸和多磷酸核苷酸，如腺苷单磷酸（adenosine 5′-monophosphate，AMP）、腺苷二磷酸（adenosine 5′-diphosphate，ADP）、ATP（图 1-2）。这些核苷酸在生理条件下都以负离子形式存在。脱氧核苷和核苷三磷酸是体内体外酶催化合成 DNA 和 RNA 的底物。DNA 的脱氧核苷三磷酸（dNTP）主要包括脱氧腺嘌呤核苷三磷酸（dATP）、脱氧鸟嘌呤核苷三磷酸（dGTP）、脱氧胞嘧啶核苷三磷酸（dCTP）和脱氧胸腺嘧啶核苷三磷酸（dTTP）。另外，生物体内有机物在进行生物氧化过程中要释放出大量能量，这些能量以"高能键"的形式储存在 ATP 与 ADP 的化学键中，这种"高能键"以"～P"表示。"高能键"水解比一般磷酸酯水解释放的能量多。这是因为，ATP 以负离子形式存在，氧负离子的相互排斥使 P～O 键不稳定，而水解后排斥力降低，比较稳定。许多生化过程都需依赖这些能量来完成，因此 ATP、ADP、AMP 之间的转化成为生化过程能量的主要提供者，在细胞能量代谢过程中发挥极重要的作用。

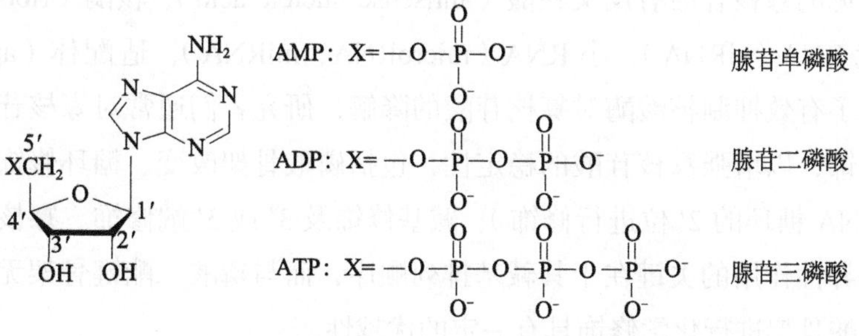

图 1-2　腺苷单磷酸、腺苷二磷酸及腺苷三磷酸的结构

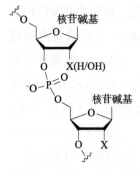

图1-3 寡核苷酸的结构

将核苷酸连接在一起的键称为磷酸二酯（PO）键。一个磷酸与两个糖连接在一起，一个与糖的5′羟基相连，另一个与糖的3′羟基相连（图1-3）。寡核苷酸是一类含有20个以下碱基短链核苷酸的总称。

核酸的磷酸二酯键既可以被酸水解，也可以被碱水解。RNA的磷酸二酯键易被碱水解，产生核苷酸，而DNA的磷酸二酯键则不易被碱水解。这是因为，RNA的核糖上的2′-OH基在碱作用下形成磷酸三酯。磷酸三酯极不稳定，随即水解产生2′,3′-环磷酸酯，继续水解产生2′-核苷酸和3′-核苷酸。而DNA的脱氧核糖无2′-OH基，不能形成碱水解的中间产物，故对碱有一定的抗性。在25℃、pH 7.0的中性水溶液条件下，DNA的磷酸二酯键极其稳定，半衰期长达千亿年（Wolfenden et al，1998）。

在生物体内，核酸的合成与降解均由相关的酶催化，并受到严格调节，涉及核酸中磷酸二酯键的生成和断裂。欲使DNA中的磷酸二酯键在数分钟之内发生水解，要求催化剂能够提供高达10^{17}数量级的速率增强因子。天然核酸酶（nuclease）能加速磷酸二酯键水解速率$10^{12}\sim10^{17}$倍。核酸酶包括非特异性水解核酸酶（如蛇毒磷酸二酯酶）和特异性水解核酸酶。

随着分子生物学和临床医学的飞速发展，基于"大多数疾病的病因在于基因"的科研共识，从基因水平上阻断或控制疾病相关异常基因的表达备受青睐。具有专一序列的寡核苷酸因其特异性高、降解产物无毒的特性，在病毒感染、心血管疾病、癌症和炎症等多种疾病治疗研究中具有极大的应用潜力。常见的寡核苷酸有反义核酸（antisense nucleic acid）、核酶（ribozyme）、小干扰RNA（siRNA）、小RNA（microRNA，miRNA）、适配体（aptamer）等。为了有效抑制核酸酶对寡核苷酸的降解，研究者们通常对寡核苷酸进行化学修饰，以增强寡核苷酸的稳定性，包括磷酸骨架改变、糖环修饰（主要是对RNA糖环的2′位进行修饰）、碱基修饰及3′或5′端修饰。寡核苷酸发挥其特异性作用的关键在于其碱基排列顺序，而与磷酸二酯键骨架无关，因此对磷酸骨架进行化学修饰具有一定的优越性。

二、蛋白质磷酸化机制

蛋白质磷酸化修饰是生物界最重要且普遍存在的一种蛋白质翻译后修饰。磷酸化修饰可以改变蛋白质的构象、活性及与其他蛋白质之间的相互作用，调控细胞内的信号转导、基因表达、细胞分裂等重要的生物学过程，与肿瘤的发生和发展密切相关。蛋白质磷酸化可发生在丝氨酸、苏氨酸、酪氨酸、天冬氨酸、谷氨酸、半胱氨酸、组氨酸、赖氨酸和精氨酸等氨基酸残基上。其中发生在丝氨酸、苏氨酸、酪氨酸侧链上的磷酸化因磷酸基团与 O 原子直接相连，被称为 O−磷酸化；发生在组氨酸、赖氨酸和精氨酸侧链上的磷酸化因磷酸基团与 N 原子直接相连，被称为 N−磷酸化，如图 1-4 所示。

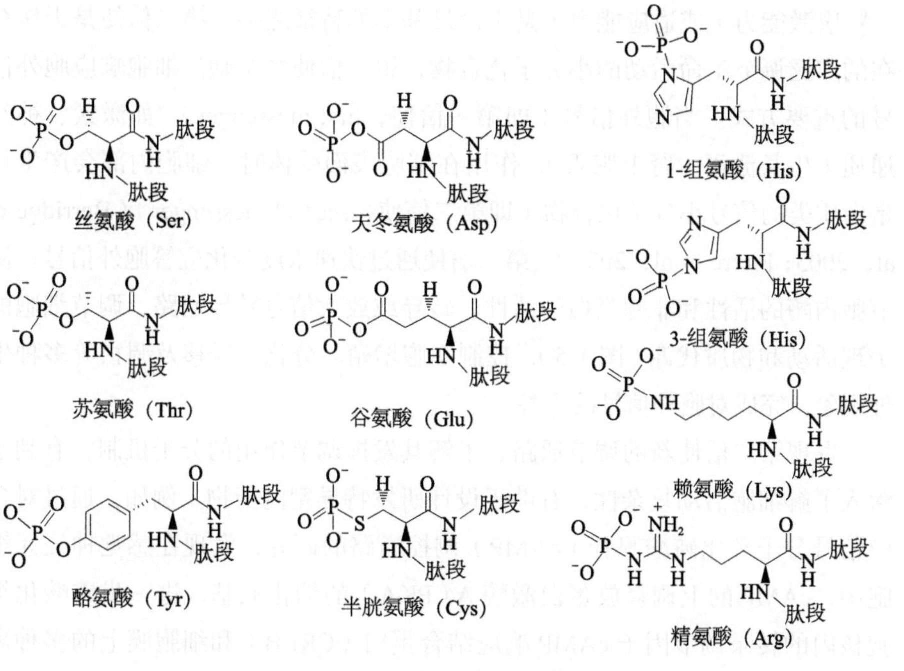

图 1-4　蛋白质磷酸化修饰类型

目前，针对三种 O−磷酸化修饰（Ser、Thr 和 Tyr）及与其相关联的上下游激酶、酯酶的研究较广泛和活跃，极大地推动了以"蛋白质 O−磷酸化"为开端和基础的细胞信号通路研究（Cohen，2002；Druker，2004）。随着 O−磷酸化肽段富集方法的快速发展，如基于金属氧化物、固定金属离子亲和色谱和离子交换色谱等强酸条件富集方法的建立，O-磷酸化蛋白组学研究取得了显著进步（Zhou et al，2013），如在人血浆微囊泡中鉴定的O-磷酸化肽段超过10 000个。在细胞中，大约有1/3的蛋白质含有磷酸化修饰。然而，相对于O-磷酸化修饰研究而言，由于P—N键的酸、热不稳定性，缺少相应激酶、酯酶等工具酶，以及有效的富集策略，蛋白质的N-磷酸化修饰的研究进展缓慢。加强蛋白质N-磷酸化修饰的研究，有助于对N-磷酸化蛋白功能的理解，将推进人类对蛋白质翻译后修饰的全面认识，推动我国在磷酸化蛋白原创性基础研究领域的进一步发展，在国际上抢占领先地位。

三、磷与代谢调控——第二信使分子功能与机制

应激能力（或适应能力）是生命最基本的特征之一。第二信使是天然存在的广泛调节生命活动的小分子化合物，第二信使系统则是细胞响应胞外信号的重要方式。当胞外信号（即第一信使，first messenger），如激素、神经递质（生长激素、肾上腺素），作用在细胞表面受体时，细胞内部会产生非蛋白质类的信号小分子化合物（即第二信使，second messenger）（Berridge et al，2003；Pierre et al，2009）。第二信使通过快速浓度变化应答胞外信号，调节胞内酶的活性和非酶蛋白的活性，转导或放大信号转导通路，调节细胞的生理活动和物质代谢（图1-5），控制细胞增殖、分化、迁移及凋亡等多种生理现象，完成对胞外信号的应答。

发现第二信使新的调节通路、了解其发挥调节作用的分子机制，有利于深入了解细胞活动复杂性，有助于设计研发特异靶向药物。例如，通过对含磷信号分子环化磷酸腺苷（cAMP）调控通路的研究，发现在感觉神经元细胞中，cAMP的上调释放蛋白激酶A（PKA）的催化亚基，进一步磷酸化细胞核内的转录调节因子cAMP响应结合蛋白（CREB）和细胞膜上的多种离子通道，如瞬时阳离子通道（Nav1.8）、N-甲基-D-天冬氨酸受体（NIR）、甘氨酸受体（GLR3）。cAMP信号通路是传递并放大疼痛信号的主要通路。目前，两种最重要的止痛剂类型（NSAIDs和Opioids）都是针对这一通路，通过不同方式下调cAMP浓度来达到止痛效果。而在哮喘的治疗中，提高cAMP的浓度可以有效提高蛋白激酶A对肌球蛋白轻链激酶（MLCK）钙调钾离子通道的磷酸化，缓解哮喘症状。很多治疗哮喘的药物（如Albuterol和

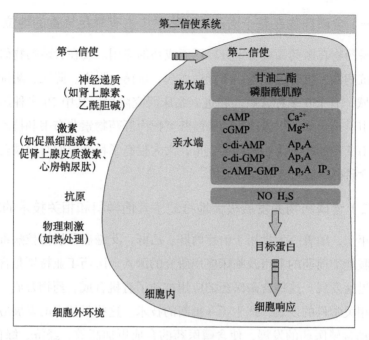

图 1-5　第二信使系统

Fenoterol）都是通过上调 cAMP 浓度发挥作用。这些药物的发现正是建立在对信使分子作用机制的基础研究工作之上的。因此，针对含磷化合物作为信使分子发挥的重要生命调控作用研究，对于揭示生命本质及开发人类疾病治疗方法具有重要的科学意义和战略价值。

第九节　磷 与 医 药

党的十九大报告在"提高保障和改善民生水平，加强和创新社会治理"部分，明确指出"实施健康中国战略"。"人民健康是民族昌盛和国家富强的重要标志。"（习近平，2017a）医药工业是关系国计民生的重要产业，是"中国制造 2025"和战略性新兴产业的重点领域，是推进"健康中国"建设的重要保障。加快医药工业由大到强的转变，发展医药工业是建设"健康中国"、增进人民福祉的重要内容，是以人民为中心发展思想的具体体现。

含磷药物发展的科学意义和战略价值主要体现在以下四个方面。

（一）含磷药物在整个医药工业体系中占有举足轻重的地位

含磷药物在医药领域有十分广泛而成功的应用。现在含磷药物研究涵盖抗癌、抗病毒、抗骨质疏松、治疗白血病、抗菌、强心、降压、酶抑制和麻醉等领域，有150多种含磷药物进入临床研究阶段，其中70多种药物已获批准上市。近年来，引人注目的磷酰胺类抗丙肝药物索非布韦和抗乙肝药物替诺福韦艾拉酚胺等重磅药物的上市，大大提高了科学家们对含磷药物的重视，使含磷药物迎来新的发展契机。

（二）含磷药物的发展极大地推动了其他学科和相关技术的发展

近年来，随着一大批用于治疗丙肝、乙肝、艾滋病及埃博拉病毒感染等的磷酰胺酯类前药的上市及临床应用研究的深入，医药工业特别是含磷医药得到了迅猛发展。这些含磷医药的应用推动了有机合成、药物合成、化学生物学等相关学科的发展，产生了一批新的技术。这些新技术的发展应用又反过来推动含磷医药的发展，使含磷医药的合成更加高效、经济、绿色环保，使含磷医药的药理研究更加深入，从而推动了含磷医药更好地为人类服务。

（三）含磷药物在国家总体学科发展布局中占有重要地位

随着社会经济的快速发展，医药工业已经成为当代国民经济中重要而且快速发展的高新技术产业，对国民经济、国防及其他高新技术产业的发展起着重要支撑作用。随着人口老龄化加剧，社会对医药工业空前关注。今后是我国深入发展医药工业、全面建成小康社会的关键时期。环境污染、职业危害、食品与药品安全等公共卫生问题进一步凸显，使我国发展医药工业的任务更加艰巨，加强医药工业特别是含磷医药发展建设迫在眉睫。

（四）含磷药物的发展满足了国民经济社会发展的需要

医药工业（特别是含磷药物）是典型的高技术产业，也是全球研发强度最高的产业之一。为了解决老百姓"看病难，吃药贵"的难题，我国要从制药大国迈向制药强国，实现产业转型升级，打破国外专利药对我国高端用药市场垄断，实现国产药对原研药的替代。含磷医药的发展必将有力推动我国国民经济社会的发展。

综上所述，为了实现"十三五"时期发展目标，我们要大力发展医药工业特别是要加强含磷药物的研发，从而为建设"健康中国"做出积极的贡献。

第十节 磷 与 农 药

农业是我国国民经济的基础，粮食问题始终是我国的头等大事。每年因病虫草害频发而导致的粮食损失可高达 40%～50%，使用农药后，可挽回 30%～40% 的粮食损失。因此，农药的应用已成为防治我国粮食生产中重大病虫草害不可缺少的重要举措。另外，我国人口数量已超过 14 亿，人多地少，需以占世界约 7% 的耕地养活占世界约 18% 的人口，土地等可利用资源的使用已接近极限。解决中国的粮食问题主要依靠提高单位面积产量。合理使用化学农药是提高农作物单位面积产量的主要手段。使用农药成为保证我国粮食丰收的必要手段，具有重要战略意义。

有机磷农药研究领域是磷科学的重要分支，同时又在农药科学中占有非常重要的地位。有机磷化学是有机磷农药的重要科学基础。回顾世界农药的发展史，四配位有机磷化合物作为农药是最重要的一类农用化学品，在农业和商业中发挥了巨大的作用。四配位有机磷化合物具有作为农药应用的突出优点：① 在四配位有机磷的骨架中，磷可与 4 个不同的基团连接组合，显示杀虫、杀菌、除草或植物生长调节多种农药活性，已拥有超过 300 个农药品种，在全球广泛应用于农药各个领域。②在靶标作用部位有较好的化学反应亲和性，高效而价廉。③ 较之有机氯，属低残留且更易降解，分解后可以转化为植物的营养品磷酸类小分子，与生态和谐共存。第一个有机磷化合物的研究始于 1820 年，直到 1937 年，德国施拉德第一次在拜耳（Bayer）实验室合成出具有杀虫活性的有机磷化合物，1943 年，施拉德的第一个有机磷杀虫剂进入德国市场，从第一个有机磷杀虫剂发现到有机磷化合物大批推广使用的 70 多年间，世界上共有多于 51 家的公司和研究机构直接参与四配位有机磷酸酯类的研究与开发，特别是以有机磷杀虫剂为代表发表了数以千计的专利、论文，涉及大量的化学家和生物化学家，促进了这一领域突飞猛进的发展。商品化有机磷杀虫剂开发的鼎盛时期是 1950～1965 年。1930～1985 年有 147 个有机磷化合物被发现，并由 29 家公司开发，目前世界上应用的有机磷农药商品仍达上百种。

1990～2002 年，我国使用的 70% 农药为有机磷农药，成为我国农药工业支柱和保证我国粮食丰收的重要手段。四配位有机磷化学的发展为有机磷农药的发展提供了重要的科学基础，使有机磷农药发展成为全球最重要的一类农药，充分体现了磷科学应用在农药科学领域中的科学意义和有机磷农药在经济与商业上的重要价值。

在有机磷农药的历史发展中，磷科学的发展为世界范围内农药工业的发展提供了坚实的科学基础。在我国，国务院于 1983 年决定在全国范围内停止生产高残留农药六氯环己烷（六六六）和双对氯苯基三氯乙烷（DDT，滴滴涕）以后，一批有机磷农药（如甲胺磷、对硫磷、甲基对硫磷、久效磷等）的生产能力迅速提升，产量迅速增加。有机磷农药具有高效、广谱、对植物安全、抗性发展缓慢、价格低廉等特点，在防治水稻螟虫、飞虱、棉花棉铃虫等农业害虫大暴发时发挥了重要作用，是农业上防治多种害虫的主要品种，深受广大农民欢迎，为我国农业生产做出重要贡献。有机磷农药的发展，大力推动了我国农药工业整体实力的增强和技术水平的提高，促进了农药工业的出口，为我国农药工业的发展奠定了良好基础。

有机磷农药的研究开发与推广应用至今已有 70 多年的历史，但就有机磷农药发展的整体发展趋势而言，有机磷仍是当今农药的主要类别之一，几乎遍及农药的所有领域。目前，有机磷除草剂成为全球应用最广、应用量最大的一类农药。中国已成为全球最大的草甘膦生产和出口国。磷科学的发展大力推动了有机磷农药工业的蓬勃发展，同时推动了农药科学的发展，带动了农业现代化的发展。

有机磷农药工业的发展，进一步促进了合成有机磷化学的发展，使之成为有机化学中的一个独特领域。但是，传统有机磷农药在经历了极其辉煌的"黄金时代"之后，仍面临许多不能与人类和环境相容的安全性问题。我国有机磷农药工业的主打产品仍为国外传统（有机磷）农药老品种，存在与环境保护不和谐的种种问题，面临如何可持续发展的挑战。1983～2002 年是我国有机磷农药工业发展的"黄金时代"，超过 30 种有机磷农药化学品在我国生产并广泛地应用于农业生产。一段时期内，有机磷农药化学品几乎占到中国农药市场的70%。高毒有机磷农药在我国的大量应用，严重危害了人畜安全，影响了农产品质量安全，影响了生态环境，不适应我国农业和农药工业可持续发展要求。因此，限制和取代高毒农药生产的必要性引起社会各界的普遍关注和国务院领导的高度重视。同样，国际社会也非常重视高毒农药问题。1998年，由50多个国家和地区签署的《关于在国际贸易中对某些危险化学品和农药采用事先知情同意程序的鹿特丹公约》(简称《PIC公约》)将甲胺磷、对硫磷、甲基对硫磷、久效磷、磷胺等5种高毒有机磷农药列入严格控制的名单。2005年6月20日，中国正式成为《PIC公约》缔约方。2006年4月4日，我国四部委（农业部、国家发展和改革委员会、国家工商行政管理总局、国家质量监督检验检疫总局）第632号联合公告宣布：自2007年1月1日起，全面禁止在国内销售和使用甲胺磷等5种高毒有机磷农药。由此，高毒有机磷农药的禁用给我国农药产业带来一场巨大的变革。

目前，我国高毒农药占比已降至2.5%。高毒有机磷产品占比大幅度下降，低毒有机磷杀虫剂及除草剂的产量在逐渐增加，中国已成为全球最大的低毒有机磷除草剂草甘膦的生产国和出口国。

2003年底，我国首次将绿色化学农药先导结构及作用靶标的发现与研究列定为国家重点基础研究发展计划（973计划），为我国环境生态及工农业可持续发展奠定了绿色化学农药的理论及技术基础。2006年，新农药创制作为国家发展的重大需求进一步列入了《国家中长期科学和技术发展规划纲要（2006—2020年）》，并且为国家中长期科学和技术发展纲要的优先选题。

针对传统有机磷农药的安全性问题，创制对人类和环境友好的有机磷农药新品种，为我国有机磷农药工业的可持续发展提供磷化学基础和先进的合成技术，不仅对于合理利用我国的磷资源、发展磷科学在农药领域中的应用具有科学意义，而且对于保证我国粮食丰收和安全具有重要的战略价值。创制对人类和环境友好的有机磷农药新品种可以满足国民经济社会发展与粮食安全的需要。

第十一节 磷科学战略联盟

"战略联盟"（Strategic Alliance / Consortium）概念最早由美国 DEC 公司总裁简·霍普兰德（J. Hopland）和管理学家罗杰·奈杰尔（R. Nigel）提出，主要是指企业之间的一种合作模式，随后概念不断完善，定义为"两个或两个以上的独立组织为了实现各自战略性目的，而达成的一种长期和短期的合作关系"。这种合作的主要目的是实现合作成员的现实生存和长远发展的需要，具有明确的战略意图和目标。

磷是一种不可再生资源，磷资源的可持续利用与全球粮食安全和人类生存保障密切相关。为了有效整合全国分散的磷科学研究力量，建立磷科学战略联盟的目的在于：①激励学术界从事具有战略意义的基础磷科学问题的研究。②促进工业界主动对科研成果进行概念性验证，加速高校、院所实验室成果转化。③构建国内磷科学团体和国际磷科学团体之间信息及项目交流的桥梁。

不仅如此，磷也是工农业生产不可缺少的重要元素，磷资源开发利用技术水平也标志着一个国家化学工业的发展水平。世界多个国家或组织建立了国家或国际磷研究的战略合作机构（图 1-6），但我国在此方面还是空白。

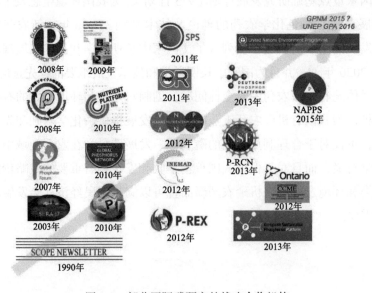

图 1-6 部分国际磷研究的战略合作机构

基于"战略缺口"假说，结合我国磷科学和产业现状，成立全国磷科学战略联盟具有重要的科学意义及社会意义，可以在以下多个方面实现我国磷相关科学研究水平的提升，以及增强技术产业国际市场竞争力。

（1）聚集更多的磷科技创新资源，分摊科技创新的巨额投入和潜在风险。

（2）通过科研院所与经营企业的联合，不仅可以实现基础研究与产业开发的无缝对接，更能适应当前科技发展的融合趋势。

（3）借助联合力量协调和建立新产品或生产工艺的统一标准。

（4）通过联盟提升磷化工产业对不确定环境变化的反应能力，实现经营范围的多样化和经营地区的扩张，以利于规模经济和范围经济。

（5）通过战略联盟互相学习，继续开拓磷科技的前沿方向，提升我国相关领域的原始创新，为占领磷科技国际制高点提供支撑。

第二章
发展规律与研究特点

磷是生命体系中最重要的元素之一。它普遍参与了生命的各个基本特征的实现过程。例如，它通过形成核酸分子的磷骨架参与生命的遗传与进化；通过形成 ATP、鸟苷三磷酸（GTP）等高能分子参与生命体的新陈代谢；同时，磷元素还构筑了目前主要已知的第二信使分子，参与生命的应激调控。正因为磷在生物分子中占有极其重要的地位，使得含磷物质的研究方兴未艾，在多个层面、多个领域受到广泛关注。

第一节　含磷化合物合成研究的发展与特点

合成化学是化学学科的重要分支，合成技术的不断进步与整个化学学科的发展水平紧密相关。磷化合物作为有机合成试剂、催化剂及过渡金属催化剂的配体，在合成化学中具有极其广泛的用途，因此不断进步的磷化学科学也促进了合成技术的发展。著名的维蒂希反应（Wittig reaction）（1979 年的诺贝尔化学奖）无疑代表了重要的化学计量有机磷试剂参与的有机合成反应，为碳碳双键的构建提供了高效的方法；威尔金森催化剂（Wilkinson catalyst）（1973 年的诺贝尔化学奖）的发现及后来陆续实现的过渡金属催化的均相不对称反应（2001 年的诺贝尔化学奖）、烯烃换位反应（2005 年的诺贝尔化学奖）和交叉偶联反应（2010 年的诺贝尔化学奖）均离不开膦配体的使用，这些重要的发现显著地促进了合成技术的发展；近 20 年来，以亲核性叔膦和有机磷酸为代表的有机磷试剂显示出优良的催化活性，已成为广受关注的一类有机小分子催化剂。因此，探索磷化学的科学发展对于促进合成技术的进步具有至关重要的作用，也是发展合成技术的必然途径。

21 世纪的合成化学应该是"注重经济、安全、环境友好及节省能源和资源的合成化学"，这已成为化学家的共识。以传统的、不够完善的合成方法为主导的化学工业在为人类创造新物质的同时，也给人类赖以生存的环境带来了严重的污染。为从源头上减少和消除污染，加强对人类生态环境的保护，促进社会可持续发展，注重经济、安全、环境友好及节约能源和资源的"完美合成化学"便成为 21 世纪合成化学的研究前沿和热点。因此，充分利用磷元素在新物质创造中所发挥的关键作用和广泛的用途，重点探索磷化合物的新试剂、新反应、新合成方法及相关的新技术，加快磷科学的学科发展，不仅是发展高效、原子经济的新物质创造方法学和构建功能材料的有效途径，而且也是新时代物质文明社会发展的要求。重点加强磷化学学科的基础研究，进而促进我国化学合成技术的进步，为保障我国可持续发展提供强有力的科学基础和技术支撑。

第二节　单质磷及其应用研究

一、单质磷

磷的同素异形体有很多种，最常见的有白磷、红磷、黑磷三种。

白磷为四个磷原子通过六个磷-磷键组成的正四面体结构，用 P_4 来表示。白磷为白色至浅黄色蜡状固体，又称黄磷。白磷的熔点为 44.1℃，沸点为 280℃，密度为 1.82g/cm³，不溶于水，可溶于二硫化碳（CS_2）及苯（C_6H_6）、乙醚（Et_2O）、四氢呋喃（THF）等常见有机溶剂中。白磷的性质非常活泼，在空气中会缓慢氧化，当热量聚集到一定程度后会发生自燃，产生磷光。因此，白磷必须储存在水里。白磷为剧毒物质，人吸入 0.1g 白磷就会中毒死亡。

红磷的结构复杂，一般认为是由多种重复单元组成的链状结构组成。红磷的溶解性差，不溶于常见的有机溶剂中。红磷相对稳定，几乎无毒。

黑磷具有层状网络结构，能导电，是磷的同素异形体中最稳定的。黑磷也是一种半导体，密度为 $2.70g/cm^3$，硬度为 2。它的晶格是由双原子层组成的，每个层是由曲折的磷原子链组成的。黑磷在空气中是稳定的。此外，黑磷具有层状的晶体结构，可以剥离成有序磷原子构成的、单原子层的纳米片层结构，通常被称为黑磷烯（phosphorene），又称磷烯或二维黑磷。

白磷在隔绝空气时加热至 273℃或在光照下可以转化为红磷，红磷在隔绝空气时加热至 416℃升华后再凝结转换为白磷。另外，在 1200MPa 下，白磷加热至 200℃可转变为黑磷。

二、单质磷的应用研究

白磷活化的研究可以归纳为三个阶段:①合成金属与磷的配合物 $[M_xP_y]_n$；②将 $[M_xP_y]_n$ 配合物转化为有机磷化合物；③实现催化方法的由白磷直接合成有机磷化合物的目标。

第一阶段的研究始于 20 世纪 70 年代。早期（1970~1990 年）的工作是由 Sacconi、Scherer 等化学家利用简单的金属羰基化合物、金属卤化物等与白磷在较苛刻的反应条件下制备了一系列十分经典的配合物，如五磷杂二茂铁类配合物 cyclo-P_5、六磷杂苯类配合物 cyclo-P_6 等（Scherer，1990）；之后，在 1991~2010 年，随着配位化学和金属有机化学的发展，不同种类的金属有机化合物得以合成并应用于与白磷的反应性研究中，由以 Bertrand、Scherer、Cummins、Peruzzini 等为代表的化学家合成了数量庞大、种类多样的磷簇化合物，同时也使人们深入了解了白磷参与反应的特点（Cossairt et al，2010）。

第二阶段的研究始于 2010 年，人们逐渐开始从配合物的合成向有机磷的合成转化，但研究报道仍然很少。例如，Cummins 等报道在紫外光照射下 P_4 会降解为高反应活性的 P_2 分子，进一步与体系中存在的共轭二烯烃发生两次 Diels-Alder 环加成反应生成稳定的环状二膦分子，但产率仅为 14%。2014 年，Scherer 等报道了利用原位生成的环戊二烯自由基对 P_4 的活化，致使 P—P 单键断裂的同时构建两个 $C(sp^3)$—P 键（Tofan and Cummins，2010）。由于双金属试剂的两个 C—M 键具有一定的协同效应且丁二烯骨架具有一定的刚性，因此其对白磷的活化可能具有很好的选择性。席振峰、张文雄等通过实验发现，双锂试剂与白磷反应可以以很高的收率得到磷杂环戊二烯锂盐，反应具有选择性高、收率高、反应条件温和、产物容易分离的优点。此外，磷杂环戊二烯锂的应用十分广泛，可以用作材料、配体等。因此，该反应提供了一种简便有效的从白磷一步合成磷杂环戊二烯锂的方法（Xu et al，2016）。为进一步提高磷原子的利用效率及探索稀土金属对白磷的活化方式，席振峰、张文雄等研究了稀土金属杂环戊二烯与白磷的反应。稀土金属杂环戊二烯试剂与白磷反应可以同时得到一分子的磷杂环戊二烯锂和一分子的稀土金属 cyclo-P$_3$ 化合物。该 cyclo-P$_3$ 化合物是第一例稀土金属 cyclo-P$_3$ 化合物，也是第一例 f 区金属活化白磷形成 P—C 键的例子，具有很重要的理论意义。进一步的研究表明，该稀土金属 cyclo-P$_3$ 化合物可以被对苯醌氧化得到另一分子的磷杂环戊二烯锂，并重新产生白磷（Du et al，2017）。对比此前双锂试剂活化白磷的反应可知，该方法将白磷四个磷原子中的两个磷原子转移到目标产物磷杂环戊二烯锂中，另外两个磷原子又可以以白磷的形式进行回收利用，因此磷原子的利用效率得以提高。

第三阶段的研究仍处在起步阶段，研究人员更关注催化方法由白磷直接合成有机磷化合物。2013 年，Liddle 等利用铀金属有机化合物实现了白磷的合成循环，构建 P—C 键，但 TON（转化数）仅为 2（Patel et al，2013）。2019 年，Wolf 报道了在光催化剂作用下，碘苯与白磷反应构建了 P—C 键（Lennert et al，2019）。2019 年，赵玉芬、唐果等开发了在 Na$_2$EosinY 催化下，白光促进苯硫酚与白磷为原料制备硫磷酸酚酯的方法（Lu et al，2019）。2020 年，该团队利用碱催化体系，开发了一种通用的合成 P(SR)$_3$ 和 P(O)(SR)$_3$ 的方法，这种方法同时适用于三个相同芳基硫酚和烷基硫醇，原子经济性较好，且对环境友好，农药脱叶磷可以用该方法高效制备（Huang et al，2020a）。然而混合三硫磷酸酯 $(R^1S)_2P(O)SR^2$ 一直被认为是难以合成的，同年，该团队利用碱催化的二硫醚、白磷、卤代烃反应，高效地实现了混合三硫磷酸酯的合成（Huang et al，2020b）。2021 年，赵玉芬、唐果等开发了白磷和苯酚为原料，在二苯基二硒醚催化下就快速制备三配位的亚磷酸三苯酯，然后利用不同的氧化剂氧化，分别可以制备磷酸三苯酯和硫代磷酸三苯酯，亚磷酸三苯酯和磷酸三苯酯在工业中上有广泛的应用，也是工业大宗产品，该方法的突破为白磷直接制备工业有机磷产品奠定了基础（Zhang et al，2021）。

第三节　高配位磷化学

近半个世纪以来，对五配位磷化合物的研究已发展成为有机磷化学的重要分支之一。自从五元环和六元环烷氧五配位磷化合物被看作酶和非酶中间体或过渡态后，对五配位磷化合物的研究更加系统、深入，尤其是对五配位磷化合物的独特分子构型、配位基的取向和配位基的重组等特性的研究。

众所周知，磷原子核外电子排布为 $1s^2 2s^2 2p^6 3s^2 3p^3$，外层有 5 个价层电子和 5 个 3d 空轨道，由于磷原子外层轨道和价电子的特点，磷原子表现出多种类型的配位形式。在五配位磷的化合物中，普遍认为磷外层电子采取 sp^3d 杂化方式与周围的配位原子通过共价键相连，而对于一些反应中的六配位磷中间体，认为五配位磷原子接受一对电子到 d 空轨道，采取了 sp^3d^2 杂化方式。

目前公认的五配位磷化学结构有三角双锥和四方锥两种构型。若中心磷原子以 $3d_{z^2}$ 的杂化轨道方式成键，则空间结构呈三角双锥（trigonal bipyramid，TBP）构型，即两个相等的与平面垂直的键互成约 180° 键角，称为 a 键（apical bond），又称顶点向键、竖向键、顶键、轴键、直立键等；另外有三个等同的键处于以磷为中心的平面上，键角互成约 120°，称为 e 键（equatorial bond），又称平伏键、平向键、横键、赤道键、腰键等。a 键比 e 键长。根据计算，互为 120° 的三个 e 键之间的排斥力可以小到忽略不计，两个 a 键各与三个 e 键呈 90°，原子间库仑力较大，因此必须延长 a 键的键长，使 a 键上配体的电子对与中心磷原子拉开一定的距离，这样就形成了稳定的化合物分子，即 TBP 排布的五配位磷化合物。若中心磷原子以 $3d_{x^2-y^2}$ 杂化轨道方式成键，则呈四方锥（square pyramid，SP）构型。与 TBP 构型相比，SP 构型中具有一个 a 键和与 a 键互为 105° 夹角的四个相等的 b（basal）键或称底面键，四个 b 键互为 88° 夹角，因键角较小，所以各价键电子对之间的排斥力较大，使得 SP 构型的稳定性较差。这种构型主要存在于一些螺磷烷中。实验结果与理论计算均表明，TBP 构型的能量比 SP 构型的能量要低，因而大部分的五配位磷化合物均以 TBP 构型存在，只有较少部分的化合物会呈现 SP 构型。

在五配位磷化学发展初期，Westheimer 发现成环有利于五配位磷化合物的稳定（Westheimer，1968）。Ramirez 则总结出一套环状烷氧五配位磷化合物的形成规则（Ramirez，1974），并指出合成环状磷化合物的一些有效方法。高配位磷化合物的配位基团相对较多，不同的空间配置就构成了不同的化合物，研究人员对不同取代基团在高配位磷原子上的配置规律进行了研究。研究人员在对大量稳定的五配位磷化合物进行结构分析时发现，磷烷的 TBP 构型中决定其配位基团处于 a 键还是 e 键位置有亲顶性（apicophilicity）原则（Muetterties et al，1963）和小环取向原则（Sheldriek，1978）两个原则。这两个基本的原则结合其他作用力（如氢键和范德瓦耳斯力等非共价键作用力）相互影响，共同决定着磷烷化合物中各配位基团的空间排布。亲顶性原则是指，吸电子基团会倾向优先占据 a 键的位置而非 e 键（Muetterties et al，1963）。小环取向原则是指，当配位基团中含有小环结构（四元环或者五元环）时，为了降低环张力，环状结构会优先占据 a、e 键而非 e、e 键（Sheldriek，1978）。

自发现 PF$_5$ 在溶液中核磁氟谱的等价性及以磷、硅和过渡金属为中心原子的 TBP 结构化合物也发生立体异构这一现象之后，TBP 构型化合物中 e 键和 a 键所连配位基相互转化的机制便引起了人们的兴趣。为了解释这种现象，Berry 于 1960 年提出分子内的配位基总是在不断地交换位置发生立体重排（即 Berry 假旋转的概念）（Berry，1960）。为了验证假旋转机制，人们运用拓扑学、群论等对不同 TBP 构型化合物的立体异构机制做出深入的研究。最终认为，在所有被提出的机制中，假旋转机制是最有可能的。该过程可以被看作是一种配位基的重新排列，早期提出了 Berry 假旋转（BPR）和栅门（十字转门）（TR）旋转两种机制（Muetterties，1969）。随后，第一例五配位磷烷的单晶结构得以报道（Brown and Holmes，1977），并且发现五元环或六元环常常可以稳定超价分子，且一个占据 a 键，一个占据 e 键（Perkins et al，1980），这些都为假旋转机制的进一步研究提供了帮助。科学家借助于密度泛函理论（density functional theory，DFT）计算（Couzijn et al，2010）提出，在五配位配位基重组机制中，TBP 构型化合物的五个取代基中以其中一个 e 键取代基的位置作为轴，其他两个 a 键取代基通过各个键角的同时收缩/扩展与两个 e 键基团互相交换，通过 SP 构型的过渡态重新组合为新的 TBP 构型。

作为典型的 TBP 构型化合物，五配位磷化合物也存在构型异构现象。由于五价磷化合物一般不太稳定，所以对含有不同取代基的五配位磷化合物的立体异构的研究相对较少，特别是动力学方面的研究。到目前为止，仅有 Akiba 小组对含有 Martin 配体的五配位螺磷烷配位基重组的动力学进行了较详细的研究（Kojima et al，1996）。

然而，由于可以利用的稳定五配位磷小分子模型化合物的类型有限，因此该领域的研究沉寂了一段时间。在 21 世纪初，随着对三配位和四配位磷化合物的立体化学性质认识的逐渐深入（Zhou et al，2010），也随着不同类型稳定的五配位磷小分子模型化合物的涌现（Yu et al，2005），又掀起了研究五配位磷化合物结构特点及反应性质的热潮。Swamy 和 Kumaf 在 2006 年对五配位磷化学新特点的综述中提到（Swamy and Kumar，2006），五配位磷化学研究领域有两个急需研究的领域：一个是与生物活性相关的五配位磷化合物的分离与表征；另一个是基于五配位磷化合物为反应原料的有机合成及反应的研究，从而合成不同类型的新型磷烷化合物，尤其是涉及手性磷烷化合物的研究将会成为未来极具吸引力的方向。

第四节　膦配体的开发与应用

膦配体是指可用于控制金属催化活性和选择性（包括化学选择性、对映或非对映选择性）的含磷化合物。具有应用价值的膦配体应具有高效、低毒、选择性好、对环境友好等特点。其中，手性膦配体是最受关注的一类配体。按分子中所含磷原子的个数，手性膦配体可分为手性单膦配体、双膦配体和多膦配体；按手性中心所在原子及特征，手性膦配体可分为磷中心手性膦、碳中心手性膦、轴手性膦等，其手性可在磷原子上，也可在侧链的某一个原子上，或两者皆有手性，或整个分子具有手性；按与磷原子相连的原子的种类不同，手性膦配体又可分为碳膦配体、氧膦配体和氮膦配体等。

根据所需催化的有机反应特点和反应机制可知，同时从电子结构和空间结构精准设计合成膦配体是未来膦配体的发展方向，使设计合成的膦配体与特定金属配合后能形成高活性、高化学和立体选择性的催化体系是磷科学应用在合成化学领域中所追求的目标。

　　新配体创制研究具有以下显著特点：①反应导向性强，需要根据合成反应自身特点进行精准的分子设计、合成、构效关系研究、结构优化、化工工艺开发等多个环节，最终达到高效、高选择性的效果；②跨学科性明显，需要合成化学、分析化学、配位化学、材料化学、化工、物理化学、药物化学等多学科集成才能开展。

　　新配体特别是手性配体的创制事关掌握合成化学的核心技术，一旦成功能够实现相关催化反应的大规模生产，直接带来重大的经济效益，因此属于国家鼓励发展的战略性科技项目。目前在工业上具有应用前景的催化体系主要掌握在发达国家的手中，具有自主知识产权的核心技术亟待开发，特别是建立更多有效的不对称催化工艺仍然是当务之急。

　　由于骨架的多样性，膦配体的种类繁多，如氨基酸来源膦配体、糖来源膦配体、联芳香环手性膦配体、螺环类手性膦配体、二茂铁类手性膦配体、膦氮混合配体、非联芳香环 C_2 轴对称双膦配体、磷手性中心手性膦配体及高分子负载型手性膦配体等（图 2-1）（Li and Zhang，2016），在 20 世纪末就已被开发出数千种不同结构的膦配体。进入 21 世纪以来，具有较高活性和立体

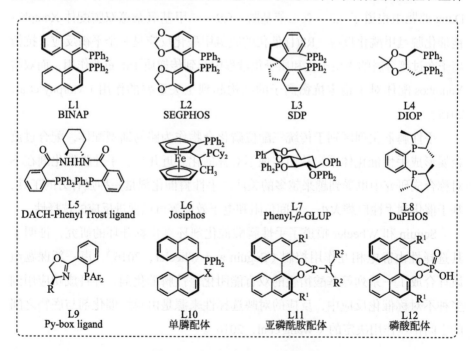

图 2-1　一些代表性的手性膦配体

选择性的膦配体被开发出来，尤其是各种被修饰改造的双膦配体被广泛地应用于各类不对称反应中并取得非常好的化学和对映选择性。

20世纪末，三芳基膦（PPh₃）配体开始广泛应用于Suzuki偶联反应。研究发现，PPh₃配体不仅可以提高反应的活性，而且可以提高反应的选择性（Miyaura and Suzuki，1995）。在很多实验研究中发现，当有PPh₃配体存在时，反应得以顺利进行，当没有PPh₃配体存在时，反应不发生。通过理论研究发现，PPh₃与过渡金属催化剂配位降低了过渡金属电荷密度（Nicolaou et al，2005），从而增强了过渡金属催化剂的亲核性，有利于反应的质子化过程等（Sicre et al，2008）。

除了单齿配体外，人们越来越多地关注双齿配体对反应的作用。很多反应表明，联萘二苯基膦（BINAP）的加入改变了催化剂活性中心的空间和电子效应，促进了碳氢键的活化及后续的偶联反应（Knowles et al，1975）。1997年，Nozaki等研究了不对称手性膦配体的钯（Pd）配合物催化丙烯与一氧化碳的高选择性不对称反应。机制研究显示，底物的区域和对映选择性是由于膦-亚磷酸酯杂合配体BINAPHOS的空间效应控制（Nozaki et al，1997）。近年，Dong课题组报道了4,5-双二苯基膦-9,9-二甲基氧杂蒽双膦配体Xantphos铑催化脱氢甲酰化反应。Rh(I)催化的脱氢甲酰化反应是一个平衡反应，抗衡离子在过渡金属的去质子化和质子化过程中起到传递质子的重要作用，而双膦Xantphos配体对于稳定抗衡离子的结构起到至关重要的作用（Murphy et al，2015）。

手性膦催化剂区别于传统三配位磷化合物作为路易斯碱配体，配合过渡金属形成手性催化体系，从而实现不对称催化。近几年，手性膦催化剂在不对称合成研究中也受到越来越多的关注。手性膦催化剂是一种强有力的工具，基于催化剂手性口袋大小、空间位阻和电子效应等可以促进反应的选择性。

Seguin和Wheeler报道了手性膦酸催化剂环氧化物开环的研究，证明了其选择性由静电相互作用控制（Seguin and Wheeler，2016）。卢一新课题组设计合成了一系列氨基酸衍生的双官能团化手性膦催化剂，并且成功应用到多种不对称催化反应中，反应的对映选择性来源是由磷酸催化剂与底物之间的空间排斥作用决定的（Wang et al，2016）。

第五节　含磷火安全材料

火安全材料的核心是阻燃剂。含磷阻燃剂的作用机制在很大程度上取决于磷元素所处的化学环境，如氧化状态、键合方式等。磷的键合方式由 P—C 键变化到 P—O 键时，其阻燃机制会产生显著的变化。这种结构变化使得含磷阻燃剂具有多种可设计性。

（1）含磷阻燃剂的结构可以从无机到有机变化。

（2）这些分子中的磷含量可以变化。例如，红磷中的磷含量几乎达到 100%，而 9,10-二氢-9-氧杂-10-磷杂菲-10 氧化物（DOPO）中的磷含量为 14.33%。

（3）磷元素可以具有不同的氧化态（从 0 价到 +5 价）。并且，随着氧化态的变化，其在气相和凝聚相中产生不同的阻燃作用机制。

许多报告表明，相比于其他具有更高氧化态的含磷化合物（如磷酸酯或磷酸盐）来说，氧化膦（膦酸酯）在燃烧的气相产物中具有更高的活性，但在凝聚相中促进成炭的作用很弱（Hergenrother et al，2005）。Braun 等通过观察炭化物的生成和磷酸酯的火焰抑制效果，系统研究了更低氧化态含磷阻燃剂在环氧树脂/碳纤维复合材料基体中的作用机制——主要依靠气相反应中的火焰抑制作用，辅以凝聚相中的炭化作用来实现。报道指出，随着磷的氧化态增加，阻燃剂更倾向在凝聚相中发挥作用，含磷挥发物的释放减少。而含磷阻燃剂中磷元素氧化态的高低决定了阻燃剂在热裂解过程中基体材料相互作用的类型。对于具有高碳纤维添加量的复合材料来说，以气相阻燃为主的阻燃剂比以凝聚相为主的阻燃效率更高。

第六节　含磷物质的化工生产

磷化工是以磷矿石为原料，经过物理化学加工制备各种含磷制品的工业，包括基础磷化工与精细磷化工。基础磷化工是指利用化学反应生产含磷基础化学品的工业，包括热法与湿法两部分。其特点是：产品标准统一，单一产品量大，单位产品利润率低。精细磷化工是指利用化学反应生产含磷功能性化学品的工业，又称功能性磷化工。其特点是：生产满足下游产品功能需求为目标的含磷化学品，牌号多，大多数单一牌号的产量、产值小，单位产品利润率高。基础磷化工与精细磷化工是相对的，随着技术进步与应用面的扩大，在一定时期内可以相互转化。其分类如图 2-2 所示。

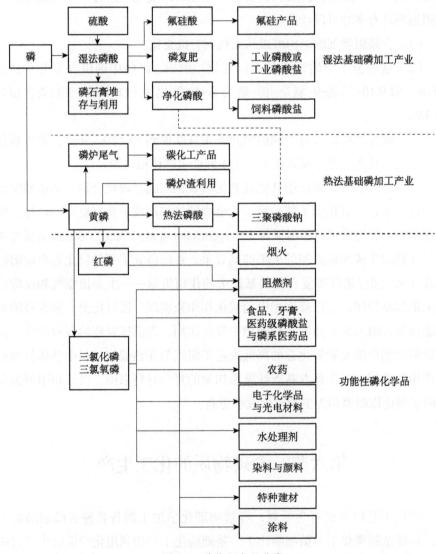

图 2-2　磷化工产业分类

第七节　磷资源的循环利用

磷在人类及其他生物生长发育中的重要作用，使之成为各类肥料（化肥及工厂化有机肥等）和饲料中必不可少的成分，而在其参与环境（包括岩石、土壤和水）–生物–人体循环的过程中又是造成环境污染的一种重要成分。如何提高磷的利用效率、减少它所造成的污染乃至从污染物中回收磷等是磷资源循环利用研究领域的核心课题。

一、磷资源循环利用研究的特点

磷资源循环利用研究具有以下显著特点。

（1）研究问题的复杂性。不仅包括磷形态的多样性及分析测试的局限性、赋存环境介质的差异性（水体、大气、土壤、沉积物、岩石/矿物、古海洋）、生物地球化学循环过程的多样性（吸收利用、吸附解吸、沉淀溶解、固定矿化、形态转化等）等，而且包含人为活动影响的多变性与复合性。

（2）研究对象的多尺度多维度。研究对象包括微观的分子原子尺度与宏观的物质能量流动、单一的封闭生物地球化学循环（如某一陆地生态系统、沙地生态系统、草地/林地生态系统、湿地生态系统、湖泊/水库生态系统、海洋生态系统等）与区域开放的生物地球化学循环（如陆地–生物之间、陆地/海洋–大气之间、陆地–海洋之间）、有长时间尺度的古环境重演也有现代时间尺度的环境污染预测、有场地尺度的磷累积也有流域尺度的磷迁移等。

（3）研究内容涉及多学科。需要化学、地质学、土壤学、植物营养学、农学、环境科学、地球化学、海洋学、生命科学等多学科集成才能开展。

（4）研究方法的系统性。磷资源循环利用涉及节点多，涉及的物质循环与能量流动复杂，是一个系统性研究，不仅涉及野外的调查，而且包含室内的模拟试验，投资大、周期长，其定性定量研究是一个系统性工程。因此，为了准确地了解磷生物地球化学循环机制及宏观通量，必须开展大量的野外调查及室内模拟工作。

二、磷资源循环利用的三个典型历史时期

磷资源循环利用可以分为 3 个典型历史时期——自然生态系统、传统农业社会和现代工业社会。3 个典型历史时期中，磷元素代谢的地质大循环模式是类似的，代谢路线可以概括为磷酸盐岩—循环系统—地表水体—海洋，结构上的演化主要体现在循环系统的变化。

（一）自然生态系统

在人类还未出现时，循环系统由自然土壤、植物和动物 3 个节点组成。人类出现后，一开始只是扮演一种特殊动物的角色，以采摘植物果实和猎取其他动物为生。这时的磷代谢仍然维持自然生态系统的模式，是单一的、循环的、可持续的。

（二）传统农业社会

随着时间的推移和人口数量的增长，人类发展了种植业和家庭养殖业，磷的代谢结构开始发生变化。以自然生态系统磷循环为基础，传统农业社会由农田土壤、农业种植、家庭养殖和人类 4 个节点组成新的循环圈。其中，农田土壤、农业种植分别类似自然土壤和植物，家庭养殖和人类类似自然生态系统的动物。这些相似性使得传统农业社会在一定程度上保持了自然生态系统磷循环的特性，从而能满足不断增长的人口数量的需要，使传统农业社会维持了几千年的稳定发展。与此同时，新的循环圈节点增多，结构更复杂。这些与自然生态系统循环圈不同的特性使传统农业社会在进化过程中存在潜在风险。

（三）现代工业社会

传统农业社会的磷代谢模式能支撑的人口数量很有限，战争和疾病等因素使中国传统农业社会在几千年内人口数量增长缓慢，使循环的磷代谢模式得以维持。但是从进入现代工业社会开始，中国的人口数量开始大幅度增加，传统的磷代谢模式不再能满足人类需要，磷矿的采掘和磷化工应运而生。从现代工业社会中国磷元素代谢网络（图 2-3）（樊银鹏等，2007）可以看出，简单和闭合不再是磷代谢的主要特征，除少量节点还保持着自然生态

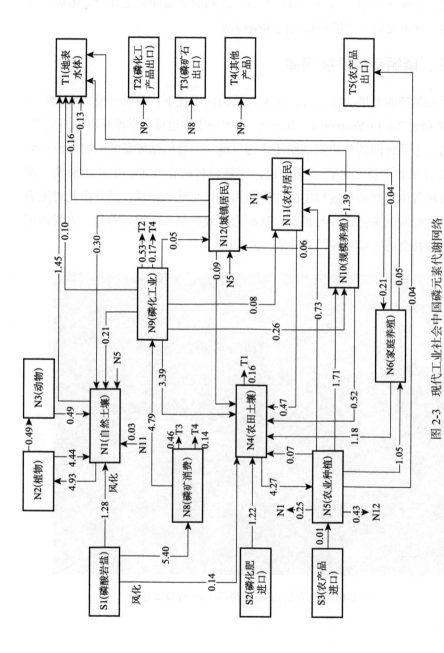

图 2-3　现代工业社会中国磷元素代谢网络

图中数据表示磷流通量，通量单位为 Mt/a；S 代表代谢网络的源头节点，1、2、3…代表源头节点的种类；N 代表代谢网络内部节点，1、2、3…代表内部节点的种类；T 代表代谢网络终端节点，1、2、3…代表终端节点的种类

系统的循环特性外，其他节点都变得更加复杂和开放。一方面，节点数比传统农业社会明显增多。另一方面，各节点之间的物流变得更复杂，形成一个开放的、纵横交错且密切关联的代谢结构网。

三、磷循环的发展规律

从磷循环的发展规律而言，在人为活动的干扰下，磷循环模式更加复杂（图 2-4 和表 2-1）（Yuan et al，2018），封闭的生物地球化学循环将不再适用，开放的生态系统间的物质流动循环变为可能。围绕磷循环系统的物质流结构与物质利用效率特征进行系统辨识，定量分析磷在开采、生产、消费、废弃、循环等生产和消费过程中的物质利用结构与效率特征，以及由此对地表水体产生影响的关键途径与机制，从而为有效控制水体富营养化，为我国国民经济和社会可持续发展提供科学决策依据。

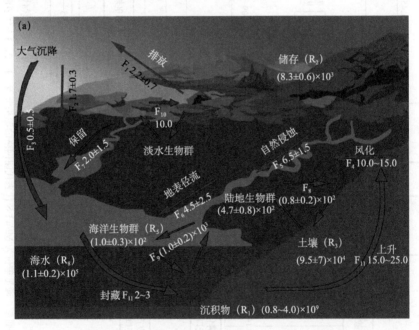

图 2-4　自然背景 (a) 与人为活动 (b) 全球磷循环

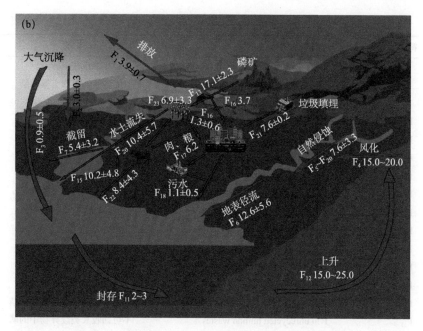

图 2-4　自然背景 (a) 与人为活动 (b) 全球磷循环（续）

图中深灰色的箭头表示陆地与海洋间的磷通量，浅灰色的箭头表示人类与自然生态系统间的磷通量。图 (a) 中粗黑体表示磷储量的大小、从河岸径流量自然侵蚀、土壤流失，废物截留的净值。磷通量单位为百万吨磷 / 年，磷贮藏量单位为百万吨磷、图中的符号具体含义见表 2-1

表 2-1　图 2-4 中磷库与磷流符号

符号	英文	中文
R_1	sediments	沉积物
R_2	mineral reserves	矿物保存
R_3	soil	土壤
R_4	terrestrial biota	陆地生物
R_5	oceanic biota	海洋生物
R_6	freshwater biota	淡水生物
R_7	freshwater	淡水
R_8	seawater	海水
F_1	P emission to atmosphere	释放到大气中的磷
F_2	P deposition to land	沉积到陆地的磷
F_3	P deposition to ocean	沉积到海洋的磷
F_4	P weathering from rock to soil	岩石风化到土壤的磷
F_5	P input from land to inland water	陆地输入内陆水域的磷
F_6	P entering to ocean by riverine runoff	河径流到海洋的磷

续表

符号	英文	中文
F_7	P retention in freshwater	淡水截留的磷
F_8	soil P uptake by terrestrial biomass	陆地生物摄取土壤的磷
F_9	P uptake by oceanic biota	海洋生物摄取的磷
F_{10}	P uptake by freshwater biota	淡水生物摄取的磷
F_{11}	P burial from ocean to sediment	海洋沉积埋藏的磷
F_{12}	tectonic uplift	构造隆起
F_{13}	P input from mineral reserves to soil	矿物释放到土壤的磷
F_{14}	soil phosphorus uptake by crops	作物吸收土壤的磷
F_{15}	P recycling from agriculture to soil	从农业到土壤磷循环
F_{16}	chemical products consumed by human	人类消耗的化学品
F_{17}	food consumed by human	人类消耗的食物
F_{18}	P discharged to freshwater from human	人类排放到淡水的磷
F_{19}	P recycling from human to soil	从人类到土壤的磷循环
F_{20}	P loss from cropland to inland water	从作物到内陆水域损失的磷
F_{21}	P in unrecycled human wastes	不可回收人类废弃物中的磷
F_{22}	P in animal wastes that have not been recycled	尚未回收动物废物中的磷
F_{23}	P accumulations in cropland	作物积累磷

四、发展趋势

从发展趋势来看，磷资源循环利用受自然资源与人为活动的限制，提高资源利用率、减轻环境污染，实现环境保护与资源充分利用，是磷循环研究的主要目标。因此，针对中国磷循环系统的结构和效率缺陷，系统地推进物质生产、消费和废物处理的生态化转型，重点提高农业生产和畜禽养殖部门的物质生产率、养分循环率，调整养殖业的规模和布局，建立区域磷养分平衡的综合管理体系，加快城镇环境基础设施建设，探索城乡生活污染源头控制的新模式、新途径，是本学科发展的内在规律。

第八节 磷在生命起源过程中的重要角色

人们对环绕在天体周围和星际空间的磷的化学性质知之甚少。尽管如此，与其他主要生命元素相比，磷仍然占有不同寻常的地位。磷在宇宙空间的含量丰富，在宇宙中所有元素中的丰度处于第 17 位。

　　球粒状陨石、石铁陨石、月球样品和火星陨石矿物组成的测定结果表明，磷虽然稀少但却普遍存在于太阳系内部。Schwartz 提到，地球及陨石中天然的无机磷大部分在 pH 大于 8 的水中溶解性不高，但是若 pH 降到 5～6，则溶解度大大提高。他们认为，亚磷酸酯可以当作前生源合成的磷酸化试剂（Schwartz，2006）。

　　磷元素与氨基酸的形成密切相关。1974 年，由于在木星大气层中探测到 PH_3，研究人员认为其可能是原始大气的混合物组分之一。1983 年，王文清和 Kobayashi Kensei 在 Ponnamperuma Cyril 实验室用 CH_4、N_2、NH_3、H_2O、PH_3 组成的混合气体进行了氨基酸的前生源合成（王文清，1984），并与不含 PH_3 的对照系统对比，发现用气相色谱鉴定出含 PH_3 的体系放电后产生 19 种氨基酸，而不含 PH_3 的体系在相同的放电条件下只产生丙氨酸、甘氨酸、天冬氨酸等 6 种氨基酸（表 2-2 N-1 列）。从表 2-2 中可以看出，几乎所有形成蛋白质的氨基酸都生成了。这一实验结果表明：磷可能在生命起源中早期的有机物合成阶段对氨基酸的形成起重要作用，PH_3 可能是化学进化过程中气相和水相中的催化剂。

表 2-2　$PH_3 + N_2 + CH_4 + NH_3 + H_2O$ 体系火花放电后氨基酸产量

峰	氨基酸	产量 /nmol		
		P-1	P-2	N-1
1	肌氨酸（sarcosine）	230	2 700	—
2	丙氨酸（alanine）	57	540	18 000
3	α–丙氨酸（α-alanine）	75	—	—
4	缬氨酸（valine）	44	—	34 000
5	甘氨酸（glycine）	970	6 700	5 800
6	β–氨基丙酸（β-aminopropionic acid）	6	120	20
7	异亮氨酸（isoleucine）	73	280	—
8	亮氨酸（leucine）	59	55	—
9	N–亮氨酸（N-leucine）	100	140	—
10	脯氨酸（proline）	32	110	—
11	苏氨酸（threonine）	110	79	—
12	丝氨酸（serine）	1 000	63	—

续表

峰	氨基酸	产量/nmol		
		P-1	P-2	N-1
15	天冬氨酸（aspartic acid）	160	280	11 000
17	苯丙氨酸（phenylalanine）	46	160	—
19	谷氨酸（glutamic acid）	250	260	100
22	α,β-二氨基丙酸（α,β-diaminopropionic acid）	74	44	—
24	酪氨酸（tyrosine）	5	—	—
26	鸟氨酸（ornithine）	610	250	—
27	赖氨酸（lysine）	31	110	—

注: P-1、P-2、N-1 代表不同批次。P 代表反应体系有 PH_3，N 代表反应体系没有 PH_3。P-1、P-2 水相反应溶液体积 100mL，NH_4^+ 50 mmol/L，pH 8.0～8.7；反应温度 60℃，火花放电 24h。N-1 反应体系中，气相反应物不含 PH_3，其他条件相同。

在前生源条件下，碱基的产生也与磷密切相关。嘌呤和嘧啶是构成核酸的重要碱基。这些化合物可以通过复杂的有机化学方法（非生物途径）获得。

1961 年，Fox 和 Harada 将苹果酸、尿素、聚磷酸混合，加热到100～140℃，获得尿嘧啶，并且聚磷酸的用量增加则尿嘧啶的产量增大（Fox and Harada，1961）。在他们的上述工作中，第一次引入了原始地球上可能存在的聚磷酸试剂，研究了其对核苷碱基形成的影响。

2015 年，捷克科学家 Svatopluk Civiš 模拟了 40 亿年前小行星撞击地球的场景，以等离子体处理甲酰胺及泥土，发现在该反应中可以同时产生腺嘌呤（79.4%）、鸟嘌呤（4.4%）、胞嘧啶（13.1%）、尿嘧啶（3.1%）。他提出上述反应体系中核苷碱基的产生是通过自由基反应机制实现的（图 2-5），这是世界上第一次在同一个反应系统中同时检测到四种核苷碱基的生成（Ferus et al，2015）。

磷元素对形成核苷的这一过程起到非常重要的作用。核糖和碱基结合形成核苷，是生成生命起源重要物质的一个关键步骤。Ponnamperuma 等在 1963 年做了利用紫外线催化形成核苷的尝试。他们将 [14]C 标记的腺嘌呤及核糖的稀溶液与磷酸或乙基偏磷酸盐放在一起，用紫外线（253.7nm）照射，证实生成了腺苷（Ponnamperuma et al，1963）。值得指出的是，在没有磷酸存在时，则不产生腺苷。因此可以说，腺苷的形成必须在磷酸或磷酸盐的存在下才能发生。1964 年，Ponnamperuma 和 Kirk 用光照射腺嘌呤和脱氧

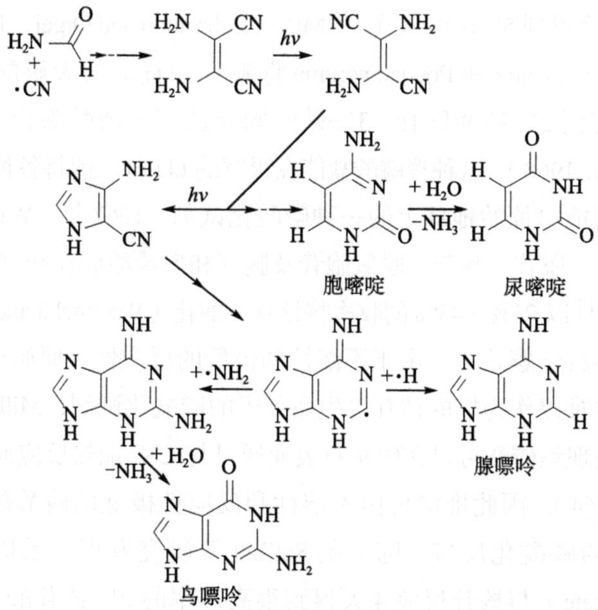

图 2-5 甲酰胺在等离子体中转化为 A/G/C/U 的机制

Ferus et al，2015

核糖的稀溶液合成了脱氧腺苷（Ponnamperuma and Kirk，1964）。同样，在没有磷酸存在的情况下，不生成脱氧腺苷；而在有磷酸存在时，通过紫外线（253.7nm）的作用，以 5% 的收率产生了脱氧腺苷。1962 年，Schramm 等用多聚磷酸做缩合剂，在二甲基甲酰胺溶液中使腺嘌呤与脱氧核糖缩合成脱氧核糖核苷（Schramm，1963）。1963 年，Carbon 在不同体系中研究了聚磷酸在核苷合成中的作用，研究发现在有机体系中，合成产率高于 50%，但在水溶液体系中上述合成产率极低（Carbon，1963）。

核苷上核糖和脱氧核糖磷酰化之后就可以得到核苷酸。1965 年，Ponnamperuma 和 Mack 将腺苷、鸟苷、胞苷、尿苷及胸苷和各种磷酸盐加热到 160℃时，发生了核苷的磷酸化（Ponnamperuma and Mack，1965）。1957 年，Beck 等将尿苷和无机磷酸盐在 65～85℃长时间加热，得到 5′- 磷酸尿苷、2′(3′)-磷酸尿苷及二磷酸尿苷（Beck et al，1967）。1968 年，Lohrmann 和 Orgel 在有 $H_2PO_4^-$ 存在的条件下，通过氰（NC—CN）、氰酸离子、氰胺（CA，NH_2—CN）、双氰胺（DCDA，H_2N—C≡N—C≡N）、水溶性碳二亚胺等缩合剂的作用，将尿苷磷酸化，以

1%~4% 的收率得到 5′-磷酸尿苷（UMP）（Lohrmann and Orgel，1968）。

1968 年，Schwartz 和 Ponnamperuma 将腺苷和直链的聚磷酸盐放在水溶液中加热，得到 2′-磷酸腺苷、3′-磷酸腺苷及 5′-磷酸腺苷（Schwartz and Ponnamperuma，1968）。这种聚磷酸盐能在很宽的 pH 范围内将各种核苷磷酸化，所以认为它可能是原始地球上的一种磷酸化试剂。1967 年，Waehneldt 和 Fox 将腺苷、鸟苷、尿苷、胞苷、脱氧胞苷及胸苷和聚磷酸放在 0~22℃ 的温度下进行反应，总计以 25%~45% 的收率将核苷磷酸化（Waehneldt and Fox，1967）。

尽管很多科学家认为，由于不溶性和极低的反应性，原始地球上最丰富的含磷矿物质难以作为好的核苷等生命分子的磷酰化试剂，Miller 和 Parris 的研究工作却发现焦磷酸可以在磷灰石表面通过与 CN⁻ 加热反应而生成（Miller and Parris，1964），因此推测可由不溶性和反应性极低的磷酸盐生成聚磷酸而参与核苷的磷酰化反应。随后的 Saffhill 等研究发现，无机三偏磷酸盐（trimetaphosphate）与核苷反应 4 天得到很高产率的 2′-核苷酸和 3′-核苷酸（Saffhill，1970）。1991 年，Yamagata 等研究证明火山的活动可以产生大量的聚磷酸盐（Yamagata et al，1991），这就证明三偏磷酸盐在原始地球环境下可能存在于地球表面。Etaix 与 Orgel 对三偏磷酸盐与核苷反应做了比较深入的研究，发现脱氧核苷与三偏磷酸盐在 25℃、碱性溶液中反应能获得 10%~40% 的三磷酸脱氧核苷，但在同样条件下与核糖核苷的反应只得到少量的三磷酸核苷。1984 年，Tsuhako 等的研究工作表明，核糖核苷远比脱氧核糖核苷易磷酰化，且 2′-核苷酸、3′-核苷酸的生成几乎是等量的（Tsuhako et al，1984），反应首先形成少量的 2′,3′-环状磷酰核苷，之后被水解成 2′-核苷酸、3′-单核苷酸。聚磷酸在原始地球上的确存在且能够磷酰化核苷、葡萄糖（Baba et al，1987），所以它是前生源条件下最可能的磷酰化试剂。Rabinowitz 在 1969 年的工作和 Yamagata 等在 1991 年的工作证明了在所有火山活动产生的多聚磷酸盐中，三偏磷酸盐是最有效的缩合和磷酰化试剂（Yamanaka et al，1988）。

磷元素在多肽的起源中也扮演着不可或缺的角色。在原始地球上可能存在的一些脱水缩合剂（如聚磷酸盐），可促进水溶液中肽的形成。Fox 将聚磷酸引入氨基酸的缩聚反应中，把磷酸加热到 200℃、250℃、300℃、350℃ 时产生的聚磷酸用于氨基酸的缩合（Fox，1965）。缩聚反应一般在 100℃ 条件下进行，即使温度在 65℃ 时也可以发生。这里的磷酸显然是起脱水剂、溶剂和催化剂的作用。但在同样的条件下，浓硫酸却不能促进氨基酸的缩聚。因此从生物进化观点来看，磷的催化作用有其特殊性。

从热力学角度讲，水的存在并不利于氨基酸缩聚成肽反应的自发进行，但有利于反应物的输送，且可以使生成的产物免除太阳辐射的损伤，所以在水溶液中发生的氨基酸缩聚反应具有更重要的生物学意义。

Feldmann 和 Rabinowitz 分别于 1969 年将聚磷酸用于水中氨基酸缩聚反应（Couzijn et al，2010）。他们发现，用环状三偏磷酸盐处理甘氨酸和 α- 丙氨酸能得到有比较理想产率的二肽。Rabinowitz 将这个反应扩展至合理的前生源条件（稍偏碱性、低温、低浓度），同样也获得了满意的结果，最佳反应条件为 pH 为 7.5～9.5、70℃、反应 70h，二肽产率可达 35%（Rabinowitz，1969）。基于实验结果，Feldmann 和 Rabinowitz 提出了一个经由酰基磷酸酯中间体的成肽途径。这个中间体（图 2-6）由氨基酸的羧基进攻环三聚磷酸上磷原子得到。更早期的研究工作中所发现的磷酸羧酸混酐能与氨基酸反应形成肽键的事实从一个侧面支持了他们的猜测。

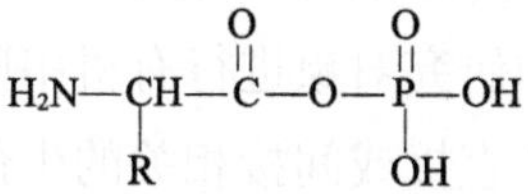

$$H_2N-\underset{R}{\overset{}{CH}}-\overset{O}{\overset{\|}{C}}-O-\overset{O}{\overset{\|}{P}}-OH \atop OH$$

图 2-6　Feldmann 和 Rabinowitz 提出的环三聚磷酸成肽反应的混酐中间体

Hulshof 和 Ponnamperuma 也认为无论是从化学的观点，还是从生物学的观点，线状和环状聚磷酸都应该是原始地球上最可能的一种缩合剂（Hulshof and Ponnamperuma，1976）。

生命起源研究涉及天文、地理、地质、化学、生物、物理、考古及航天等学科，各个学科从各自独特的角度探寻生命起源的奥秘，帮助多层次、多角度深入理解生命进化的过程及生命的本质。各学科的研究从表面上看相对独立，但实际上各学科彼此的研究成果、技术等信息是共享的，它们相互支撑，共同发展。

关于生命起源的诸多问题，是不可能回到几十亿年前寻找答案的。这些问题的答案只能模拟原始地球环境，从构建生命机体的有机小分子当中寻找。弄清这些有机化合物亘古不变的化学性质及物质之间的相互转化过程，可以有效揭示生命本质及生命遗传和进化过程中的重要线索。

第九节　磷与生命科学

生命科学研究包含对生命现象、生命活动规律和生命本质的揭示。生命科学研究涉及分子、细胞、组织、器官、个体、群体及群落和生态系统等多个层次。生命科学具有综合性、复杂性和动态平衡，涉及多个学科，其中学科的交叉是关键。国家自然科学基金委员会生命科学部编的《国家自然科学基金委员会"十三五"学科发展战略报告·生命科学》一书中提出了生命科学的主要研究方向。例如，生物大分子的修饰、相互作用与活性调控；细胞命运决定的分子机制；配子发生与胚胎发育的调控机制；免疫应答与效应的细胞分子机制；衰老的生理功能变化机制；糖/脂代谢的稳态调控与功能机制；植物激素互作分子机制；重要性状的遗传规律解析；神经环路的形成及功能调控；认知的心理过程和神经机制；物种演化的分子机制；生物多样性及其功能等17个研究主题。针对独立体系的生命科学问题，磷科学可以作为一条关键主线，把各主要方向的研究对象进行有机串联，特别是核酸、磷酸化蛋白和含磷代谢物及其他与磷直接或间接相关的生命过程。把生命科学的基本问题与磷科学和技术紧密结合，更有利于取得理论上原创性的突破，从而最终揭示生命的本质。

一、研究特点

生命的基本科学问题与磷科学研究的主要特点有以下几点。

（1）学科高度交叉。生命过程基本科学问题研究涉及多个学科的知识和技术，如化学、医学、数学、信息学及物理等学科，多学科的交叉有利于产生重大创新的知识和理论。

（2）研究内容与方向具有分散性。生命科学研究中往往针对某个特定蛋白、核酸、代谢物分子或基因等生物分子进行深入研究，强调分子的结构与功能，较少探讨生物功能产生的化学基础。

（3）研究体系复杂，生命过程中的生物分子往往是协同发挥着作用的，并不是孤立存在的，生物分子之间的相互作用实现了生命过程中物质与能量的转化和信息储存。

（4）高度依赖技术的革新。生命过程的研究突破需要新技术和新方法的推动。

（5）人才培养的长期性。磷科学与生命科学相结合的研究具有难度和挑战，对科研人才提出了更高的要求，对人才的知识和技能要求综合性和整体性，往往需要更长时间的培养和支持。

以下分别以基因转录调控机制、核酸化学修饰和第二信使功能与机制等为例进行说明。

（一）基因转录调控机制

以基因转录延伸调控的生物机制研究为例。基因转录是细胞基因表达和行使正常功能必不可少的重要环节。它的异常调控往往会引起不同疾病，因此转录调控机制一直是生物医学领域研究的热点之一。真核细胞的编码基因是由 RNA 聚合酶Ⅱ（Pol Ⅱ）负责转录的，它是由一系列精密调控且高效的生化反应组成的。例如，Pol Ⅱ 的羧端结构域（C-terminal domain，CTD）可以被几种转录相关激酶进行磷酸化修饰，以实现转录高度动态调控。CTD 上有许多磷酸化修饰位点，它们的高度磷酸化修饰（hyperphosphorylation）对于 Pol Ⅱ 的转录延伸至关重要（Egloff and Murphy，2008）。但是，某些激酶对 CTD 进行高度修饰所需的识别及作用机制则尚未得到阐释。由于高效特异性的蛋白互作结构域往往具有刚性不易变的三维空间结构，我们可以将由精准蛋白互作介导的基因转录调控称为"刚性机制"。随着生物信息学及蛋白质组学的发展，研究发现参与转录过程的调控因子存在有大量的不可定义三维空间结构的片段，并且对于这些片段的生物学功能无法用常规生物化学和结构生物学方法进行研究。对于这些片段，研究者通常将其称为低复杂性区域（low complexity domain，LCD）或内在无序区域（intrinsically disordered region，IDR）。近期研究表明，含有 LCD/IDR 的蛋白质可以通过相位分离（类似日常生活中见到的油水分离）的方式聚合形成液滴状的特殊结构（Lu et al，2018）。这些结构可在一定的条件下从水溶液中分离出来，形成局部富集结构并极大促进存在于其中的各类生化反应的进行，同时也能与周围环境交换物质。细胞内很多无膜结构，如核斑点（nuclear speckle）、核仁

（nucleolus）、应激颗粒（stress granules）等，极有可能都是通过相位分离的方式形成的。由于LCD/IDR并不具有稳定的三维空间结构，其可塑性强，我们可以将由LCD/IDR介导的生物活性调控称为"柔性机制"。该机制的提出为抗肿瘤和抗艾滋病药物设计、筛选和开发提供了新思路、新靶点和新模型。

（二）核酸化学修饰

寡核苷酸的化学合成为选择性地改造核酸分子提供了有效手段。这些特定的修饰可以改变寡核苷酸的物理或者化学特性，从而调控其生物活性。目前，将磷酸骨架修饰的寡核苷酸作为反义核酸药物的研究最广泛，其机制是基于碱基互补配对原则与目的基因的信使RNA（mRNA）结合，通过空间位阻效应或者诱导RNase H活性的降解作用，抑制特定目的基因的表达。

用于疾病治疗的反义寡核苷酸需满足下列条件。

（1）在体内有一定的稳定性。由于稳定性好，其在体内生物半衰期较长，进而可以减少用量，减少毒副作用，降低治疗费用。而提高稳定性则主要考虑抗核酸酶水解。

（2）能通过细胞膜到达细胞内靶mRNA所在位置，达到足够的浓度。

（3）与靶mRNA杂交或结合有足够的亲和力，防止脱靶现象。

（4）与靶mRNA杂交具有专一性。尽可能减少与非靶基因、其他分子的作用，降低药物毒副作用。

这些特性对其他寡核苷酸的体内研究乃至临床应用具有重要借鉴意义。这些磷酸骨架修饰的寡核苷酸还可以通过碱基互补配对作用于miRNA（Elmen et al，2008）等其他靶分子，而后经过其他分子机制干扰特定基因的复制、转录、翻译等。

（三）第二信使功能与机制

含磷信使分子是指一类在生命体中直接参与信号转导过程的含磷小分子化合物。它既包括由细胞产生并分泌到细胞外发挥信号传递作用的第一信使分子[例如，作为胞外信号发挥作用的ATP、尿苷三磷酸（UTP）等]，也包括在细胞内进行信号转化、放大及调控基因转录过程的第二信使分子（Jenal et al，2017）如cAMP、cGMP、环化二核苷酸家族分子（cyclic dinucleotides，包括c-di-GMP、c-di-AMP、c-di-GAMP）、环化多核苷酸家族分子（cyclic oligoadenylate）、PtdIns 家族分子 [phosphatidylinositol，包括 PtdIns3P、PtdIns4P、PtdIns5P、PtdIns(3,5)P$_2$、PtdIns(4,5)P$_2$、PtdIns(3,4)P$_2$、PtdIns(3,4,5)P$_3$]、Ap$_n$A 家族分子（di-adenosine polyphosphates，包括 Ap$_2$A、Ap$_3$A、Ap$_4$A、Ap$_5$A、Ap$_6$A）。这类小分子含有磷元素的主要形式为在化合物骨架中含有磷酸基团。因为第二信使系统的普适性，含磷第二信使分子也是本领域研究的重点内容。

二、发展规律

生命科学的重大突破往往涉及磷科学的重要贡献，下面以第二信使分子的发现和功能研究为例说明磷科学的发展规律。

半个世纪以来，信使分子及与信号转导相关的研究接连"孕育"了六个诺贝尔奖，包括：萨瑟兰发现肾上腺素通过上调细胞内含磷化合物——环化磷酸腺苷（cAMP）浓度，促进细胞内的糖原分解为葡萄糖，由此定义第二信使系统（1971 年）；费歇尔（Edmond Fischer）和克雷布斯（Edwin Krebs）发现通过蛋白磷酸化调节参与信号转导（1992 年）；罗德贝尔（Martin Rodbell）和吉尔曼（Alfred G. Gilman）关于 G 蛋白偶联受体（GPCR）调控 cAMP 形成的分子机制的研究（1994 年）；穆拉德（Ferid Murad）、伊格纳罗（Louis J. Ignarro）和佛契哥特（Robert F. Furchgott）关于含磷化合物——第二信使 cGMP 的研究（1998 年）；卡尔森（Arvid Carlsson）、格林加德（Paul Greengard）和坎德尔（Eric R. Kandel）关于第二信使 cAMP 和 cGMP 在神经系统信号转导中的研究（2000 年）；2012 年勒夫科维兹（Robert J. Lefkowitz）和卡比尔卡（Brian K. Kobilka）关于 G 蛋白偶联受体（G-protein-coupled receptors，GPCR）结构生物学的研究（Rupaimoole and Slack，2017）。

通过这些诺贝尔奖级的发现和近 50 年的研究可以看出，关于第二信使的突破性进展和研究热点集中在如下几个方面：①第二信使的发现；②第二信使在生理病理中调控通路研究；③第二信使的合成机制研究；④第二信使对靶向蛋白的分子调控机制。含磷信使分子参与了动植物胚胎发育、干细胞维持、细胞分化、代谢、免疫应答、神经生长、癌症、衰老等几乎所有生理或病理过程。信使分子作为细胞感知和传递信息，并做出应激反应的核心调控因子，参与决定各种细胞功能及命运的过程。对含磷信使分子生物学功能及其机制的研究将影响或辐射到遗传学、生理学、免疫学、细胞生物学、神经生物学等生命科学各个基础领域，成为这些学科新的增长点，推动整个生命科学的快速发展。

1999 年以来，科学技术部在 973 计划中启动了"细胞重大生命活动的基础与应用研究"，以细胞增殖、细胞分化、细胞凋亡和细胞信号转导为主要研究内容。2007 年，国家自然科学基金委员会启动了"基于化学小分子探针的信号转导过程研究"重大研究计划，对细胞信号转导中的重要分子事件和机制进行了深入的研究，尤其是在细胞命运调控、糖脂代谢、多能性维持与重编程及一系列经典信号转导通路的研究中取得了突破性进展。这些资助机制与政策支持有力地推动了国内细胞信号转导研究的发展，产生了一批具有国际影响的重大科技成果。

第十节 磷 与 医 药

一、含磷医药的定义与磷在医药中的作用

含磷医药主要指在化学、生物学、药学等学科的基础上，利用磷元素的特殊性质，设计合成新型含磷药物（包括无机化合物和有机化合物），对含磷药物结构和活性进行研究，开发用于治疗各种疾病的含磷药物的科学。研究内容涉及发现、修饰和优化先导化合物，从分子水平上揭示药物及生理活性物质的作用机制，研究药物及生理活性物质在体内的代谢过程。

磷属 V A 族元素，是化学和生物学中最重要的"软件元素"之一。磷存在于人体所有细胞中，是维持骨骼和牙齿的必要物质，几乎参与所有生理过程中的化学反应。磷还是使心脏有规律地跳动、维持肾脏正常机能和传达神经刺激的重要物质；没有磷时，烟酸（又称维生素 B_3）不能被吸收。随着人类对含磷物质认识的加深和科学的新发现，人们越来越多地认识到磷对人类健康的巨大作用，磷元素已经在许多疾病治疗上发挥着重要的作用，被人们称为"健康卫士"。

二、含磷医药的发展过程——以核苷（酸）类药物为例

药用有机磷化合物经历了曲折的发展过程。1811 年，Vaugue 从脑脂中分离得到第一种有机磷化合物——卵磷脂。1865 年，Miesher 从绷带脓血中分离出另一种天然有机磷化合物，即众所周知的 DNA。进入 20 世纪后，生物学和生物化学领域几乎所有重大的成就都与含磷和碳的化合物有密切的联系，从而为磷化合物应用于医药领域开辟了十分诱人的天地。1929 年，Fiske 等发现了 ATP。20 世纪 40 年代以后，人们发现有机磷化合物不限于核酸，是所有细胞不可缺少的要素，关联着生命的全过程。这些发现逐步拉开人们利用含磷化合物治疗疾病、促进健康的序幕。

到 20 世纪 50 年代后，磷在生命过程中的作用逐步被揭示，如生物有机磷酸酯 ATP 在蛋白质合成、遗传密码、光合作用、生物固氮及许多新陈代谢过程中起着极其重要的作用；磷酸肌酸用于 ATP 的再生；鸟苷三磷酸则可以将过剩的碳水化合物合成多糖分子；烟酰胺腺苷二核苷-正磷酸根可以在叶绿素存在下使二氧化碳顺利发生光合作用等。这些发现使人们充分认识到磷在生命过程中的重要作用，有机磷化学进入了蓬勃发展时期，极大地推动了含磷药物的研制。20 世纪 50 年代末，首个有机磷抗肿瘤药环磷酰胺研制成功。之后，随着核酸研究的重大突破，核苷类药物研发获得了长足发展。

三、早期核苷类药物及存在的问题

对 DNA 和 RNA 的单体核苷骨架进行修饰改造得到了多种疗效显著的核苷类药物，核苷类药物在临床上被广泛应用于各种病毒性疾病和肿瘤的治疗。目前，已有数十个核苷类药物被用于治疗癌症、病毒等疾病。用作抗肿瘤药的核苷类药物多为抗代谢化疗剂，可通过干扰肿瘤细胞的 DNA 合成及DNA 合成中所需嘌呤、嘧啶、嘌呤核苷酸和嘧啶核苷酸的合成来抑制肿瘤细胞的存活和增殖。核苷类抗病毒药物在临床使用的抗病毒药物中占了一半多，是抗人类免疫缺陷病毒（human immunodeficiency virus，HIV）药物中应用最早、种类最多的一类药物，是目前临床上治疗艾滋病、疱疹、肝炎等病毒性疾病的首选药物。核苷类抗病毒药物的作用靶点多为 RNA 病毒的逆转录酶或 DNA 病毒的聚合酶。核苷类药物一般与天然核苷结构相似，病毒对这些

外来假底物的识别能力差。该类药物一方面竞争性地作用于酶活性中心，另一方面嵌入正在合成的 DNA 链中，终止 DNA 链的延长，从而抑制病毒复制。近年来，随着对核苷代谢过程中的酶及核苷类药物的抗肿瘤和抗病毒机制研究的不断深入，核苷类新药的研发取得了长足的进展。例如，6-巯基嘌呤和6-巯基鸟嘌呤是最早应用于抗肿瘤的嘌呤核苷类似物；阿糖胞苷是最早发现并应用于临床的脱氧胞嘧啶核苷类似物，是目前治疗急性骨髓性白血病最有效的药物之一；5-氟尿嘧啶、磷酸氟达拉滨、克拉屈滨、阿巴卡韦和阿昔洛韦等对结肠癌、胰腺癌、胸腺癌和头颈部癌等有很好的疗效（图 2-7）。

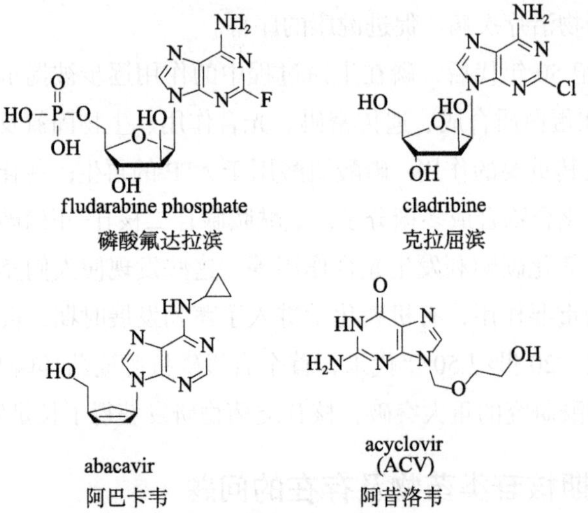

图 2-7 早期发展的核苷类药物

但与其他许多药物相似，这些早期发展的核苷类药物也存在口服生物利用率低、代谢快、不良反应多及易产生耐药性等问题。

四、含磷核苷类药物的发展现状

随着现代检测手段的发展，很多疾病的产生原因、药物的代谢过程等被充分认识。核苷类药物进入体内后，先在相应激酶催化作用下磷酸化为活性代谢产物单磷酸酯，然后再形成三磷酸酯。核苷类药物的单磷酸化往往是药物代谢的限速步骤，人体内催化核苷发生单磷酸化的激酶——胸腺嘧啶核苷激酶（TK）、脱氧胞嘧啶核苷激酶（dCK）、脱氧鸟嘌呤核苷激酶（dGK）及腺嘌呤核苷激酶（AK）等，对核苷的亲和力有限，同时酶活性易被核苷酸单磷酸酯（NA-MP）抑制，因此核苷类药物的体内活化效果受限，影响了药物活性的发挥。在充分认识上述原因的基础上，为了解决核苷类药物存在的上述问题，研究人员尝试采用磷酰胺酯和磷酸酯前药策略对核苷类药物进行磷酸化修饰，获得了重大突破。例如，阿德福韦是首个磷酸核苷类抗乙型肝炎病毒（hepatitis B virus，HBV）药物，其分子中带有负电荷的磷酸基，不利于药物穿透进入被病毒感染的宿主细胞，因此为"屏蔽"磷酸基的负电荷，需增加药物脂溶性。研究人员研制了阿德福韦的前药阿德福韦酯。该前药可在细胞激酶的作用下发生磷酸化，生成活性代谢物阿德福韦二磷酸酯，后者可通过与HBV中DNA多聚酶的自然底物脱氧腺嘌呤核苷三磷酸（dATP）相竞争的方式及整合到病毒DNA中引起DNA链延长终止的方式来抑制HBV复制（图2-8）。

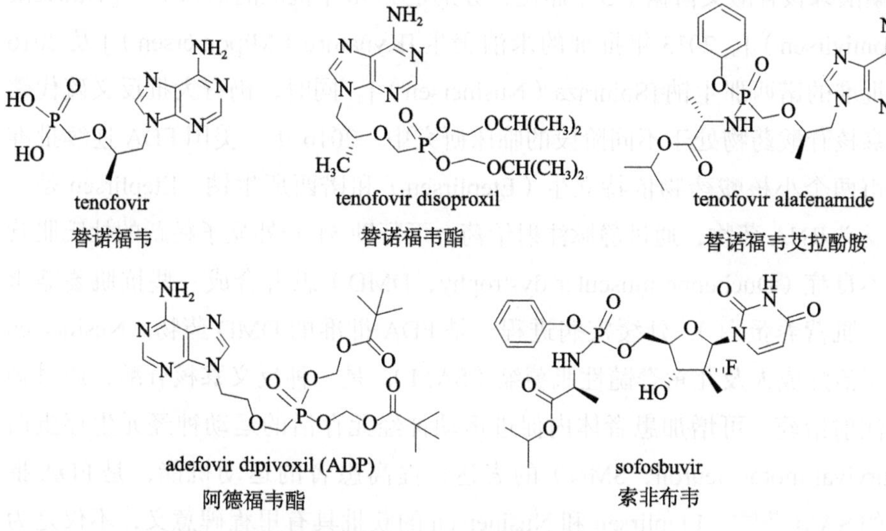

tenofovir
替诺福韦

tenofovir disoproxil
替诺福韦酯

tenofovir alafenamide
替诺福韦艾拉酚胺

adefovir dipivoxil (ADP)
阿德福韦酯

sofosbuvir
索非布韦

图2-8 现阶段开发的典型核苷类药物

目前最耀眼的两个核苷磷酰胺酯前药策略例子为索非布韦（sofosbuvir）和替诺福韦艾拉酚胺（tenofovir alafenamide）的成功研制，实现抗丙型肝炎病毒（hepatitis C virus，HCV）和HBV的划时代突破。2013年美国食品药品监督管理局（Food and Drug Administration，FDA）批准上市的抗HCV新药索非布韦，是含氟核苷酸类似物的磷酰胺酯前药，也是一种有效的口服NS5B聚合酶抑制剂，对HCV有很强抑制作用，同时也是治疗慢性丙型肝炎联合用药的重要组成药物，治愈率高于 90%，上市第一年的全球销售额便超过 100 亿美元。2016 年 FDA 批准上市的替诺福韦艾拉酚胺用于治疗慢性 HBV。替诺福韦艾拉酚胺是一种创新型、靶向性的替诺福韦（tenofovir）磷酰胺酯前药。与 300mg 替诺福韦酯相比，只需要少于 30mg 的剂量就可达到类同的抗病毒功效。

小核酸药物的诞生也伴随着核酸研究的重大发现。RNA 干扰（RNAi）现象是核酸研究的一个重大发现，是由法尔（Andrew Z. Fire）和梅洛（Craig C. Mello）于 1998 年发现的，在 2002 年被 *Science* 杂志评为 "十大科学成就" 之首，在 2006 年获得诺贝尔生理学或医学奖。基于 RNAi 现象的小核酸药物研发在遭遇了资本的寒冬后，近来获得了巨大突破。截至 2017 年 1 月 FDA 已批准上市的 6 个小核酸药物中，有 4 个是反义寡核苷酸药物，其中反义硫代磷酸寡核苷酸又占据了 3 个席位，分别是 1998 年批准的福米韦生 [Vitravene（Fomivirsen）]、2013 年批准的米泊美生 [Kynamro（Mipomersen）] 及 2016 年批准的诺西那生钠 [Spinraza（Nusinersen）]。同时，仍有大批反义硫代磷酸寡核苷酸药物处于不同阶段的临床研究中。2016 年，美国 FDA 连续批准上市两个小核酸药物依特立生（Eteplirsen）和诺西那生钠。Eteplirsen 是一种反义 RNA 药物，通过静脉注射给药，可帮助 51 号外显子跳跃的杜氏肌营养不良症（Duchenne muscular dystrophy，DMD）患者合成一些抗肌萎缩蛋白（肌营养蛋白），延缓疾病进程，是 FDA 批准的 DMD 药物。Nusinersen 用于治疗成人及儿童脊髓性肌萎缩（SAM），是一种反义寡核苷酸，通过鞘内注射给药，可增加患者体内促进运动神经元存活的运动神经元生存蛋白（survival motor neuron，SMN）的表达，提高患者的运动机能，是 FDA 批准的 SAM 药物。Eteplirsen 和 Nusinersen 的获批具有里程碑意义，不仅是为 DMD 和 SAM 患者提供了新的治疗选择，还再度点燃了医药行业和投资机构对小核酸药物的热情。

五、含磷医药的发展规律

从含磷药物特别是核苷类药物及小核酸药物的发展历程上看，含磷药物的研制作为药物化学的一个重要分支，遵循药物化学发展的一般规律和研究特点，即含磷药物的发展同样经历了发现、发展和设计三个阶段，并且与药物化学相关学科的发展密不可分。从药物化学发展史可以看出，药物化学的发展与相关学科的发展是相辅相成的。一方面，不同的学科发展促进了药物化学发展的不同阶段，相关学科的发展不仅为药学研究提供了物质手段，也对其思维方式和研究方法产生了影响，出现了崭新的认识途径和方式。另一方面，药学发展的需求又迫使相关学科进一步发展，以适应其研究的需要，为其提供更有力的工具。随着药学发展，药物化学与相关学科的合作日益增多，界限日益模糊，先后出现了生物无机化学、生物有机化学、生物药物化学等一系列交叉学科，使化学与生物学的理论和技术进一步相互融合、相互渗透，出现了一体化的趋势。这是科学技术发展的普遍规律，也对药物化学发展有极其重要的实践意义和理论意义。

第十一节 含 磷 农 药

磷是一种广泛存在于生物体中的奇特元素。一方面，存在于 DNA 中的磷元素在生命中具有重要作用，称为生命的元素；另一方面，又可作为抑制剂，导致有害生物的死亡。在农业上，含磷化合物主要起着两种作用。第一种作用是作为农药，如杀虫剂、除草剂、杀菌剂等，用于防治害虫、杂草和病菌等；第二种作用是作为化肥，提供植物生长所需的结构性磷元素。

农药是指用于控制、管理、破坏、吸引或排斥有害生物的任何化学品。绿色农药应具有高效、低毒、低残留、对环境友好的特点。创制对人类和环境友好的有机磷农药新品种是磷科学应用在农药科学领域中追求的目标。

新农药创制研究具有以下显著特点：①研究环节多，包括分子设计、合成、活性筛选、结构优化、活性确定、田间试验、药效推广、化工过程开发、安全评价、环境评价、登记注册等多个环节。②涉及学科多，农药研究涉及化学、生物、环境毒理学、农学、计算机、分子生物学、生态学、化工、环保学等多学科知识。③投资大、周期长、风险高。由于目前对环境的安全性已提到新农药创制最优先考虑的地位，国外农药大公司创制一种新农药需投入约 3 亿美元，耗用 12 年左右的时间，并且新筛选化合物的命中率不断降低，现在几乎要合成筛选不少于十万个化合物才可能获得一种新农药。新农药创制是一项投资大、周期长、风险高的战略性科技项目。长期以来，国际上只有美国、日本、德国、法国、英国、瑞士具有独立创制新农药的能力。世界上商品化有机磷杀虫剂开发的鼎盛时期是1950～1965年。在此期间，以拜耳为代表的许多公司开展了有机磷杀虫剂的研发。上百个有机磷化合物作为杀虫剂被发现和开发，应用于全球农业生产。虽然传统有机磷农药的应用对世界的农业丰收做出了巨大的贡献，但在目前人们对食品安全与生态环境安全高度重视的背景下，某些传统有机磷农药给人类健康和生态环境带来的安全性问题在全球引起政府和公众的极大关注。这些安全性问题可归纳为：

（1）部分有机磷杀虫剂产品的急性毒性较高，易使人类及环境生物中毒致死。农民使用不小心导致了很多中毒事件，以及滥用有机磷农药自杀的事件。

（2）某些有机磷酸酯具有迟发性神经毒性。例如，伊比磷、苯腈磷、苯硫磷、溴苯磷等为延迟性神经毒剂。

（3）某些在食用的农产品中存在残留问题，影响农产品质量安全。

（4）某些有机磷酸酯对蜂、鸟、鱼、青蛙也为高毒，会杀死有益生物，同时造成水源污染，影响生态平衡。

由于上述安全性问题，国际上有关生产企业已开始逐步放弃高毒农药的生产与销售。例如，日本早在1971年就宣布 LD_{50}＜30mg/kg 的高毒农药在日本禁用，随后对硫磷、甲胺磷为代表的高毒有机磷杀虫剂也在世界上逐渐被限用和淘汰。1990～2002年，以对硫磷、甲胺磷为代表的高毒有机磷杀虫剂是我国农药工业的重要支柱。之后，我国政府投入几亿元资金用于组织农药企业削减高毒有机磷杀虫剂。我国从2007年开始实施逐批禁用高毒有机磷杀虫剂，目前高毒杀虫剂品种占农药市场品种的比例已降到2.5%。

早在20世纪80年代，随着国际上许多先进国家对农药的管理日趋严格，在对农药的毒理学及生态毒理学的要求越来越高的背景下，许多大型农药公司对以有机磷杀虫剂为首的有机磷农药的发展前景进行了客观分析并及时对有机磷农药的发展战略进行了调整。对于滞后于世界农药发展的中国农药工业而言，这些发展策略值得我们关注。

从农药科学的发展规律而言，没有一劳永逸的农药品种，不断创新才是农药科学发展的永恒规律。由于农药的安全性问题被提到目前新农药创制最优先考虑的地位，使得新农药创制的难度越来越大。例如，当世界上有50种有机磷杀虫剂品种在开发时，每个品种仅需要2~3年，成本也很低。之后，每个品种开发的时间至少为6年，开发费用也不断上涨。而目前成功上市的新农药品种，平均每种需要筛选16万个化合物，耗资约3亿美元，耗时12年（Mcdougall，2016）。

目前我国新农药登记的标准进一步与国际接轨，农药登记标准不断提高。现在国内完成一个新农药品种的登记需要2000万元左右的登记费用，使得创制农药品种成果的转化更加困难。

现在农药的发展已受到生态环境的制约，低毒并对环境友好成为创制新农药的首选指标。通过创制对人类和环境友好的有机磷品种来取代具有安全问题的传统有机磷品种，是使我国有机磷农药工业可持续发展的必然选择。新农药创制是我国发展中面临的重大科学技术问题。新农药创制研究必须依靠化学、生物、环境毒理学、农学、计算机、分子生物学、生态学、化工、环保学等多学科团队的协作才能完成，因此需要培养具有多学科知识的研究人才。

习近平总书记在党的十九大报告中强调"确保国家粮食安全，把中国人的饭碗牢牢端在自己手中。"（习近平，2017b）

为了实现习近平总书记提出的奋斗目标，保证我国的粮食丰产，满足我国有机磷农药工业可持续发展的重大需求，我们需要不断创制对人类和环境友好的有机磷农药新品种。这一战略目标也将成为推动磷科学发展的动力。

第十二节　战略联盟是磷科学研究的发展方向

一、联盟的类型

在英文中，会根据联盟的性质不同而选用不同的名词：Union指联合方目的与利益一致的紧密结合；Alliance指联合方因某种共同利益而进行的结盟或联合；Coalition指为了竞争者之间利益最大化（建立垄断）的暂时联合；Confederation指中央政府管辖下州与州之间的正式联合体。那么，磷科学战略联盟是否也可被定义为Alliance性质的联盟，即为某种共同利益而进行结盟或联合。这种联盟可以是几大联盟合作组成的。

二、联盟的发展

组织磷科学战略联盟的目的是加速高校、院所实验室的成果尽快转化为商品。

按照原化工部《化工技术开发管理条例》规定，一项实验室成果要转化为商品，需要经过一系列的中间过程。

实验室成果技术人员首先想到的是申请专利，以获得知识产权保护，但即使取得专利证书，它的技术成熟程度也只有30%，应进行需求分析、开展市场调查与预测研究，包括确定未来产品市场容量是否足够大、产品每年市场增长率是否足够快、评估5年后本产品市场占有率能否超过10%，并由这三项具体指标进行市场机会综合评价，确定可否开发，即所开发的产品在经济上是否可行。此外，还必须通过中间试验验证创新部分是否在技术上可行。中间试验之前要先做概念设计，由研究开发人员规划出实现假想的工业化规模将由哪些工序组成，其中哪些工序是可以借助已有工艺、设备完成的，哪些工序是创新步骤、无现有工艺设备可借鉴的。中间试验就是针对这些步骤进行工业放大。根据经验，放大的倍率为50~100倍。中间试验与实验室实验不同，它不是实验室装置的扩大，而是工业化装置的缩小。中间试验完成后，才能进行中试鉴定，中试鉴定后，技术人员要进行基础设计（通用设计）；只有中试鉴定后才能进入技术市场，进入技术转让，此时技术的成熟程度为50%~75%。技术转让后，受让方按照基础设计——通用设计进行因地制宜的工程设计或施工图设计，建厂实施；工厂建成后要通过72h及100天的连续运转测定，测定是否能通过预定设计能力80%的短期、长期运行考核；运行考核合格，完成了第一个厂的工业化实施，该技术的技术成熟程度为75%~90%。若有多个工业化成功先例，则技术成熟程度为90%~100%。

由上可知，从实验室取得的成果到工业化生产要经历一系列的工程化过程。完成这些过程绝非基础研究技术人员能完成的，需要与经济技术人员、企业家共同完成。为加速这一进程，可通过组织科学家、经济学家、管理专家、工业专家、企业家建立联盟来完成。

我国大学科研成果产业化、市场化的转化率仅为 10%～15%。为填补基础研究成果与可市场化成果之间的间隙，欧盟、新加坡、美国在全球率先实施概念验证计划。2018 年 10 月 9 日，北京中关村科学城在全国率先实施概念验证支持计划，拟设立 1 亿元综合专项资金，支持区域概念验证项目开展和高校、院所概念验证中心的组建。

今后，我国技术创新链的结构将为：基础研究→概念验证（评估科研成果的商业价值，帮助研究团队成果转化第一步）→工作样机→工程化（生产线）。因此，即将组建的磷科学战略联盟应该包括由联盟内某一高校组建"概念验证中心"并取得中关村科学城"实施概念验证支持技术"资助。

三、我国成立了统一的中国科技产业联盟

中国科技产业联盟的成员包括国内外 1000 多家科技企业和 3800 多位科技专家，主要承担国家有关科研基金、科研成果、科技开发、成果转化与推广、科技产业等方面的推广和促进工作，并为国民经济重点行业科技政策领域提供咨询和建议。同时，中国科技产业联盟也会积极在国务院、科学技术部及国家发展和改革委员会等国家政府部门的政策指导下，从事国际重大科技项目的引进与输出，并根据各省份地域经济发展需要，联合投融资机构为企业提供援助。中国科技产业联盟以国民经济发展需求为导向，以优化组合为前提，以推动重点行业科技产业化进程为目的。通过联合重点行业企业组成"行业科技联盟"，以产学研协同合作的形式为国家重点科技项目提供支撑，为相关省份区域发展需求提供科技项目援助，为需求企业提供科技项目转移；通过联合各省份相关政府部门，充分依托各省份政策优势及地方发展方向，及时提供科技支撑，从而解决科技向生产力的快速转化；通过组织专业队伍开发和指导各地科学技术委员会、大专院校、科研院所、高新企业所推荐的新技术、新成果、新产品等，为投资商、企业技术需求方及代理商寻找新技术、新成果、新产品提供一个便利的平台。磷科学战略联盟应成为中国科技产业联盟的成员。

中国科技产业联盟主要工作包括：

（1）协助国家规划和制定相关科技产业发展的政策、措施并组织实施；

（2）按照相关国家科技政策的需求，完成特殊的科技项目攻关任务；

（3）按照需求，组织专家为企业提供技术援助及协同开发；

（4）组织和协助企业申报科技项目，接受企业的委托，提供科技项目的产业化方案；

（5）组织优秀科技成果推广转化工作，对列入国家"火炬计划"（高新技术产业化计划）、"国家级科技成果重点推广计划"、"星火计划"（依靠科技振兴农村经济）、"国家级重点新产品计划"的项目，协助企业进行产业化推广；

（6）联合重点行业企业组成行业科技战略联盟，充分发挥科技资源共享及科技与市场的高效对接，规避很多企业都遭受过的科技成果和市场脱节的境遇；

（7）利用行业科技战略联盟的科技优势为国家政策的制定实施提供科技支撑，为地方省市的区域经济发展提供科技援助，为行业企业发展提供科技转移；

（8）根据国家最新政策导向及时提供相关领域最新科技支撑，以配合相关政策推进实施；

（9）承担相关领域科技项目的引进、消化和吸收，架起国内外科技交流桥梁，推动国际前沿科技成果的资源整合；

（10）根据政策导向和行业需求，为企业提供最有效的帮助，以加快我国自有科技成果项目的产业化，提升行业竞争力；

（11）组织专家进行技术研讨，为相关行业科技攻关提供解决方案，发挥整体优势，为行业服务；

（12）组织行业企业出国考察学习先进科技成果，架起国际合作的通道，帮助企业提升国际竞争力；

（13）定期推出《中国科技产业联盟科技指南》，主要发行方式为内部赠阅和公开发行相结合，主要赠阅对象为国家相关部委及各省份政府部门，目的是为国家部委相关政策的制定提供科技依据，同时也在重点行业内公开发行，以达到和市场对接的目的；

（14）建设和完备"中国科技产业联盟科技专家库"和"中国科技产业联盟科技成果库"，为社会提供详尽的科技支撑服务。

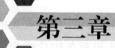

第三章
发展现状与发展态势

生命体中磷的功能是不可替代的。磷酸单酯和磷酸双酯在漫长的进化过程中被选择成为生命体的核心，磷酸酯功能的多样性需要磷酰基转移酶不断地进化来实现。通过对元素周期表中其他元素的含氧酸根及其酯的性质的研究，目前还无法找出一个合适的元素能够替代磷的这些重要功能。

磷酸酯是生命机体的功能中心，磷酸酯的进化发展是生命体中最重要的化学过程之一。一方面，磷酸酯可作为 RNA、DNA 的稳定骨架；另一方面，利用激酶、磷酸酯酶可以实现蛋白质的调控，利用磷酸酐、磷酸酯特别是腺苷三磷酸可以实现细胞的生长、分化及能量的转运。磷酸单酯和磷酸双酯的化学性质极其稳定，但其 P—O—C 键和 P—O—P 键均可被磷酰基转移酶快速地水解。这样的性质就是大自然为何选择磷酸酯或磷酸酐作为普遍的生物功能中心的原因。在 20 世纪中期，对磷酸酯早期的生化研究主要由 Todd 和他的同事在剑桥大学展开。

该小组于 1948 年报道了腺苷三磷酸（ATP）的首次化学合成（Baddiley et al，1948），于 1955 年首次实现了双核苷磷酸酯（dinucleoside phosphate，dTpT）的化学合成（Baddiley et al，1948）。这些工作推动了 Gobind Khorana 在生产维生素和辅酶时的焦磷酸连接方法的发展（Michelson and Todd，1955），以及后来 RNA、DNA 的化学合成。Todd 在磷酸酯、磷酸酐方面的研究孕育了一个颇受关注的磷酰化机制，即单偏磷酸酯（monomeric metaphosphate ester）作为中性的三角形（R—O—PO$_2$）磷酰基转移过渡态（Todd，1959）。

第一节　磷化合物的合成研究

　　磷元素在现代合成技术的发展过程中起到了至关重要的作用，有关的磷化合物在合成化学研究领域中的新应用和新功能已成为世界各国化学家们共同关注的研究前沿。当今磷化学领域中的研究热点主要包括磷化合物的新反应性、新催化功能及新合成方法等。

　　我国在磷化学研究领域打下了良好的基础。改革开放以来，在科学技术部、教育部、国家自然科学基金委员会等的持续支持下，我国磷化学方面的研究取得了长足的发展，产生了一大批具有国际影响的研究成果，并获得了一系列具有自主知识产权的膦配体和化学合成技术。但与国际先进水平相比，我们还有较大差距，基础仍旧相对薄弱，且我国化学合成工业仍旧大量采用能耗高、污染重的落后生产工艺，急需具有自主知识产权的核心技术。为了促进我国化学工业的技术升级改造和社会经济可持续发展，需要进一步加强磷化合物的新应用和新功能等方面的研究，具体的研究方向包括磷化合物的新反应、新催化功能及其调控，以及磷化合物的高效绿色合成方法等。目前世界各国特别是发达国家在相关研究方向上不断取得新进展，我国在相关领域的研究也有了长足的发展，特别是近年来涌现了许多具有原创性的研究成果，但整体研究力量过于分散，急需整合全国的研究力量，加强团队协作，从而促使我国在磷化学和合成化学领域的研究水平处于世界前沿，并为我国化学工业的技术升级改造和社会经济可持续发展提供先进技术支撑。

第二节　基于白磷的合成化学

　　尽管目前基于合成方法学构筑含磷分子的研究已经有了长足的进展，但是基于单质磷直接构筑有价值的含磷有机化合物还处在研究的基础阶段。白磷活化的相关研究仍然集中在第一阶段（合成 $[M_xP_y]_n$ 配合物），第二阶段（将 $[M_xP_y]_n$ 配合物转化为有机磷化合物）的研究很少，第三阶段（实现金属催化的由白磷直接合成有机磷化合物）的研究报道目前仅有一例（TON 为 2）。在第一阶段中，白磷的转化效率低与选择性差的问题在大多数反应体系中仍然存在。

目前，白磷转化研究的发展态势有以下几个特点：①研究重点从配合物的合成向有机磷的合成转化；②配合物合成的选择性与可控性在逐步提升；③由白磷出发合成的有机磷化合物的种类增加；④由白磷出发合成的有机磷化合物的选择性与产率提高；⑤有机多膦化合物向有机单膦化合物的转化。

此后，仍然需要解决的是实现催化循环并应用于实际工业生产中。

第三节　黑磷的应用

黑磷最早是在 1914 年由 Bridgman 以白磷为原料在高温（200℃）、高压（1.2G～1.3GPa）条件下制备得到的。而高压法也成为黑磷晶体制备的经典途径。近年来，也有课题组通过高压处理红磷薄膜来得到黑磷的单晶膜；类似的，也有使用高能球磨法在高达 1500r/min 转速的旋转罐体中让球体相互碰撞，从而在局部产生高温高压，实现红磷到黑磷的转变。中国科学院深圳先进技术研究院喻学锋研究员课题组在 2018 年则通过控制成核速率成功地实现了单炉单管 10g 的突破，相关产品已经实现了中试和产品销售（喻学锋等，2020）。

材料的规模化可控制备是实现其工业化应用的先决条件。迄今，二维材料通用的制备方法主要包括"自下而上"的化学气相沉积法和"自下而上"的机械剥离法、液相剥离法等。机械剥离法是最早被研究的方法，但其产率极低且无法控制厚度和尺寸。化学气相沉积法制备的晶体质量高，但制备成本高、产率较低，且不适用于黑磷烯的制备。相较于上述方法，液相剥离法在黑磷烯规模化制备方面具有明显的优越性，该方法是以液体为媒介直接剥离块体层状材料的一类方法的统称，目前应用比较多的是超声液相剥离技术和电化学剥离技术。

自 2004 年石墨烯的成功制备以来，二维材料（如石墨烯、过渡金属二硫化物、黑磷等）在生物医药等领域发展迅猛。然而，石墨烯和过渡金属硫化物等二维材料由于其生物相容性较差，在体内降解代谢困难，使其在生物体内的应用受到极大的限制。而二维黑磷（也称黑磷烯）的出现及其独特的生物学效应引起全世界科学家们的极大研究兴趣。首先，与其他二维材料相比，黑磷片层独特的蜂窝状褶皱结构赋予其极高的比表面积，在药物运载及表面功能化修饰方面显示出优势。同时，由于其独特的电子特性，黑磷在激光照射下能够产生单线态氧（singlet oxygen）和活性氧（reactive oxygen species，ROS），可以作为光动力治疗（photodynamic therapy，PDT）的高效光敏剂（Chen et al，2017）。此外，黑磷具有高效的红外光热转换特性，使得光热治疗成为可能。再者，黑磷对电磁波的吸收可以覆盖整个可见光范围，且能够用于触发性生物传感器的制备。更重要的是，二维黑磷由单一磷元素构成，且具有可生物降解特性，其降解产物为安全无毒的磷酸根离子，使其在生物医学领域具有巨大的应用优势和潜力。

二维石墨烯及过渡金属二硫化物的细胞毒性主要是由于低降解速率导致的细胞内纳米片积聚、破坏细胞器的组成结构及降解产物生物相容性较差、引起机体免疫炎症反应等原因造成的。而黑磷仅由磷原子排列而成，组成元素为单一的磷元素，生物体内磷元素的含量约为1%，是组成生命体的常量元素，因而具有良好的元素生物相容性。另外，黑磷纳米片在生物体较高离子浓度环境下能够发生降解，不易在生物体内发生积聚，其降解产物为磷酸根、膦酸根等磷酸化物。磷酸根离子是人体内缓冲对的组成成分之一，为机体生命活动所必需，具有良好的元素生物相容性，能够减少机体免疫排斥及炎症反应的发生。黑磷良好的生物安全性使得其在生物检测、生物成像、诱导成骨及抗菌、抗肿瘤治疗等多重生物体内应用等方面存在极大的应用价值。

黑磷烯具有的光电、光声、光热特性及可降解性等特性，结合表面功能分子修饰及稳定性修饰等方法，使其在生物医学领域（包括肿瘤的杀伤和术后治疗、生物成像及医用植入材料等方面）存在巨大的应用潜力和实用价值，为诊疗一体化愿景的实现做出巨大贡献。越来越多的巧妙构思将被研究者们提出，并最终应用于疾病的预防、治疗、监控和护理，生物医用器材的表面抗菌及与人工智能输入输出设备相结合等更广泛的研究思路亟待科研工作者们努力探索。

第四节 高配位磷化学的研究

在传统的四配位有机磷化合物之外，五配位磷化合物在生物化学反应中通常以中间体或过渡态的形式存在，并且还存在配位基重组现象。目前对于五配位磷化合物结构及反应活性的认识远远不足以用来解释一些生命科学中的分子机制，因此合成一些稳定的五配位磷化合物对于研究其结构特性和化学性质是十分重要的。目前已有一些研究小组对五配位磷化合物进行了较详细的研究。

最早的稳定的五配位磷模型化合物来自利用 Martin 配体合成的五配位螺环化合物（Martin，1983）。Martin 配体含有两个三氟甲基，该类取代基可以很好地稳定螺磷烷结构，并且可以利用氟谱很好地检测构型的变化，因此 Martin 配体常常被用于早期的螺磷烷的研究。随后，Akiba 小组利用甲基修饰的 Martin 配体合成了不同类型的螺磷烷化合物（Akiba，2011）。该小组的研究不仅涉及含 Martin 配体螺环磷烷化合物的配位基重组，还利用 Martin 配体合成的螺环氢膦烷与醇或胺反应合成了一系列新型五配位螺磷烷衍生物。甲基修饰的 Martin 配体引入了一个手性碳原子，因此可以方便地考察磷中心手性的变化。该小组根据甲基的朝向来表示磷原子不同的空间构型：exo 表示外型异构体；endo 表示内型异构体。该小组曾尝试利用此模板分子考察五配位磷化合物反应的立体化学性质（Kojima et al，1997）。但是，该小组所用的氢膦烷原料为一对非对映异构体，混合构型的氢膦烷在强碱的作用下经过磷负离子首先生成含 P—Cl 键的中间体，然后与亲核试剂进一步反应生成一对非对映异构体的混合物。Akiba 小组还合成了反亲顶性原则的螺环磷烷化合物，并得到反亲顶性磷烷化合物的单晶结构，对原有的亲顶性原则进行了很好的修正与补充。

赵玉芬小组合成了一系列含有氨基酸和核苷结构单元的五配位磷化合物，并对其性质进行了研究（付华和赵玉芬，2000）。对氨基酸五配位磷化合物的研究发现，氨基酸侧链羟基、咪唑基和巯基对五配位磷化合物的形成具有催化作用。这有利于了解蛋白激酶、ATP 水解酶、磷酸酯酶等起催化作用的活性位点，进而推测其催化机制。另外，他们还发现磷酸酯对氨基酸具有选择性。例如，α-氨基酸磷酰化后能活化为氨基酸五配位磷中间体，进而自组装成肽；而β-氨基酸磷酰化后性质十分稳定。这可能揭示了多肽在前生源合成和蛋白质的生物合成过程中，是磷选择了α-氨基酸。由于磷脂（如DNA和RNA）及其酸酐（如ATP）在生物界的统治地位，以及它们在生物体内化学反应过程中通过五配位磷中间体或过渡态的广泛性，对核苷五配位磷化合物的研究也有利于揭示生物化学的反应机制。

该小组利用氨基酸合成了双分子氨基酸氢膦烷（Yu et al, 2005），并在合成双分子氨基酸五配位氢膦烷的基础上对此类手性氨基酸氢膦烷分子磷的绝对构型的确定及谱学性质进行了总结（曾志平等，2010）。对于不同磷构型的双分子氨基酸五配位氢膦烷，借鉴配位化合物的命名规则，对其绝对构型进行命名，对该系列化合物固体CD光谱及核磁共振谱图的性质进行了研究并确认了五配位磷的绝对构型。双分子氨基酸五配位氢膦烷系列化合物具有三个手性中心，一个来自中心五配位螺环磷原子，两个来自氨基酸手性碳原子，并且通过变换氨基酸侧链不同的取代基，还可以调控P—H键背后的空间位阻。因此，该类分子是研究五配位磷手性中心化学性质很好的模型化合物。

Swamy小组在2000年对五配位磷化学新特点的综述中提到（Swamy et al, 2000），在五配位磷化学研究领域，手性膦烷化合物的研究将会成为未来极具吸引力的方向。目前与五配位磷化合物相关的磷手性中心也一直是研究人员关注的热点和难点。虽然在有机磷化学研究领域相继报道了一些具有单一手性的五配位磷烷化合物（Déjugnat et al, 2003），但是涉及五配位磷手性中心的研究并不太多。赵玉芬小组在合成双分子氨基酸五配位螺环氢膦烷的基础上，以五配位螺环氢膦烷为底物，对五配位P—H键的系列反应的立体化学机制进行了研究（Cao et al, 2013）。对于双分子氨基酸五配位螺环氢膦烷与酚的类Atherton-Todd（AT）反应研究发现，其首先与CCl_4作用生成磷立体构型完全保持的P—Cl中间体，然后亲核试剂进攻，生成新型磷烷化合物。对于Δ构型的氢膦烷，由于反应中间体P—Cl键背后位阻较小，亲核试剂一般从P—Cl键的背后进攻，生成构型完全翻转的Λ构型的产物，只有当亲核试剂位阻很大时才从五配位磷原子两面进攻，生成混合磷构型的产物；而对于Λ构型的氢膦烷，由于P—H键背后位阻较大，亲核试剂从磷原子两面进攻，生成混合磷构型的产物。在此基础上，对氨基酸五配位螺环氢膦烷 P—H 键的其他类型的反应也进行了研究，如与胺及醇钠的反应（Dai et al，2016），均得到新型的双氨基酸氢膦烷衍生物。

对于碳上的亲核取代反应，已经有了非常详尽的研究和报道。但是对于磷上的亲核取代反应还有许多尚待探索之处，尤其对于反应中的立体化学机制尚需深入的研究。由于含四配位磷的化合物（如磷酰胺磷酸酯）往往具有较好的生物活性，引起研究者较大的兴趣，因此目前对于四配位磷化合物亲核取代反应的研究比较深入。尤其是，近十几年来，韩立彪小组在做 H-亚磷酸酯的 AT 反应时，从磷手性中心立体构型的变化这一全新的角度考察了反应的机制，磷中心手性 H-亚磷酸酯 [P(O)H-type] 与亲核试剂胺、醇、硫醇反应立体定向地生成构型翻转的产物（Wang et al，2010）。并且，他们应用光学活性的 H-亚磷酸酯采用氯化铜作为卤化剂，合成了构型保持的磷酰氯 $Z^1Z^2P(O)Cl$，然后让其与亲核试剂反应生成构型翻转的亚磷酸酯（Liu et al，2017）。该小组提出四配位磷上 AT 反应的立体化学特点是，第一步立体构型保持生成 P—Cl 中间体，第二步时与亲核试剂发生亲核取代反应生成构型完全翻转的产物。

然而，对于五配位磷化合物的亲核取代反应的研究，Belsky 小组于 1974 年报道了五价磷上的取代反应，认为磷上的取代反应机制经过动力学和立体化学探究多为 $S_N2(P)$ 反应，很少为 $S_N1(P)$。他们还发现，亲核试剂碱性大有利于构型保持，碱性小有利于构型翻转（Belsky，1974）；产物比例在反应过程中不变，证明取代反应为动力学控制；离去基团稳定性增加有利于构型翻转；溶剂对异构体产物比例有影响，增加溶剂，极性构型翻转比例增加。Trippett 和 Waddling 在 1979 年首次报道了五配位磷化合物的取代反应的立体化学机制，认为亲核试剂从 e 键进攻 TBP 的中心磷原子形成八面体中间过渡态，然后失去离去基团从而生成产物，提出了亲核试剂可以前后进攻五配位磷化合物磷原子发生亲核取代反应的机制（Trippett and Waddling，1979）。

刘纶祖小组以含有五配位 P—H 键的稠双环氢膦烷为底物，利用 AT 反应研究了稠双环氢膦烷的亲核取代反应，并提出一个可能的反应机制，但由于稠双环氢膦烷结构的特殊性，该反应不涉及磷构型的变化（Liu et al，1996）。同样,Houalla 小组也研究了稠双环氢膦烷的 AT 反应，稠双环氢膦烷与不同的氨基醇或二醇等亲核试剂反应，合成了系列超环磷烷化合物（Houalla et al，1995）。以上两个研究小组虽然对五配位磷化合物的亲核取代反应进行了研究，但主要应用于稠双环氢膦烷，未涉及五配位磷手性中心构型的变化。Akiba 小组曾利用 Martin 配体合成的螺环氢膦烷与醇或胺的反应合成了一系列新的五配位螺磷烷化合物（Kojima et al，1996）。Swamy 则提出五配位磷上的取代反应有 $S_N1(P)$ 和 $S_N2(P)$ 两种方式，其中 $S_N2(P)$ 方式经过了六配位中间体（Swamy et al，2000）。

综上所述，目前对于五配位磷化合物亲核取代反应的研究还处于发展阶段，尤其是对于五配位磷化合物亲核取代反应的立体化学机制还没有统一的认识。相对于碳原子取代反应的研究，对于磷原子尤其是五配位磷原子的亲核取代反应及其立体化学机制还有待于更深入、更广泛的研究。在五配位磷化合物亲核取代反应的研究中，亟须发展新型的五配位磷模型化合物，对于五配位磷化合物的反应及其立体化学机制的深入研究，不仅可以进一步认识高配位磷化合物的性质特点，还可以为进一步探索生命科学中高配位磷化合物参与的生化反应机制打下良好的基础。

第五节　低配位磷化学的研究
——磷杂环化合物及亚膦烯

五元杂环如吡咯、呋喃和噻吩，六元杂环如吡啶及稠杂环如喹啉等一起组成经典意义上的杂环化学。自从 19 世纪发现杂环化合物以来，杂环化学得到广泛而深入的研究。大多数磷杂环化合物对空气较敏感，比其他杂环化合物发现晚，发展相对缓慢。目前，磷杂环化学是发展最迅速的有机磷化学前沿之一。磷杂环化合物不仅应用于有机合成、工业和农业，而且在医学上也具有潜在的应用前景，在国民经济中发挥着重要的作用。

1915 年，Griittner 和 Wiemik 合成出第一个磷杂环 1-苯基磷杂环己烷（1-phenylphosphininane）（Griittner and Wiemik，1915）。但在随后的几十年里，该领域的研究进展非常缓慢。这种状况一直持续到 1953 年，直到 McCormack 发现了二卤代磷和共轭二烯的反应，建立了磷杂环戊二烯的合成路线。同时，随着 ^{31}P NMR 技术的应用，有机磷化学得到快速发展。在随后的几年里，化学家们陆续合成出多种不同类型的磷杂环化合物。表 3-1 列出了一些重要的代表性磷杂环化合物的发现时间（Leavitt et al, 1959；Quin and Bryson，1967；Mathey et al，1981；Mathey，1990）。

表 3-1 代表性磷杂环化合物的发现时间

磷杂环化合物	发现时间
磷杂环丙烷 phosphirane (PC$_2$)	1963 年
磷杂环丙烯 phosphirene (PC$_2$)	1984 年
磷杂环丁烷 phosphetane (PC$_3$)	1961 年
2H-磷杂环二烯 dihydrophosphole (PC$_4$)	1953 年
磷杂环二烯 phosphole (PC$_4$)	1959 年
磷杂环二烯负离子 phospholide ion (PC$_4$)$^-$	1967 年
磷杂苯 phosphinine (PC$_5$)	1966 年

随着研究的深入，人们逐渐发现磷杂环化合物的化学性质与相应的氮杂环的相差很大。例如，吡咯是典型的芳香杂环，而磷杂环戊二烯中磷原子以四面体构型成键，使磷上的孤对电子无法与环内共轭二烯形成有效的共轭体系，从而使磷杂环戊二烯具有极弱的芳香性，表现出三价磷和共轭二烯的反应性能。一些常用于芳环和芳杂环化合物官能团化的方法和手段无法有效地应用于磷杂环戊二烯。但是这种特殊的构型使得磷和其环外取代基的 σ 键（P—R 键）与环内共轭二烯的 π* 发生重叠，从而使磷上的许多取代基 R 可以通过 [1,5]-σ 键迁移转移到 α 碳上，进而实现对磷杂环戊二烯环的修饰及进一步反应生成多种磷杂环体系。另外，研究表明磷杂苯的化学性质与吡啶也相差很大。这些相关的研究发现颠覆了人们传统认为的磷和氮有相似反应性能的看法，提出了磷的许多反应特性和碳更相似的论断。1998 年 F. Mathey 等合著出版的著作 *Phosphorus: The Carbon Copy: From Organophosphorus to Phospha-organic Chemistry*（Wiley，1998）对此也进行了详细阐述。

随着磷化学的快速发展，近些年人们对磷杂环化学领域的基础研究及在有机合成、功能材料、农药等领域的研究取得了巨大进步，但是相对含氮、氧、硫等其他杂原子的杂环而言，磷杂环的研究要少得多。

在有机合成领域，化学家合成了大量的含磷杂环化合物，如磷杂环戊二烯、磷杂苯及磷杂各种小环或大环环合物。这些都是重要的中间体,被应用于有机合成的各个领域,其中最重要的是作为膦配体或有机小分子催化剂。目前,含有磷杂环的有机磷催化剂或配体已经发展成为家族庞大的催化体系。然而,如何有目的地合成具有高活性和高对映选择性的膦杂环配体仍然是一个艰巨的任务。因此,寻找简单有效的方式合成高活性和选择性的含磷杂环化合物仍然是亟待解决的科学问题。

在材料领域,有机 π-共轭功能材料作为一种新型的有机光电材料,已经在场效应晶体管、非线性光学材料、太阳能电池、有机电致发光二极管、电致变色材料、有机光电开关、荧光探针等领域展现了非常广阔的研究前景。将杂原子引入 π-共轭体系是一种有效地调节材料光电性能的方法,磷原子的引入为材料分子结构的设计及光电性能的调控提供了新的思路和方向,磷中心可以通过简单氧化、硫化、季𬭸盐化和金属配位等化学修饰实现对材料性能的有效调控。因此,近年来有机磷光电材料以其独特的结构特点引起研究者越来越多的关注。然而,相对于其他已经得到广泛研究的有机光电材料而言,含磷共轭材料才刚刚起步,缺乏简便、高效的合成方法,可供研究的含磷共轭体系有限,构效关系规律有待深入揭示,设计和合成新型的有机磷功能材料仍需要有机化学家们努力探索。

磷原子最常见的价态为 +1、+3、+5,其中 +3、+5 价有机磷化合物在生命科学、工业、农业、食品、医药、化学合成等领域应用广泛。但 +1 价的有机磷化学(亚膦烯)却被化学家们遗忘在角落里,进展缓慢,主要研究工作仍集中在基本化学性质认知及作为活性中间体合成磷杂环。亚膦烯是卡宾的磷类似物,亚膦烯的磷原子上只有一个取代基团,是一类 6 电子的不稳定中间体,可以单线态或三线态存在。大量的实验事实和理论计算表明,该类化合物的基态一般为高反应活性的三线态。三线态的 [R—P] 极易发生聚合反应。这种聚合反应极大地限制了此类化合物的应用(Nguyen et al,1996;Liu et al,2016;Transue et al,2017),含有孤对电子的氮、磷等原子可以很好地起到稳定亚膦烯的作用。亚膦烯一直都是有机磷化学的重要研究内容,是低配位有机磷化学的代表性领域,具有很高研究价值。法国化学家 Francois Mathey 和荷兰化学家 Koop Lammertsma 等做了很多前驱性的研究工作,取得了许多重要研究成果。亚膦烯的研究主要集中于亚膦烯与金属配位后形成的亲核型亚膦烯和亲电型亚膦烯。亲核型亚膦烯由三线态亚膦烯和三线态金属组成（RP＝ML_n），磷原子的氧化态为 +3，极性为 $P^{\delta-}M^{\delta+}$，主要表现出 P＝M 双键的性质，是亲核史罗克（Schrock）型卡宾（Aktas et al, 2010）。亲电型亚膦烯由单线态亚膦烯和单线态金属组成，基态为单线态，磷原子氧化态为 +1，极性为 $P^{\delta-}M^{\delta+}$，与亲电型费歇尔（Fischer）卡宾的反应性能类似，是目前研究最多的亚膦烯种类。亲电型亚膦烯主要通过张力环（如 7-磷杂降冰片二烯、磷杂环丙烷等）分解得到。亲电型亚膦烯可以和烯烃、炔烃、共轭二烯烃、烯酮等发生形式上的 [1+2]、[1+4] 环加成反应，可以用来合成多种磷杂环体系（Mathey et al, 2001；Lammertsma and Vlaar, 2002）。还可以和具有一定酸性的 A—H（O—H、N—H、P—H、S—H、Si—H、B—H 等）键发生插入反应，甚至可以插入有张力的 C—N、C—O、C—P 键中。亚膦烯还不能像它的碳类似物卡宾一样作为富电子配体或催化剂广泛应用于有机合成领域。田荣强和段征等首次报道了由亚膦烯硫化物组成的金属簇合物具有催化活性（Chai et al, 2018）。我国目前还没有关于亚膦烯的系统性研究，研究人员很少。与国外相比，我国的经费投入、研究人员的参与度及研究成果产出都有较大差距。

总之，在有机磷杂环化学和亚膦烯化学方面，虽然近些年我国的研究能力和研究水平有所提升，取得了一些处于国际前沿的科研成果，但与国外仍有差距。为了实现从磷工业大国到磷科技强国的战略转变，需要加大经费投入及科研队伍的培养力度，从而推动有机磷杂环及低配位磷化学的基础研究发展，发现新种类、合成新方法，认识基本规律，进而带动其在有机光电材料、催化合成、生命医药等领域的应用研究。

第六节　膦配体的开发

进入 21 世纪以来，膦配体中最受关注的仍然是可应用于不对称催化的手性膦配体。由于各种新颖的手性膦配体的开发，许多高效的有机金属催化剂被不断开发出来，使得有机金属催化这一研究领域获得巨大的发展。迄今，化学工作者已相继合成出数千个手性膦配体，但只有少数手性膦配体在不对称催化中得到广泛应用，实现了在香料、药物、食品添加剂等方面的高效高立体选择性控制及工业化生产。一般来说，手性必须满足以下几个条件才会有应用价值：①原料廉价易得；②具有较大的刚性骨架；③合成步骤简单；④合成过程中不经过拆分；⑤可以同时得到一对对映体。

随着科学研究的深入发展，一些新思路、新策略不断应用于手性膦配体的创制，甚至不断改变化学工作者的习惯性认识。例如，在以往的研究中，螯合的双膦配体一直被认为具有比单膦配体更好的催化效果，但在过去的十几年，单膦配体也被广泛地发展并应用于催化各种不对称反应，其中联芳基 BINOL 骨架衍生的手性亚磷酰胺类配体就是代表性配体之一。科研工作者们对这类配体的骨架结构不断地进行修饰和改造，使其能和许多过渡金属进行配位作用，从而高效地催化很多不对称反应，如与金属铜作用催化不对称 1,4-加成反应、与金属钯/铱作用催化不对称烯丙基烷基化反应和与金属铑作用催化不对称硼氢化反应及催化不对称氢化反应等（图 3-1）（Teichert and Feringa，2010）。

除了上述的亚磷酰胺类配体，其他含氮或含氧的新型单膦配体也被相继报道，特别是基于联芳基 BINOL 骨架衍生出来的单膦配体获得了巨大的发展。徐利文教授课题组设计合成了一些新颖高效的多功能多手性中心的膦配体，并将它们作为手性配体应用于不对称反应中，取得了非常好的催化效果（Xu et al，2018）。此外，他们基于邻位锂活化诱导产生的 1,2-Wittig 重排反应也发展了一类多手性中心的 Ar-BINMOL-Phos 配体。初步研究表明，这一新型单膦配体对某些不对称反应具有高效的化学和对映选择性，如炔烃对芳香醛的 1,2-加成反应合成重要的手性炔丙醇类化合物，以及在不对称策略构建手性季碳中心的点击化学反应中表现出非常高的对映选择性等（图 3-2）（Xu et al，2018）。

除了上述经典的含氮、氧等杂原子的手性膦配体之外，含其他弱配位基团的膦配体也是近年来发展起来的新概念配体之一，如手性膦-烯配体在不对称催化反应中的应用近年来受到化学家们的关注，已经成为一个热门的研究领域，一大批优秀的工作者相继涌现，取得了不错的进展。磷原子与金属较强的配位能力确实给膦-烯配体带来了与双烯配体不一样的反应机会。由于兼具了部分手性膦配体和双烯配体的优点，其在一些过渡金属（如铑、钯、铱等）催化的不对称反应中表现出与传统的手性双烯配体及手性双膦配体不同的独特的催化性能。尤其在钯催化的不对称烯丙基烷基化反应中，不

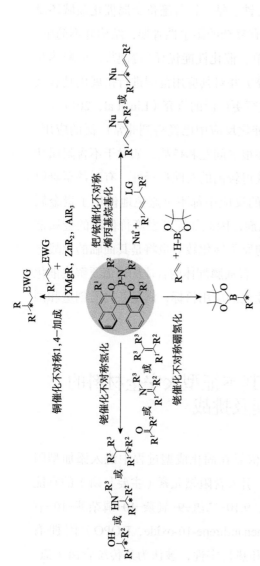

图 3-1 手性亚膦酰胺类配体的应用实例

EWG：electron-withdrawing group，吸电子基团

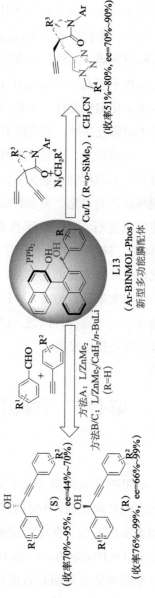

图 3-2 Ar-BINMOL-Phos 配体在不对称催化中的应用

L：ligand，配体，在图中即 L13

但能高效催化反应，而且能取得优异的对映选择性。这些研究开启了手性烯烃配体在不对称催化领域的一个新篇章。但综合已有的工作不难发现，与传统的手性膦、氮等配体相比，膦-烯配体的应用范围仍然相对较窄，反应类型较少，配位金属种类局限，尤其是在铁、钴、镍等廉价金属催化领域还没有取得突破。此外，许多膦-烯配体含有复杂的碳手性骨架，结构并不简单，合成也不容易，所以设计结构更加简单、催化性能优异的新型膦-烯配体和其他杂化烯烃配体（如硫-烯、氮-烯等）并对其应用范围进行拓展仍是意义重大的研究课题，必将吸引人们对此进行更广泛的研究（Liu et al，2017）。

总而言之，手性膦配体在不对称催化反应中已经得到非常广泛的应用，但是在不对称催化氢化等领域仍然存在很多问题和挑战，如对于不含附属功能基底物的氢化、大多数催化剂不能获得较高的对映选择性、有时甚至难以使反应进行。多数的手性膦配体催化的反应中都不可避免地使用了贵金属（如钯、铑、铱、金、钌等）作为催化剂，因此如何开发廉价低毒的金属催化体系及非金属催化体系、提高反应的原子转化数等也将是其面临的挑战之一（赵文献等，2016）。与之类似的是，普通膦配体的合成同样需要解决催化效率和化学选择性问题，以期达到工业化的应用目标，满足新物质创造和国民经济可持续发展。

第七节　含磷阻燃剂及其本征型火安全材料的最新进展及挑战

阻燃环氧树脂（EP）固化物主要依靠在固化成型过程中混入添加型阻燃剂或在固化剂/环氧树脂分子结构中引入含阻燃元素（主要是磷）的官能团来实现阻燃。在这些含磷官能团中，9,10-二氢-9-氧杂-10-磷杂菲-10-氧化物（9,10-dihydro-9-oxa-10-phosphaphenanthrene-10-oxide，DOPO）因拥有典型的磷杂菲环而具有优异的阻燃性和热稳定性，被认为是传统含卤（氯、溴）阻燃剂的最佳替代品。阻燃固化剂的结构如图 3-3 所示。目前，本领域的研究仍集中在如何把 DOPO 更简单高效地引入环氧树脂中，以期进一步提高环氧树脂的阻燃性能、热性能及机械性能等。

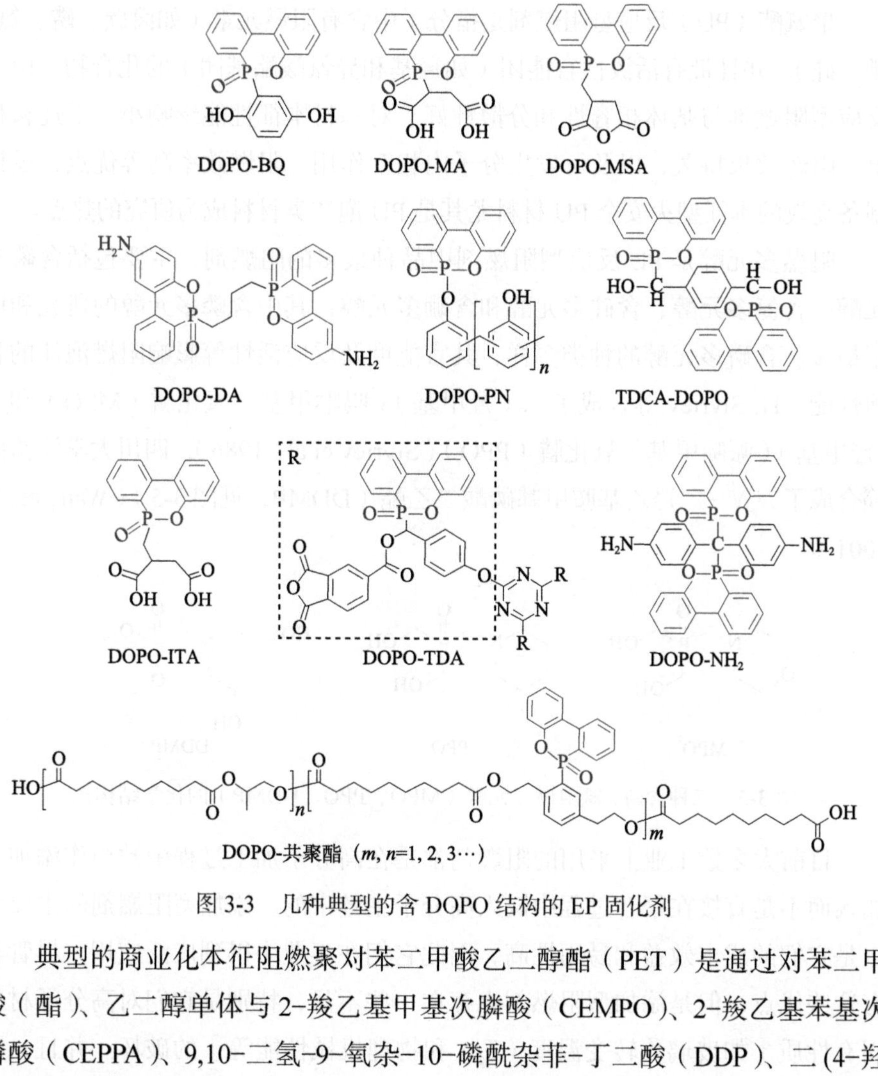

图 3-3 几种典型的含 DOPO 结构的 EP 固化剂

典型的商业化本征阻燃聚对苯二甲酸乙二醇酯（PET）是通过对苯二甲酸（酯）、乙二醇单体与 2-羧乙基甲基次膦酸（CEMPO）、2-羧乙基苯基次膦酸（CEPPA）、9,10-二氢-9-氧杂-10-磷酰杂菲-丁二酸（DDP）、二 (4-羟基苯基) 苯基氧化膦（BCPPO）等典型含磷双官能团单体（图 3-4）共聚合成阻燃共聚酯。

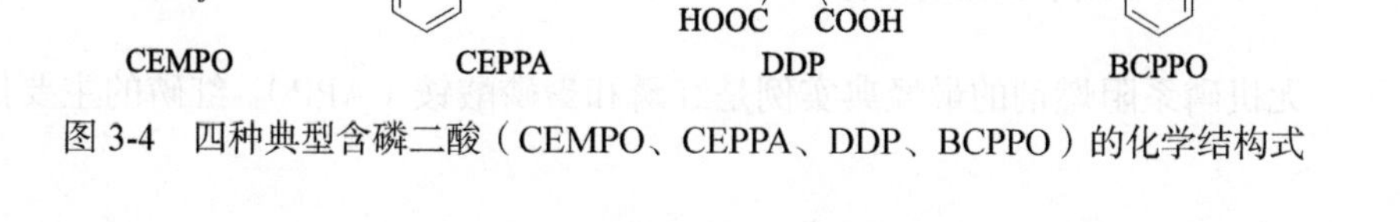

图 3-4 四种典型含磷二酸（CEMPO、CEPPA、DDP、BCPPO）的化学结构式

聚氨酯（PU）反应型阻燃剂是指分子中含有阻燃元素（如卤族、磷、氮、硼、硅），并且带有活泼性官能团（如羟基和异氰酸酯基团）的化合物。由于反应型阻燃剂与基体相容性和分散性好、对基材本征性能影响小、不迁移析出、阻燃效果持久，以及可发生分子内相互作用、阻燃效率高等优点，设计制备高效的本征型火安全 PU 材料尤其是 PU 泡沫类材料成为研究的热点。

阻燃多元醇是 PU 反应型阻燃剂中品种最多的阻燃剂，主要包括含磷多元醇、含氮多元醇、含硅多元醇和含硼多元醇，其中含磷多元醇的研究和应用最多。含磷多元醇的种类多样，其官能度及反应活性等影响阻燃泡沫的各项性能。H. Sivriev 等合成了二（羟甲基）（吗啉甲基）氧化膦（MPO）和二（羟甲基）（哌啶甲基）氧化膦（PPO）（Sivriev et al, 1986），四川大学汪秀丽等合成了 N,N'-二羟乙基胺甲基磷酸二乙酯（DDMP，见图 3-5）（Wang et al, 2001）。

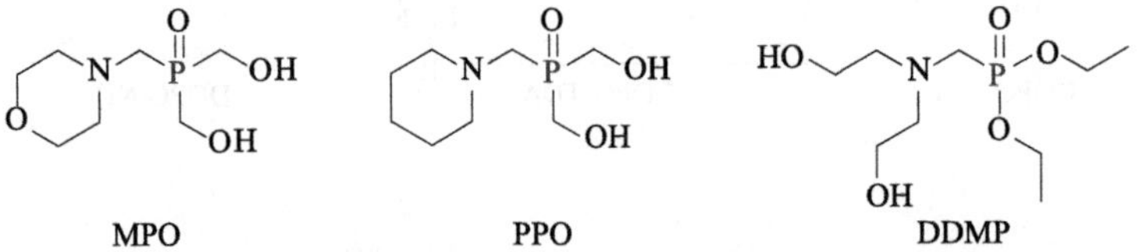

图 3-5　三种含磷 / 氮阻燃二元醇（MPO、PPO、DDMP）的化学结构式

目前大多数工业上采用的阻燃剂都是在高分子加工过程中被当作添加剂加入而不是直接在聚合过程中嵌入高分子主链中的。添加型阻燃剂的主要优点是它们的成本效益和易用性高，因此它们在工业中得到广泛应用。尽管具有这些优点，但是添加型阻燃剂也存在一些不足，特别是它们对高分子材料固有性质［如玻璃化转变温度（T_g）和物理机械性能等］的破坏。并且，随着时间的推移，阻燃剂特别是某些低分子量的阻燃剂会发生迁移。人们可通过使用高分子量的阻燃剂来抑制迁移析出，但这又带来了相容性和相分离的问题。因此，添加型阻燃剂面临的最大挑战就是找到阻燃性能与材料机械性能之间的最佳平衡。

一、无机磷系阻燃剂

无机磷系阻燃剂的最经典实例是红磷和聚磷酸铵（APP）。红磷的主要优点是极高磷含量和阻燃效率：在玻纤增强 PA 66 复合材料中，与作为协效剂的金属氧化物相组合，添加量仅 7%（质量分数）的红磷即可表现出色的阻燃性能。虽然由于颜色问题和安全考虑，单独使用红磷的情况越来越少，但许多商品化阻燃配方中仍包含 8%（质量分数）以下的红磷。APP 是另一个媲美红磷的无机磷系阻燃剂。它的主要作用机制是稀释燃料和产生磷基保护层，但单独使用 APP 一般效果不佳。

次膦酸盐一般指烷基取代的次膦酸盐，属于无机次磷酸的衍生物，是一类有固定母体结构的化合物。次膦酸盐的基本结构为 $(R^1\text{—}\overset{\displaystyle O}{\underset{\displaystyle R^2}{\overset{\|}{\underset{\|}{P}}}}\text{—}O)_n\text{—}M$。M 为金属元素，常见的有 Al、Zn、Mg、Ca 等，n 代表金属 M 的键合数。目前次膦酸盐阻燃剂在阻燃研究领域尚处于起步阶段，一些科研工作者也开始尝试制备或应用不同结构的次膦酸盐阻燃剂。德国科莱恩化工（Clariant SE）是次膦酸盐类阻燃剂生产的代表企业。二烷基次膦酸铝盐（aluminum phosphinate，一般缩写为 AlPi）的工业化产品主要有 Exolit OP 930、Exolit OP 935 和 Exolit OP 1230。这些 Exolit OP 系列产品的差异在于 AlPi 的改性不同（如封装、粒度等）。

二、有机磷系阻燃剂

目前，有机磷化合物被认为是卤系（主要是含溴）阻燃剂的有效替代物。大多数有机磷系阻燃剂（如有机磷酸盐）是被用作添加剂而不是化学结合到高分子链上起到阻燃作用。除了用作阻燃剂之外，有机磷化合物还被用作增塑剂和消泡剂广泛用于塑料、家具、纺织品、电子、建筑、车辆和石油化工等领域。

化学结构对阻燃剂阻燃机制的影响不仅对含磷小分子阻燃剂很重要，对含磷聚合物同样如此。芳香族聚磷酸酯表现出比脂肪族聚磷酸酯更高的热稳定性，但后者比前者具有更高的水解稳定性。这可以通过在磷酸酯中稳定存在的 P—C 键来解释，而磷酸酯带有额外的可水解的 P—O—C 键，导致降解温度降低。

与单独含磷结构的分解或纯碳氢化合物的分解相比，将含有如氮、硅、硫、硼等杂原子的阻燃结构与磷结合，提供元素间的特定相互作用，从而降低材料中阻燃剂的总添加量，同时使阻燃效率最大化。磷—氮（P—N）化合物的元素组合被证明是目前最有前景的无卤阻燃协同作用之一：P—N 协同作用能够促进火灾中的高分子链形成交联网络，进而促进含磷物质在凝聚相中的保留，并产生更多热稳定更好的炭层结构。其中两种有效的 P—N 结构分别是胺基磷酸酯和磷腈衍生物（图 3-6）。

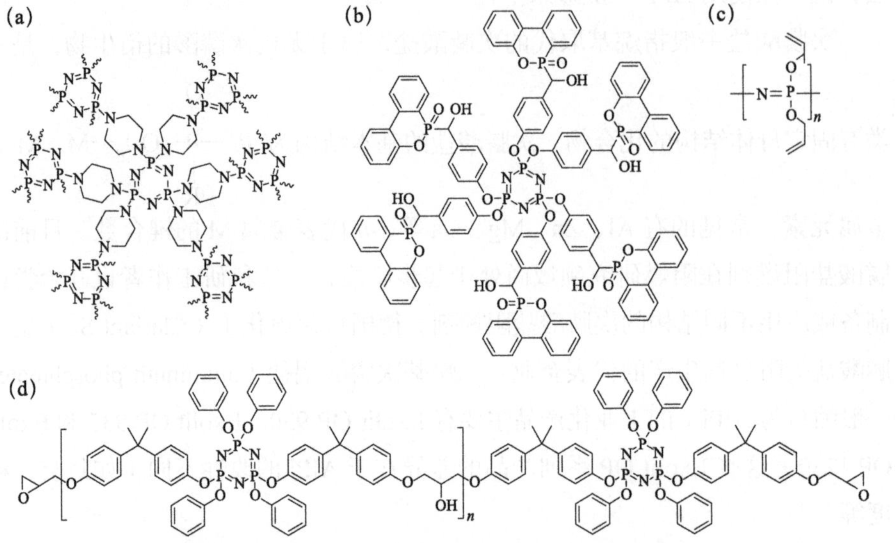

图 3-6　几种典型的低分子量和聚合型的磷腈阻燃剂

(a) 环三磷腈 – 哌嗪型阻燃剂；(b) 环三磷腈衍生阻燃多元醇；(c) 线型磷腈乙烯醇取代物；(d) 环磷腈衍生环氧树脂

众所周知，六氯环三磷腈是制备聚磷腈的常见原料。由于具有丰富的可反应位点，六氯环三磷腈能够在聚合后引入各种侧基，如从不含有机官能团的元素到有机聚合物聚氨基磷腈，或从线形共聚物到支化结构的功能化无机-有机杂化聚合物，表现出极大的分子设计余地。

三、磷接枝纳米阻燃体

如前所述，在新的阻燃剂乃至新的火安全材料的发展过程中，人们一直面临着如何同时保持基材的机械性能和阻燃高效的挑战。在众多可能的答案中，纳米阻燃体系脱颖而出。纳米阻燃体系被誉为"阻燃技术的革命"，由此设计得到的纳米阻燃复合材料是纳米材料中的一个重要分支。从 1976 年的第一件有关纳米黏土阻燃聚酰胺的专利开始，纳米阻燃技术得到持续的发展；特别是进入 20 世纪 90 年代以来，纳米阻燃复合材料已经成为阻燃领域的一个重要研究热点，表现出添加量少（≤5%，质量分数）、对基体材料综合性能破坏小等优势，甚至部分体系还可提升火安全材料的机械性能。人们在解决纳米材料和基体材料界面作用与分布分散等问题时发现，将一些特征的含磷官能团通过物理次价作用或共价键与纳米材料（如碳纳米管、石墨烯、多面体倍半硅氧烷、埃洛石纳米管、蒙脱石或金属氧化物纳米颗粒）相结合，可以起到"一石二鸟"的效果。而阻燃性能测试结果显示，共价接枝到纳米填料上的阻燃剂比相同浓度的添加型阻燃剂具有更高的效率。

第八节　磷化工的技术与产业升级发展及挑战

我国基础磷化工的产能产量、总体技术水平处于国际先进水平，但精细磷化工产品与国际先进水平还有较大的差距。基础磷化工产品（如磷肥、黄磷、三聚磷酸钠、饲料磷酸盐等）产能产量严重过剩，经济效益差，而高端精细磷化工产品仍主要依赖进口，如高端芯片级电子级磷酸、相容性好和阻燃性好的磷系火安全材料、重防腐的磷系防腐涂料、高效低毒含磷农药、含磷医药品等。

基础磷化工产品的生产对环境造成一定的影响，绿色循环、节能降耗任务繁重。例如，草甘膦生产过程中排出大量废水，具有有机物和有机磷浓度高、含盐量高、难降解化合物含量高、可生化性差等特点，废水中的污染物主要为甲醇、甲缩醛、三乙胺、亚磷酸、盐酸等；黄磷生产装置规模小，排出的 CO 尾气未获得高值化利用；湿法磷酸生产中年排放磷石膏量高达 7000 亿吨，加之空间分布的不均匀性，利用率不超过 20%，其堆存导致占用大量土地，酸性废水对环境存在潜在影响；磷肥的利用率低，导致磷矿开采量过大，资源消耗过快。

精细磷化工重开发轻应用，重科研轻技术。我国精细磷化工产业没有形成以应用为导向的科研与技术开发体系。例如，用于动力电池领域的锂离子电池的生产注重单一性能的提高，忽视整体性能的保障；磷系火安全材料与高分子的相容性、阻燃性有待提高；食品添加剂的功能化研究进展缓慢；纳米磷材料的制备与应用有待加强。

从产业布局看，磷化工产业的重组将进一步加快，其特点是：基础磷化工企业向磷矿资源地聚集，精细磷化工产业向应用区域发展；区域与园区化是磷化工产业的必然选择；湿法与热法并举是由下游产品需求及其技术变革所决定的，湿法的重点是伴生资源与磷石膏的利用，热法的重点是磷煤联产。

目前，磷化工的技术发展趋势有以下七大方面。

（1）基础磷化工装置大型化、智能化；精细磷化学品的工程化。

（2）磷矿开采与浮选的低成本高回收利用（最大限度地提高磷的回收率）技术。

（3）建立以提高磷肥利用率、提高作物品质、增强土壤肥力、减少环境影响为导向的肥料生产与应用体系。重点是肥料多营养成分（有机、无机，大、中微量元素）的协调作用、节水提效的设施农业体系建设。

（4）以应用为导向的精细磷化工产业体系建设。

（5）资源化利用与产业共生耦合。以提高原子利用率为手段，以效益最大化为目标，以减少环境影响为目的，建设磷化工与其他相关产业的共生耦合生态产业园。如利用磷矿石中的钙作为饲料磷酸氢钙的钙来源，磷石膏硫钙的资源化利用，磷矿石中氟的最大化利用，次磷酸盐排放的磷化氢气体利用。

（6）先进工艺合成路线开发。如利用过程强化手段提高反应、分离效率；利用先进合成手段实现目标产物的靶向合成；利用交叉学科实现磷化工工艺再造。

（7）节能工艺开发。开发新型催化剂，降低反应活化能；充分利用系统内产生的反应热实现系统的热能利用最大化。

第九节　磷循环研究的发展和面临的挑战

磷是生物生长的首要限制因子。近些年来，不同生态系统（如农业生态系统、沙地生态系统、湿地生态系统、海洋生态系统等）磷循环的研究稳步发展，不少学者对不同类型生态系统中磷形态测定方法、磷循环研究方法、土壤中磷的转化、植物磷吸收和利用、磷的生物地球化学循环过程及其影响因素等多个方面进行了综述。这对进一步研究生态系统物质循环具有非常重要的基础理论价值和指导意义。此外，磷化氢（PH_3）在湖泊富营养化及磷的生物地球化学循环中的作用也有了比较详细的综述。

随后，模型研究策略在磷的生物地球化学循环得到广泛的应用，使得磷循环从定性研究向定量研究飞跃，如杭州西湖截污和引灌钱塘江水后的一个富营养化模型、养殖水体中磷循环和平衡的研究、黑河流域营养物迁移转化模型、胶州湾磷浓度的三维模拟等。在此基础上，采用物质流的方式对磷循环进行模拟研究，用物质流来量化某一物质或某一类物质的流入、流出特点及在该系统内部的流动和储存状况，从而建立该系统内经济与环境之间的关系。目前，有研究者对国内的滇池流域、密云水库上游和东北大城市食品中磷的消费进行了磷循环物质流方面的研究。模型研究策略在开放的全球尺度下磷的生物地球化学循环过程中也得到较好的应用，涉及陆地、生物、大气、海洋等生态系统中的传输过程，以及各个主要储存库中的库存量、流通量（不同生态系统组分之间的主要流动过程，微小的库与库之间磷的流动忽略不计）和滞留时间（一般时间越短，循环周期也越短，反应活性越高）等。

在磷循环方面，也有学者尝试运用沉积物中碳、硫、铁、磷等元素的耦合关系，探索古海洋环境中缺氧—富氧环境，推测白垩纪黑色—红色沉积的成因机制等（图 3-7 和图 3-8）。在综合现代大洋活性磷循环特征的基础上，提出大洋中活性磷主要来源于有 CO_2 参与的地表岩石的化学风化，输入通量在很大程度上受到气候与构造等因素的控制，进入大洋之后的活性磷经光合作用进入有机物，并通过一系列的转化环节最终埋藏下来，从而可以根据古海洋活性磷埋藏记录，推断地质历史中不同时间尺度的全球变化情况，不仅可以提供过去全球变化（如古海洋变化）的重要信息，而且有望在地史时期的氧循环等重大科学问题上发挥重要的作用。

此外，在磷合理利用方面，近年来有关磷-土壤界面作用研究主要集中在磷与土壤矿物间的反应特征与机制探讨上。土壤磷主要通过扩散到达根际，根系主导的根际过程能显著改变土壤磷的转化过程，影响磷的生物有效性。前人的研究主要集中在缺磷胁迫条件下的根际过程研究，而根际过程的强度受控于供磷水平和作物种类，存在着明显的时空变异和作物特异性。在提高土壤磷利用率方面，美国北卡罗来纳州立大学利用物理化学方法和分子光谱技术研究土壤中磷的形态和界面化学过程，明确了磷在不同类型氧化物矿物

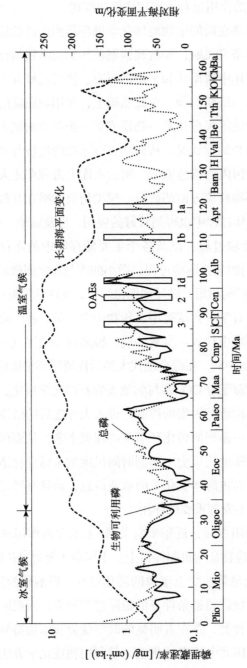

图 3-7 海相沉积物 160 Ma 总磷与 100 Ma 生物可利用磷埋藏记录

Plio：上新世；Mio：中新世；Oligoc：渐新世；Eoc：始新世；Paleo：古新世；Maa：马斯特里赫特期；Cmp：坎潘期；S：三冬期；C：康尼亚克期；T：土仑期；Cen：赛诺曼期；Alb：阿尔布期；Apt：阿普特期；Bam：巴雷姆期；H：欧特里夫期；Val：凡兰吟期；Be：贝利阿斯期；Tth：塘期；K：基末利期；O：牛津期；Clv：卡洛期；Ba：巴通期

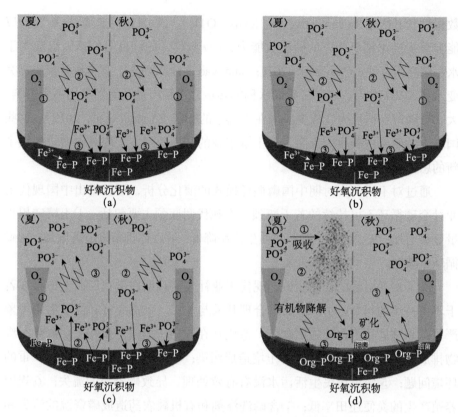

图 3-8 沉积物中铁与磷、硫等元素的循环关系
(a) 贫营养化湖泊; (b) 中营养化湖泊; (c) 富营养化湖泊; (d) 重污染湖泊
Song and Burgin, 2017

界面上的固定特征、分配关系和反应机制（Liu and Hesterberg, 2011）。法国农业科学研究院研究根际过程的原位测定，通过调控根际介导的物理、化学过程可以强化根系对磷的吸收（Hesterberg et al, 2017）。澳大利亚阿德莱德大学肥料技术研究中心系统地研究了磷肥在土壤中的转化和利用过程，包括菌根吸磷途径与根系吸磷途径互作关系与调控，证明菌根吸磷途径与根系吸磷途径是两条相互独立的吸磷途径，量化了作物系统中磷肥归宿，研发了新型磷肥品种（Zhu et al, 2001; Smith et al, 2003, 2011; Janos, 2007; Nagy et al, 2009）; 荷兰瓦赫宁根大学在磷等养分管理中建立的磷指数推荐方法广泛应用于荷兰和欧洲的农田磷养分管理，并应用于政策立法（Oenema, 2004; Schröder and Neeteson, 2008）。国际水稻研究所分离克隆了水稻耐低磷胁迫的

数量性状基因座（quantitative trait locus，QTL）。该 QTL 候选基因 *OsPSTOL1*
能显著提高水稻旱作下的磷吸收能力，*OsPSTOL1* 的优良等位基因已应用于
水稻磷高效育种（Chin et al，2011；Gamuyao et al，2012）。日本科学家通过突
变水稻 *SPDT* 基因，减少了磷向水稻的转运，水稻产量和萌发率均不受影响，
大部分磷留在秸秆中，减少了磷在土壤中的固定（Yamaji et al，2017）。这些
国际上的研究进展也为提高我国土壤中磷的利用效率、实现减磷增效提供了
新的思路（Hingsinger，2001）。

通过对不同历史时期中国磷循环模式的演化分析，可以得出中国现代工
业社会磷循环不可持续的若干瓶颈。宏观代谢瓶颈主要包括：①土壤磷累积
量显著增加；②"农田土壤"物质生产率降低；③水体排磷量显著增加；④磷
循环量减弱。

除了宏观层面的代谢瓶颈，现代工业社会磷代谢在微观层面上还存在若
干不可持续的环节：①磷矿的不合理开采与加工，采富弃贫和优矿劣用现象
严重；②过量和不合理施用磷肥，造成磷在农田土壤中的沉积；③磷化工废
物排放，在污染环境的同时对土壤造成污染；④水体富营养化，引起严重的
环境问题；⑤城镇居民生活污水没有有效处理，导致磷资源的流失；⑥规模
养殖产生的粪便还田率低；⑦含磷洗涤剂和有机磷农药造成磷资源的流失和
对生物体的毒害。

针对这些磷代谢的宏观瓶颈和微观不可持续的问题，需要考虑如何改进
中国现代工业社会的磷代谢过程。可能的改进途径包括：培育养分高效品种，
进行养分综合管理，提高磷肥利用效率；充分利用禽畜粪便生产有机肥料；
回收城镇生活污水中的磷；减少含磷农药使用量；采用无磷洗涤剂；对磷化
工业产生的废弃物进行资源化利用等。

第十节　生命起源的研究

对于生命起源问题的研究，目前得到公认的观点为化学起源。现代的各
种生物功能大分子都是由原始的、简单的化学小分子逐渐通过结构及功能的
不断进化演变而来的（图3-9）（Joyce，2002），这一过程就是生命起源过程

中的前生源化学起源阶段。

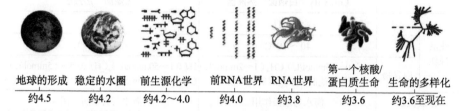

<table>
<tr><td>地球的形成</td><td>稳定的水圈</td><td>前生源化学</td><td>前RNA世界</td><td>RNA世界</td><td>第一个核酸/蛋白质生命</td><td>生命的多样化</td></tr>
<tr><td>约4.5</td><td>约4.2</td><td>约4.2~4.0</td><td>约4.0</td><td>约3.8</td><td>约3.6</td><td>约3.6至现在</td></tr>
</table>

图3-9　地球上生命早期历史进化发展的关键事件时间轴
单位: 10亿年

地球产生于约45亿年前，地球上生命的种子起源于何时、何地，是什么促成生命的诞生？这是现代自然科学尚未完全解决的重大问题，也是目前人们关注和争论的焦点。对于这个问题，国际上许多著名科学家提出种种臆测和假说，也存在很多争议。主要存在两种学说，一种是"地外起源说"，另一种是"地球起源说"。"地外起源说"认为作为生命的种子的各类化学小分子是由地外天体（陨石、彗星和星际尘埃粒子）通过与原始地球的碰撞输送到地球上的。"地球起源说"则认为在原始地球的某些特殊环境中，如还原性大气下的"原始汤"、深海热泉，逐渐产生了各类化学小分子。

一、海洋与生命起源

1977年，美国科学家在东太平洋加拉帕格斯裂谷附近将美国伍兹霍尔海洋研究所所属阿尔文（Alvin）号深潜器下潜至约2500m深度时，观察到海底热液喷发的壮观、奇特的现象（Corliss et al，1979）。1979年，阿尔文号深潜器又先后在墨西哥西部沿海以北的北纬10°海底和北纬21°的胡安·德富卡海隆下勘察到大规模热泉区拥有多处喷涌升腾矿物质的"黑烟囱"（Chase et al，1985；Spiess et al，1980），且"黑烟囱"热液区周围生机盎然，存有多种生物。"黑烟囱"是海底酸性热液喷口，因富含硫化物呈现黑色而得名。2001年，Kelley等在远离地壳板块延伸中心的洋壳古老区域发现一个全新性质的海底热液区——Lost City热液区（Kelley et al，2001）。Lost City热液区与之前所有发现的处于洋中脊的"黑烟囱"型热液区有很大不同，具体见表3-2。Lost City热液区是海底碱性热液喷口，富含碳酸钙等无机盐而被称为"白烟囱"。

表 3-2　两种主要热液区性质的比较

		Lost City "白烟囱" 热液区	"黑烟囱" 热液区
热液性质	pH	9～11	2～3
	T	40～91℃	300～405℃
	内含物	H_2（10～15mmol/L）、CH_4（1～2mmol/L）和其他低分子量碳氢化合物	H_2（0.1～50mmol/L）、CH_4（0.05～4.5mmol/L）、CO_2（4～215mmol/L）和 H_2S（3～110mmol/L）
形成机制		海水与地幔作用	海水与岩浆房作用
"烟囱"基体成分		碳酸盐（carbonate）	硫化物（sulphide）
位置		离轴的洋壳古老区域	洋中脊延伸区域

　　海底热液区具备大范围空间尺度（数厘米至数米）的热化学梯度，其能量主要来源于洋中脊火山运动，且喷发液中含丰富的活性物质（Chase et al，1985）。同时，海底热液区无阳光照射，其独特的物质循环及能量系统造成此类热液区生态系统与地球表面生态系统相差甚远。地球早期恶劣的环境（火山活动频繁、闪电、地外陨石及无大气层保护下的强烈紫外辐射等），使得陆地环境不适合早期生命的生存，而海洋可能是最安全适宜的生存环境，特别是深海环境，可以庇护早期生命免受各种不利环境因素影响，相对比较"平静"，可能是孕育生命的"摇篮"。结合地球早期可能的环境条件，Corliss和 Baross 等提出了"生命起源于海底热液活动"的科学假说（Corliss et al，1981；Baross and Hoffman，1985）。

　　目前已有关于通过模拟海底热液区条件对生命化学起源过程进行研究的相关报道。这些报道的研究结果显示，实验模拟的海底热液区条件表现出许多在此之前未知的化学过程。而这些新奇的化学过程则可能在生物大分子（如多肽、核酸及脂类等）起源及进化早期普遍发生。Foustoukos 等以 CO_2 和 H_2O 为原料，在热液系统（390℃和400bar[①]）中进行高温高压反应，可以得到烃类化合物。这为脂质在前生源时期的产生提供了可能性（Foustoukos and Seyfried，2004）。Bernhardt 及 White 等的高温实验均指出氨基酸在高温条件下不稳定，半衰期小于 7.5h（Bernhardt et al，1984；White，1984）。而 Hazen 等在反应液中添加一定量海底热液口周围的矿物质后，氨基酸在高温条件下可以稳定数天（Hazen，2001）。同时，Franiatte 将腺嘌呤放置在300℃高温条件下，也具有一定的稳定性（Franiatte et al，2008）。Lemke 等研究了甘氨酸

----

① 　1bar＝0.1MPa。

在高温高压下的成肽反应，随着温度的升高，二肽的产量也随之增加。从以上实验结果可以看出，海底热液区的某些环境因素对化学反应的影响很大，甚至出现一些与常规反应条件下不同的反应现象，而这些非常规现象很可能是在前生源时期化学进化过程中很重要的化学反应。

基于上述研究，科学家于 20 世纪 80 年代末提出了海底热液环境生命起源学说，即"铁硫世界假说"，认为生命在热液口的"黑烟囱"壁中产生，先是发生"铁硫世界"中的化学变化，后来才有生命的变化。热液环境所具有的温度、电位及 pH 的梯度差提供了充足的能量，喷出物中的 CO、NH_3、H_2 作为物质基础，在 FeS、NiS 的催化作用下，生命物质逐渐产生（Wächtershäuser，2006）。

二、"核酸、蛋白质共起源"学说

在生命起源的过程中，究竟是先有核酸还是先有蛋白质？国际上对核酸与蛋白质这两大重要的功能大分子的起源先后问题的争论主要存在两大学派。一个是以 S.L.Miller 为代表的"蛋白质世界"，另一个是以 L. E. Orgel 为代表的"核酸世界"。这两大学派争论的焦点也就是"先有鸡还是先有蛋"的问题，把核酸和蛋白质的起源独立开来进行研究。赵玉芬教授研究团队长期研究发现，氨基酸的 N 端磷酰化修饰后，氨基酸就被"激活"。N-磷酰化氨基酸就是一个"微型活化酶"，具有多种生物反应活性（Cheng et al，2004）（图 3-10）。具体来讲，N-磷酰化氨基酸能与醇发生磷上酯交换，如果醇羟基来自核苷，则可以通过酯交换反应生成核苷酸及寡聚核苷酸，从而与另一分子氨基酸反应成肽；如果氨基酸侧链含有羟基（如丝氨酸），则磷酰基可以发生 N-O 迁移，得到 O-磷酰化丝氨酸。

基于上述研究结果，特别是磷酰化氨基酸成肽、成核苷酸的反应活性，1996 年，在法国第 11 届国际生命起源大会上，赵玉芬教授首次提出了磷参与下的"核酸、蛋白质共起源"学说。这一成果在 *Proceedings of the National Academy of Sciences*（PANS）上得到了好的评价（Landweber，1999）。2011 年，在第 16 届国际生命起源大会上，以色列诺贝尔奖获得者尤纳斯（Ada Yonath）教授对此学说也给予了高度的评价。"蛋白质、核酸共起源"学说的核心就是通过 N-磷酰化氨基酸中高能 P—N 键的形成，实现磷对生命物质的催化与调控。

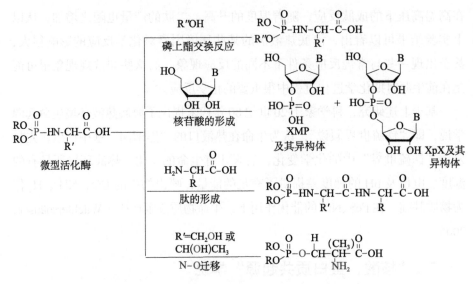

图 3-10 N-磷酰化氨基酸的多种生物反应活性

B：Base，碱基

三、"核酸、蛋白质、膜""三合一"共起源学说

几乎所有的生命都是由细胞构成的，细胞膜对于生命的重要性毋庸置疑。细胞膜为生命提供了相对稳定的生存环境，细胞膜逐渐进化产生的功能也更利于生命的生存和活动。生物学家还发现膜与膜内的生命活动具有协同促进的作用（Chen et al，2005）。生命对于膜的依赖及膜环境对生命活动的促进作用，促成了原始细胞的产生。

2001 年，Szostak 教授大胆地提出了"人工合成生命"的构想，并指出最原始的生命不仅需要具备遗传物质，还需要原始细胞膜和能调控膜生长的功能分子（Szostak et al，2001）。随着人们对生命的化学起源过程的深入研究，一些具备生物活性的短肽小分子逐渐被发现，其中最突出并被广泛关注的功能小肽就是丝组二肽。

丝组二肽独特的水解蛋白质的生物功能是由赵玉芬教授研究团队首先发现，并证明其极有可能是现代蛋白水解酶的进化雏形。2009 年，Luisi 教授发现丝组二肽还能促进肽键的生成，如苯亮二肽的生成。2013 年，Szostak 教授领导的研究小组进一步研究发现，在囊泡体系中，丝组二肽原位催化苯亮二肽生成的同时，还可以调控细胞膜的生长（图 3-11）（Adamala and Szostak，

2013）。以上的实验结果充分说明，小肽在生命的化学起源过程中也扮演着非常重要的角色，为核酸、蛋白质、细胞膜共起源提供了有力的证据。

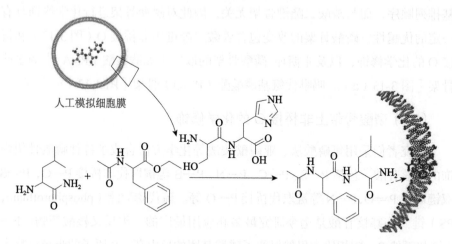

人工模拟细胞膜

图 3-11　丝组二肽催化肽键生成，生成的二肽促成人工细胞膜增殖

2015 年，Sutherland 教授团队将氰化氢及其相关衍生物放在紫外线照射下，以 H_2S 作为还原剂，在 Cu(Ⅰ)–Cu(Ⅱ) 循环催化下，同时实现了尿苷单磷酸（uridine monophosphate，UMP）、氨基酸及脂质体的前体合成（Patel et al，2013）。该研究工作一经发表，受到众多科学家的广泛关注，Service 教授在当月 Science 上发文高度评价这种"三合一"的生命起源设想（Service，2015）。

在上述核酸、蛋白质、细胞膜共起源的原始细胞体系中，"磷"作为物质组成元素参与其中，可能在整个生命的化学起源过程还起到一定的催化及调控作用。

第十一节　磷与生命科学的研究

一、核酸的化学修饰与结构调控

（一）核酸磷酸骨架的人工化学修饰

随着分子生物学和医学的飞速发展，从基因水平上阻断或控制疾病相关异常基因表达的疾病治疗策略备受青睐。寡核苷酸因其特异性高、降解产物无毒的特点，在多种疾病（如病毒感染、心血管疾病、癌症和炎症等）的治疗研究中具有极大的应用潜力。寡核苷酸发挥其特异性作用的关键在于其碱基排列顺序，而与磷酸二酯键骨架无关，因此对磷酸骨架进行化学修饰具有一定的优越性。磷酸骨架的改变包含磷酸二酯键中非桥接 O（图 3-12）和桥接 O 的化学修饰，以及非糖环-磷酸骨架的取代［如肽核酸（PNA）］的多肽骨架［图 3-13（a）］、吗啉代氨基磷酸酯（PMO）骨架［图 3-13（b）］等。

（二）磷酸骨架上非桥接 O 的化学修饰

研究者们采用氢磷酸法、亚磷酰胺法等化学方法合成了各种磷酸骨架修饰的寡核苷酸，包括 P—S、P—C、P—N、P—B 等键取代非桥接 P—O，P=S 双键取代 P=O，P—N 等键取代桥接 P—O 等。硫代磷酸酯（phosphorothiate，PS）键修饰寡核苷酸是迄今研究最多和应用最广的一类反义核酸药物。P—S 键与天然 P—O 相比，仍然保留了磷酸基团的负电荷，S 原子的半径仅略大于 O 原子的半径。这一保守修饰使 PS 修饰寡核苷酸保留了天然寡核苷酸的反义活性，如高亲和力、杂交特异性及激活 RNase H 活性等，明显提高了寡核苷酸在体内对核酸酶的稳定性。一般 PS 修饰寡核苷酸中的硫取代数量越多，其抗核酸酶降解的能力越强。FDA 批准上市的福米韦生和米泊美生均是全硫代磷酸酯寡核苷酸。但 PS 修饰也存在一些缺陷：对靶 RNA 分子的亲和性降低［每个修饰引起熔解温度（T_m）降低 0.5～1℃］（Freier and Altmann，1997）；存在某些毒副反应（主要是由于非专一性蛋白质结合引起的非专一性反应）。随之，研究者们在此基础上开发了与糖环修饰相结合的寡核苷酸，提高靶标亲和性、核酸酶抗性和药代动力学性质。

S 原子取代 P—O 键中的一个非桥接 O 原子，使得 P 周围有四个不同配体，产生手性磷酸酯基。而含手性磷寡核苷酸的每种绝对构型对其理化性质（如水合作用、对靶标的亲和力、生物利用率及对细胞内核酸酶的稳定性）有很大的影响。当寡核苷酸中手性磷的个数多于 4 个时，非对映异构体的分离难以实现。为解决这个问题，研究者们发展了立体控制方法来合成含手性磷酸酯基修饰的寡核苷酸。此外，研究者们还合成了不含手性磷酸酯基的寡核苷酸［如二硫代磷酸酯（PS_2）寡核苷酸］，即两个 S 原子取代磷酸酯基中的两个非桥接 O 原子。PS_2 修饰寡核苷酸结构非常接近天然核酸，但疏水性

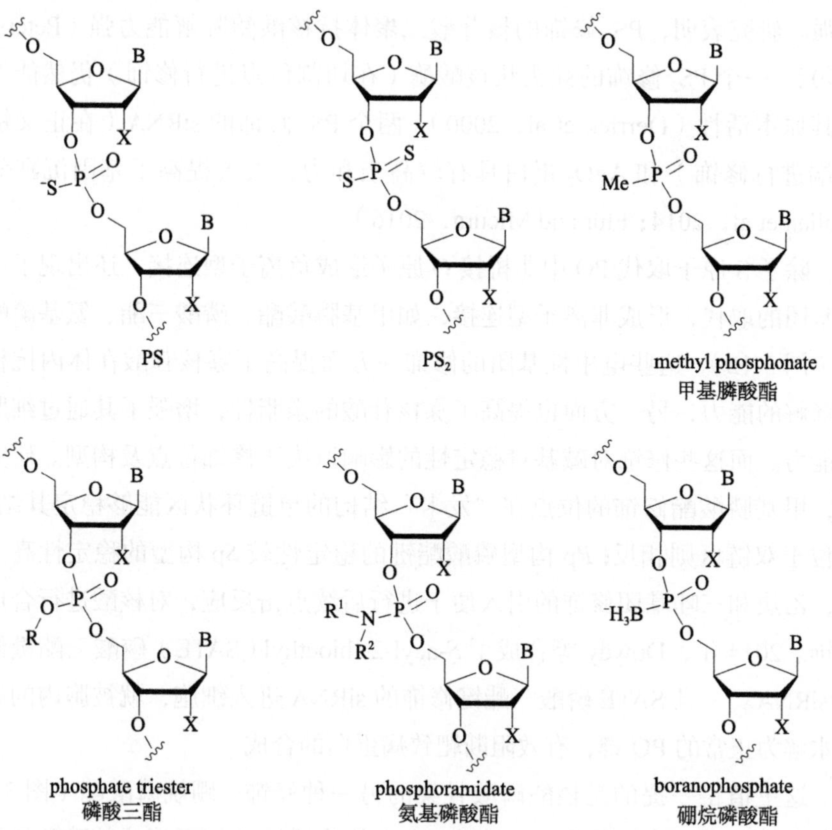

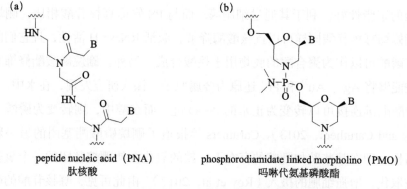

B
X
O
S
PS
PS$_2$
Me
methyl phosphonate
甲基膦酸酯
R
R^1
R^2
N
H$_3$B
phosphate triester
磷酸三酯
phosphoramidate
氨基磷酸酯
boranophosphate
硼烷磷酸酯

图 3-12　磷酸骨架上非桥接 O 的化学修饰

B：Base，碱基

(a)
(b)
HN
B
O
N
P
peptide nucleic acid（PNA）
肽核酸
phosphorodiamidate linked morpholino（PMO）
吗啉代氨基磷酸酯

图 3-13　非糖环–磷酸骨架寡核苷酸类似物结构

（a）肽核酸的多肽骨架；（b）吗啉代氨基磷酸酯骨架

B：Base，碱基；X=OH/H

较强。研究表明，PS$_2$ 修饰的核苷酸二聚体抗核酸酶降解能力强（Petersen，1990）。一个 PS$_2$ 修饰的锤头状核酸酶（在切割位点进行修饰）仍然能够保持其原本活性（Derrick et al，2000）。两个 PS$_2$ 修饰的 siRNA（在正义链的 3' 端进行修饰）和 AgO$_2$ 蛋白具有较高亲和力，大大提高了基因沉默效率（Pallan et al，2014；Flür and Micura，2016）。

除了 S 原子取代 PO 中非桥接 O 原子形成负离子型连接，还出现了电中性基团的取代，形成非离子型连接，如甲基膦酸酯、磷酸三酯、氨基磷酸酯等（图 3-12）。这些电中性基团的修饰一方面提高了寡核苷酸在体内抗核酸酶降解的能力，另一方面也提高了寡核苷酸的亲脂性，增强了其通过细胞膜的能力。而这些修饰对碱基对稳定性的影响取决于修饰位点及构型。研究表明，甲基膦酸酯修饰的位点在"发卡"结构的单链环状区能够稳定其结构，而位于双链区则相反；Rp 构型磷酸酯键的稳定性较 Sp 构型的稳定性高。此外，乙炔和三唑基团修饰的引入便于进行后续点击反应，对核酸进行合成后修饰。2014 年，Dowdy 等合成了 S-acyl-2-thioethyl（SATE）磷酸三酯键修饰的 siRNA。一旦 SATE 磷酸三酯键修饰的 siRNA 进入细胞，就被胞内的硫酯酶水解为正常的 PO 键，有效阻断靶致病蛋白的合成。

这里值得一提的是核酸磷酸骨架的另一种修饰：硼烷磷酸酯（图 3-12）修饰寡核苷酸。路易斯酸 BH$_3$ 取代 PO 上的非桥接 O 原子形成的磷酸二酯键非常稳定（pH>2）。硼烷磷酸酯键和天然 P—O 键、P—S 键一样带相同的负电荷，具有较高的水溶性。与未修饰的寡核苷酸相比，硼烷磷酸酯修饰寡核苷酸的亲脂性好，利于其通过细胞膜；而与 PS 修饰寡核苷酸相比，硼烷磷酸酯修饰寡核苷酸同样可以抗核酸酶降解，激活 RNase H 活性，且它们的核苷三磷酸可以作为聚合酶的底物用于核酸合成。另外，硼烷磷酸酯修饰寡核苷酸能够将 Ag$^+$、Au^{3+} 和 Pt^{2+} 还原为金属原子。深入研究发现，在水中，P—B 磷酸酯键连接可以转变为正常的 P—O 键，而在醇中，则转变为磷酸三酯（Roy and Caruthers，2013）。Caruthers 等报道了硼烷磷酸酯基团的另一新反应活性，即在某些胺如吡啶的存在下，碘的氧化会使硼烷基团的一个氢被这些胺取代，增强细胞的摄入（Roy et al，2017）。由此可见，寡核苷酸的硼烷磷酸酯修饰具有很好的应用价值和应用前景。

（三）磷酸骨架上桥接 O 的化学修饰

N 原子取代磷酸骨架上桥接 O 原子是对磷酸骨架进行改造的另一种常用方式。用于合成寡核苷酸单体的糖环 3′-OH 被氨基取代。如此，核苷酸间的 P—O 键连接转变为 N3′→P5′ 氨基磷酸酯键连接［图 3-14（a）］。研究表明，该类修饰的寡核苷酸同样对核酸酶具有抗性但对胞内胞外蛋白质的亲和力小；既能够与互补 DNA、单链 RNA 形成非常稳定的双链（称为 antisense），又可以与双链 DNA 形成稳定的三链核酸（称为 antigene），具有反义核酸和反基因活性；N3′→P5′ 氨基磷酸酯键连接的寡核苷酸不能诱导 RNase H 识别并切割 mRNA。不过，N3′→P5′ 氨基磷酸酯基对酸不稳定。随之，研究者合成了对酸稳定的 N3′→P5′ 硫代氨基磷酸酯修饰的寡核苷酸，以期拓宽该类核苷酸类似物的应用，特别是将其作为口服药物用于疾病治疗。Geron 公司通过改善硫代氨基磷酸酯骨架结构，优化得到低纳摩尔级端粒酶抑制剂 GRN163［图 3-14（b）］。在此基础上，又将 5′ 端用十六酰化氨基丙三醇基团修饰，得到了体内外没有脂质转运体的情况下均可进入细胞的端粒酶抑制剂 GRN163L［图 3-14（c）］。GRN163 和 GRN163L 共同的核苷酸序列为 5′-TAGGGTTAGACAA-3′。研究结果显示，细胞增殖率的降低及端粒的缩短只发生在有脂质修饰的硫代氨基磷酸酯寡核苷酸作用的细胞上，而没有

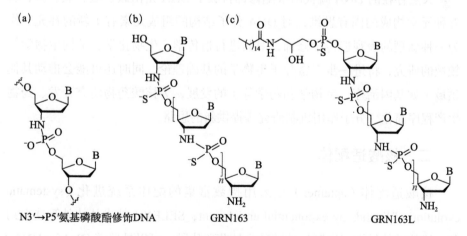

(a) N3′→P5′氨基磷酸酯修饰DNA　　GRN163　　GRN163L

图 3-14　磷酸骨架上桥接 O 的化学修饰

（a）N3′→P5′ 氨基磷酸酯修饰 DNA；（b）端粒酶抑制剂 GRN 163 结构式；（c）端粒酶抑制剂
GRN163L 结构式

B：Base，碱基

脂质修饰的硫代氨基磷酸酯寡核苷酸作用的细胞（没有脂质转运体）不能显著改变细胞增殖率及端粒长度。相关的临床研究表明，以端粒酶抑制剂 GRN163L 为基础的疗法有望成为未来癌症治疗方案的重要组成部分。

（四）DNA 磷酸骨架的天然化学修饰

DNA 硫代磷酸酯修饰是继甲基化修饰后的又一例生理性修饰（Gao et al, 2016）。最初，周秀芬等在体外操作 DNA 时发现，变铅青链霉菌 1326 的 DNA 在普通的琼脂糖凝胶电泳过程中发生了 DNA 降解（DNA degradation, DND）现象，而天蓝色链霉菌的 DNA 却呈现清晰的条带（Zhou et al, 2005）。Dyson 等提出，这种 DNA 降解现象是由电泳过程中阳极积累所产生的 Tris 过酸衍生物介导的氧化切割反应造成的，可以被硫脲有效抑制（Ray et al, 1995; Ray et al, 1992）。这一现象表明，产生 DNA 降解现象的变铅青链霉菌 1326 中可能存在一种不同于甲基化修饰的新型修饰系统。之后系统的研究发现，该修饰由 dndABCDE 编码的 5 个蛋白质协同作用，本质为 DNA 磷酸二酯键上一个非桥连的 O 原子被 S 原子取代。此外，该修饰广泛存在于各种微生物中，在不同细菌中存在序列特异性，具有 *Rp* 空间构象专一性（Pang et al, 2007; Wang et al, 2007; Wang et al, 2011）。

天然存在的 DNA 硫代磷酸酯修饰打破了 DNA 是由碳、氢、氧、氮、磷五种元素构成的固有思维，对 DNA 分子结构的组成元素有了新的补充。作为一种新型的表观遗传学修饰，对其进行遗传学、生物化学、结构生物学等领域的研究，将进一步丰富分子生物学的基础理论，同时还可能会推动其他领域（如基因治疗、生物学和药学等）的发展，为核酸药物研究开发、药物生产程序简化、分子作用机制研究等提供新的思路。

二、核酸适配体

核酸适配体（aptamer）是采用指数富集的配体系统进化（systematic evolution of ligands by exponential enrichment, SELEX）技术从体外筛选得到的一段能够特异性识别靶标的特殊寡核苷酸片段，可以是单链 DNA（ssDNA）或 RNA。在理论上，自然界中的绝大多数物质（各种有机小分子、生物大分子、细胞、细菌、病毒、甚至是组织等）都可以筛选到相应的核酸适配体，所以配体范围相当广泛。采用核磁共振及 X 射线晶体衍射等手段研究发现，核酸适配体特异性地与靶标结合的原因在于核酸适配体结构和空间构象的多样性。当靶标存在时，核酸适配体会通过链内某些碱基的互补配对、芳香化合物间的堆积作用、静电作用等自身发生适应性折叠形成稳定、特殊的三维结构，如发夹、假结、G-四链体等。核酸适配体与相应配体高亲和力、高特异性的特性，为化学生物学界和生物医学界提供了一种新的高效快速识别的研究平台，在许多领域（如医学诊断、靶向治疗、食品检测等）展示了良好的应用前景。然而，同其他寡核苷酸一样，核酸适配体尤其是 RNA 适配体，在体内极易被核酸酶降解，使其不能充分发挥作用。目前，为了提高适配体的核酸酶抗性，研究者们主要采用硫代磷酸酯和二硫代磷酸酯修饰的寡核苷酸。其中，二硫代磷酸酯的修饰能够显著增强适配体［如抗内皮血管内生长因子适配体（anti-VEGF165 aptamer）、抗凝血酶适配体（anti-thrombin aptamer）］与靶向蛋白的亲和力。此外，核酸适配体的分子量较小，20～35个核苷酸寡聚体的分子量范围为 7k～12kDa，静脉注射后几分钟内就可能通过肾脏排泄而被清除，不能保证足够的药代动力学活性。为解决该问题，研究者们选择将它和生物相容性好、惰性的生物活性大分子［如脂质、聚乙二醇（polyethylene glycol，PEG）］连接，延长其在体内的滞留时间。由此可见，磷酸骨架修饰的寡核苷酸不仅可以通过碱基互补配对影响特定基因的表达，还可以提高适配体与配体间的亲和作用，使其发挥最大效用。

三、G-四链核酸

除了通过化学修饰寡核苷酸调控或阻断基因的表达，核酸本身还可以通过局部的结构或构象改变、形成或解旋某些特殊结构元件，提供与各种蛋白因子、活性小分子等生物活性物质作用的位点，以此介导酶、蛋白质、活性小分子等参与的生物化学途径。在核酸可能形成的二级结构中，G-四链核酸是最重要的功能性二级结构之一，在生命体系中广泛存在，其生物学影响深远、结构研究明晰且分子探针体系发展相对充分。目前 G-四链核酸已被证实存在于基因组 DNA、信使 RNA（mRNA）、非编码 RNA、小核酸等各种形式的核酸分子中；其基因调控功能从 DNA 层面延伸至 RNA 层面，从基因转录翻译延伸至非编码 RNA 的调控，从人细胞体系延伸至植物、细菌、病毒体系；其结构/构型的揭示更是从经典构型（平行型、反平行型、混合型）拓展至左手螺旋型、长环型等各种非经典G-四链结构。

（一）G-四链 DNA

G-四链核酸的研究源于端粒、端粒酶研究中的一些发现。20世纪70年代，美国科学家布莱克本（Elizabeth H. Blackburn）、格雷德（Carol Greider）等发现了存在于真核生物染色体末端的一段特殊核酸片段。它能起到保护染色体末端稳定性、避免末端融合。这即是所谓的端粒，同时与端粒密切相关的是与之相互作用的端粒酶。端粒酶被发现以端粒片段为底物，通过自身逆转录酶的活性，能对端粒进行延伸，且与细胞癌变存在复杂的关联。而G-四链核酸正是端粒序列可能形成的一种二级结构，因此G-四链核酸便与染色体稳定性、细胞的增殖、衰老、癌变紧密地关联起来。由于端粒与端粒酶对细胞的衰老、癌变存在重要影响，基于对它们的研究，布莱克本、格雷德、邵斯达克（Jack W. Szostak）等三位科学家共同获得了2009年的诺贝尔生理学或医学奖。同时，G-四链核酸的研究也随之受到广泛的关注。在人们探索生命体系遗传物质复制、基因表达、肿瘤癌变等分子机制的过程中，人们发现G-四链核酸在那些生化反应过程中存在复杂而重要的影响。

除了在端粒区域，G-四链结构也普遍出现在人类基因的启动子区域中。通过计算发现，启动子区域中存在大量的PQS(putative quadruplex sequences，假定的四链体序列）片段，尤其在转录起始位点（transcription start sites，TSS）附近（Huppert and Balasubramanian，2007）。该项研究发现，人类基因中多达42.7%的启动子区域包含着一个或多个G-四链片段。在该研究领域中，剑桥大学的课题组在2012年有一项重大发现（Rodriguez et al，2012），他们通过G-四链配体小分子稳定剂（pyridostatin）的应用，证实了G-四链介导的基因调控系统。在加入pyridostatin后，研究人员通过全基因组测序鉴定分析DNA的损伤标记γH2AX，发现基因组中出现了约60个pyridostatin诱导的γH2AX结构域。这些结构域多分布在具有高PQS比例的染色体中。将γH2AX基因组位点与385个指定致癌基因和763个肿瘤抑制因子相比较，发现其中25个基因（包括原癌基因*SRC*）出现了γH2AX的富集效应，这25个基因也都具有高PQS含量。在药物处理8h后，包括MYC和前十个PQS

比例较高的 γH2AX 阳性基因在内，所有分析的基因表达水平均下降，特别是 *SRC* 基因，其 mRNA 表达水平降低了 95%。进一步的研究表明，pyridostatin 还能下调 SRC 蛋白的水平和 SRC 依赖型的细胞迁移率。在 pyridostatin 处理 24h 后，SRC 蛋白水平约降低 60%。这些结果也都表明了基因组中 G-四链的存在。G-四链诱导型 DNA 损伤的发现和 G-四链对致癌基因表达的影响，也为疾病靶向药物治疗提供了基础。此外，*c-myc*、*c-kit*、*H-ras*、*BCL2* 等基因中的 G-四链结构也有广泛研究（Onel et al，2016）。

近些年，随着 G-四链相关生物测序技术的发展，越来越多关于在基因组水平或染色质水平上调控 G-四链结构的潜在位点被发现。最新的研究发现（Hansel-Hertsch et al，2016），内源性 G-四链片段更容易在转录增强型的核小体缺失的启动子片段中形成。这一结果也表明，G-四链的形成与转录水平上升密切相关，如在致癌基因激活的癌症细胞中。同时，研究者们还发现转录因子的识别或结合需要 G-四链结构的出现。在许多情况下，G-四链结构也被认为是转录相关蛋白因子或解旋酶的结合位点，如 *c-myc* 基因的调控。*c-myc* 是研究最广泛的致癌基因之一，在 *c-myc* NHE Ⅲ1 中也含有潜在的 G-四链片段。好几个早期研究也发现 G-四链结构能够识别或结合一些核酸蛋白复合体［如 CNBP（Chen et al，2013）和 NM23-H2（Thakur et al，2009）］，表明 G-四链可作为一个潜在的调控因子。虽然对其中的相关机制还在研究中，但普遍认为 G-四链结构在其中扮演双重身份。一是与上述蛋白质的结合有利于对转录因子的召集，随后激活转录系统，这个过程与转录区域内的结构变化有关。二是启动子对蛋白质的召集通常与 G-四链解旋有关，这是由于一些蛋白质可以独立地打开 G-四链结构，而其他蛋白质则与上述相似，形成蛋白质网络，随后激活转录系统。但过多 G-四链结构的形成也将抑制 *c-myc* 基因，因为 G-四链的二级结构同样可以对转录起阻碍作用，抑制转录因子的正常召集，使聚合酶停止运行，最终使基因表达下调。Gonzalez 等（2009）发现，核仁素能通过 G-四链结构对转录的阻滞作用抑制 *c-myc* 基因的表达，并证明了其机制。

此外，也有研究发现了一种人类端粒酶催化亚基 *hTERT* 基因的调控系统（Saha et al，2017），与上述 G-四链片段和各种转录因子的召集产生协同作用、共同抑制或促进 DNA 转录不同，其 G-四链片段能够独立地调控 DNA 转录。

G-四链结构在 DNA 相关生物过程的影响，除了在端粒及基因启动子相关调控以外，在 DNA 复制起点的选择及复制起始方面也被认为存在调控过程。在真核细胞中，DNA 的复制起始于线性化染色体中的许多个复制起点。近期有测序研究发现，在脊椎动物中，DNA 的复制起点可以是富含鸟嘌呤和胞嘧啶的 G-四链片段。这给 DNA 复制起点机制带来了新的研究角度。

采用一种 λ-核酸外切酶依赖性（λ-exonuclease-dependent）测序技术发现，在人类基因组 200 000～250 000 个潜在的复制起点中都存在与已发现的 DNA 复制起点相关的能够形成 G-四链结构的序列（Besnard et al，2012）。

（二）G-四链 RNA

G-四链核酸不仅限于 G-四链 DNA，也包含 G-四链 RNA。由于 RNA 链更好的灵活性，RNA G-四链结构由于在基因表达中发挥的更直接的作用而受到越来越多的关注。通常认为，富含 G 的 RNA 序列更容易形成 G-四链结构，并且比 DNA 对应物具有更好的稳定性。近期的一项研究报道了 RNA G-四链结构在 mRNA 中的分布，并揭示了 mRNA 的 3′ 端及 5′ 端非翻译区（UTR）和编码序列（coding sequence，CDS）中的倾向性分布，即 UTR 相比 CDS 含有更多的 G-四链 RNA。与 DNA 中的 G-四链结构相似（Kwok et al，2016），我们认为 RNA G-四链也是动态的。近期的研究表明，G-四链 RNA 在真核细胞中，全面参与了 mRNA 及非编码 RNA 相关的生物过程，有复杂的调控机制，对翻译、翻译后过程均有调节作用。

在 mRNA 翻译过程中，G-四链基序（motifs）的作用总是复杂的，并且取决于 G-四链 motifs 的位置和相关的结合蛋白。有许多在 5′ 端 UTR 和开放阅读框（open reading frame，ORF）区域中的 G-四链 RNA motifs 抑制翻译过程例子。不难想象，G-四链 RNA motifs 在翻译过程中可以作为核糖体扫描或易位的障碍，往往存在解旋酶和特异性结合蛋白来使基因中的 G-四链 RNA 解旋。已有研究证明 RNA 解旋酶 DHX36 具有该功能，DHX36 表现出 G-四链 RNA 解旋酶活性，并显示通过解开 G-四链结构来辅助 Nkx2-5 mRNA 翻译。亲和富集测试显示，PQS 存在于 Nkx2-5 mRNA 5′ 端 UTR 中，并且对 DHX36 具有亲和力。如果敲除 DHX36，则 Nkx2-5 水平降低，这意味着 Nkx2-5 翻译减少（Nie et al，2015）。

　　类似地，在 ORF 区域中，G-四链 RNA motifs 的二级结构也经常被认为是翻译延伸的障碍，表明存在一些解决该问题的机制。近期的一项研究提出，保守蛋白 CNBP（人 CCHC 型锌指核酸结合蛋白）可以在这方面发挥作用。CNBP 优先结合成熟 mRNA 中富含 G 的区域，尤其是 ORF 区域。CNBP 结合位点具有形成 G-四链 RNA 二级结构的高倾向。此外，CNBP 已被证明可以防止 G-四链结构的形成。当 CNBP 丢失时，富含 G 的结合位点周围的核糖体密度大大增加，结合位点下游 > 200nt 位置急剧下降，表明 CNBP 的丢失使得延长核糖体更容易在富含 G 的位点停滞。研究还发现，CNBP 损失降低了 CNBP 靶标的翻译效率，表明 CNBP 通过阻止 G-四链 RNA 结构的形成帮助维持翻译过程（Benhalevy et al，2017）。这些发现与近期关于真核细胞中 G-四链 RNA motifs 解析的报道一致。

　　潜在的 G-四链 RNA motifs 也可以介导特定的翻译过程，如与癌基因相关的依赖于真核起始因子-4A(eIF4A) 的翻译过程。eIF4A 在核糖体扫描中起到翻译起始的作用，并且还被认为起到解旋 mRNA 5′ 端 UTR 中二级结构 RNA 解旋酶的作用。在许多含 G-四链 RNA 的致癌基因中，eIF4A 是翻译的必要组分。在抑制 eIF4A 活性后，一些 mRNA 的翻译效率降低，并且同时发现许多翻译抑制的 mRNA 富含 G-四链 RNA 相关 motifs，包括 (CGG)$_4$motifs 和其他典型 motifs。(CGG)$_4$motifs 和其他 motifs 的位置在很大程度上与 PQS 的位置一致。当 eIF4A 被抑制时，5′ 端 UTR 中的 G-四链 motifs 可以抑制 mRNA 翻译，也表明了 G-四链 motifs 和 eIF4A 之间的关系。因此，G-四链 RNA 在此翻译过程中，被认为是调节 eIF4A 诱导的癌基因翻译的潜在机制（Wolfe et al，2014）。

　　G-四链结构在转录物中的位置也可以干扰并显著影响转录机制。研究已经证明，N-ras 原癌基因中的 5′ 端 UTR G-四链 motifs 在位于 5′ 端附近时抑制翻译，而当 motifs 远离 5′ 端时，这些 motifs 的影响可以忽略不计。此外，具有更高稳定性的三层或四层 G-四链 motifs 对翻译具有更显著的影响（Kumari et al，2008）。除了 5′ 端 UTR G-四链之外，ORF 区域中的 G-四链在新提出的翻译抑制的周期性波动模式中也显示出对翻译的位置依赖性影响。在 ORF 区域，G-四链与核糖体的相对位置和距离被指示引起周期性影响。这可能是由核糖体能够解决和克服 G-四链结构的方式存在难度的差异所导致的（Endoh and Sugimoto，2016）。然而，5′端 UTR 和 ORF G-四链相关的机制应该是不同的，因为核糖体行为在不同翻译阶段存在差异。

上述 G-四链 motifs 对翻译的抑制作用主要基于这些 motifs 的结构效应。这些 motifs 作为障碍，干扰与翻译起始、延伸、易位等相关的连续过程。在这些过程中，基因的转录需要克服 G-四链障碍。因此，转录机制中通常包括具有解旋酶活性的蛋白因子。这种转录调控也被证明受 G-四链的特定位置影响。

此外，G-四链 motifs 还可以通过协助一些翻译相关蛋白因子与 mRNA 的结合或定位来影响 mRNA 翻译。随之而来的影响是多种多样的，有时会导致正面的翻译调节，相反的结果也是可能的。G-四链 motifs 对不依赖 Cap 的翻译起始的调节作用就是通过协助一些翻译相关蛋白因子与 mRNA 的结合或定位来影响 mRNA 翻译的一个例子。不依赖 Cap 的翻译在很大程度上取决于 mRNA 5′端 UTR 中的内部核糖体进入位点（IRES）。有报道指出，人血管内皮生长因子（hVEGF）mRNA 具有 IRES-A 和 IRES-B 两个 IRES，其中 IRES-A 具有 RNA G-四链 motifs。关于 G-四链辅助 IRES 介导的翻译起始的早期研究提出，G-四链 motifs 起着积极作用。当 G-四链 motifs 通过突变被破坏时，IRES-A 的翻译起始活性被完全废除（Morris et al，2010）。随后的研究提出，该过程需要 G-四链 motifs 募集 40S 核糖体亚基。过滤结合测定显示 40S 核糖体亚基对 h VEGF IRES-A 具有亲和力。含有 G-四链区段的缺失或 G-四链区域的突变导致 40S 核糖体与 IRES-A 之间的结合亲和力急剧下降，暗示了 G-四链 motifs 的重要作用。这些发现与使用质粒模型系统的研究一致（Bhattacharyya et al，2015）。然而，近期的一项研究显示出相互矛盾的结果，其中 G-四链 motifs 起到抑制作用（Cammas et al，2015）。我们认为，尽管这些矛盾并不意味着 G-四链在不依赖 Cap 的翻译过程中不重要，但实验的局限性和复杂性导致了这些相互矛盾的结果。相反，G-四链相关的 h VEGF IRES 活性对 G-四链配体敏感，表明 G-四链 motifs 对 h VEGF 表达的影响和未来医学研究的潜力（Wang et al，2017）。

在特殊情况下已观察到 G-四链辅助的延伸因子 1α（EF-1-α）与 mRNA 的结合。在 H_2O_2 处理引起的氧化应激下，EF1A 通过结合核因子(erythroid-derived 2)-like 2(NRF2)mRNA 5′端 UTR 中的 G-四链 motifs 促进翻译。G-

四链 motifs 序列中的突变消除了 H_2O_2 诱导的 5′ 端 UTR 活性。这是由于，NRF2 对于组织损伤的保护是必需的，NRF2 mRNA 中的 G-四链 motifs 可能基于与 EF1A 的相互作用通过翻译调节与细胞防御相关，但确切的调节行为尚未阐明（Lee et al，2017）。

如上所述，由于这些 motifs 的空间效应和与相关蛋白的相互作用，G-四链 motifs 在 mRNA 翻译中发挥复杂的调节作用，这导致翻译的双重作用并使这些情况复杂化。G-四链 motifs 结构本身也可以影响翻译。G-四链结构由 G 四联体和环组成，并且可以是不规则或不同于具有规则结构的 G-四链型。因此，近期确定的一些具有高达 40nt 环长度的不规则 G-四链 motifs 也影响翻译，表现出更广泛的效果甚至更复杂的机制。

上述是 G-四链 RNA 在 mRNA 的成熟及翻译过程中发挥的调节功能。但值得注意的是，在哺乳动物转录组中，mRNA 在总 RNA 中的占比小，大多数 RNA 是非编码 RNA（ncRNA），包括 tRNA、rRNA、长 ncRNA（lncRNA）和小的 ncRNA，如 tRNA 衍生的应激诱导的 RNA（tiRNA）、miRNA 前体和 Piwi 相互作用的 RNA（piRNA）。越来越多的研究表明，ncRNA 是功能性生物分子，其与各个分子靶标相互作用并具有不同的调节功能。ncRNA 调节其靶标的能力与二级结构相关，从而引起研究人员对 G-四链 motifs 的关注。类似于 mRNA 中 G-四链调节的实例，G-四链 motifs 也可介导 ncRNA 中的功能调节。

在各种 ncRNA 中，lncRNA 是近几十年来受到越来越多关注的一类。lncRNA 在多种生物过程中发挥重要作用，并极大地影响与 DNA、RNA 和蛋白质功能相关的基因的传递与表达。例如，lncRNA 中的 G-四链 motifs 可以在调节功能中发挥关键作用。因为 lncRNA 长且柔韧，能够折叠成特殊的二级结构（如 G-四链结构），G-四链可以影响 lncRNA 与靶标的相互作用，并且可以对这些 RNA 的生物学功能产生不同的影响。

含有端粒重复的 RNA（TERRA）[(UUAGGG)4] 是含有 G-四链的主要 lncRNA，并且是端粒转录物。TERRA 通过与端粒相关蛋白（如 TRF2）的相互作用在维持端粒结构中起关键作用。据观察，TRF2 以高亲和力结合 TERRA 并依赖于 TERRA 中 G-四链结构的形成，因为 G-四链突变的 TERRA 重复序列不与 TRF2 结合。TRF2 和 TERRA 之间的亲和力与 TRF2

和端粒 DNA 之间的亲和力相当。此外，TRF2、TERRA 和端粒 DNA 之间的相互作用可以同时发生。因此，TERRA G-四链应该是 TRF2 介导的 TERRA 与端粒 DNA 结合的关键参与者。

有报道指出，增强的 TERRA 水平在多种癌细胞系中抑制一些先天免疫基因，如信号转导和转录激活因子 1（STAT1）、干扰素刺激基因 15（ISG15）和 2′,5′-寡腺苷酸合成酶 3（OAS3）（Hirashima and Seimiya，2015）。因为 TERRA 具有形成 G-四链结构的趋势，所以有人提出上述基因抑制与 G-四链形成有关，这能够通过使用突变 TERRA 序列的对照实验和改变重复数以破坏 G-四链形成来证明。

lncRNA GESC 含有 G-四链结构，并且通过 G-四链介导的与 DHX36 的相互作用在增强结肠癌细胞的运动性中起重要作用。DHX36 是一种已知可抑制癌细胞迁移的解旋酶。GESC 最有可能作为 DHX36 结合的诱饵，以防止 DHX36 对其他靶标的作用，从而导致癌细胞迁移增强。GESC-DHX36 需要 GESC G-四链 motifs。如果该区域发生突变，则 GESC 与 DHX36 的结合大大降低。

C9orf 72（染色体 9ORF 72）的非蛋白质编码区中的六核苷酸（GGGGCC）重复扩增（HRE）是导致许多神经变性疾病的重要因素，特别是肌萎缩侧索硬化和额颞叶痴呆。重复的富含 G 的 DNA 和 RNA 转录物可以形成 G-四链结构，并且这些 G-四链被证明是 C9orf 72 患者中神经退行性损伤的原因，因为这些 G-四链可以破坏 C9orf 72 的转录效率并阻断许多相关的功能蛋白。具体而言，C9orf 72 HRE DNA 中的 G-四链结构阻碍转录过程，诱导流产转录物的产生并导致 C9orf 72 功能的丧失（Haeusler et al，2014）。此外，通过与 RanGAP 的物理相互作用并螯合 RanGAP，产生的含有重复序列的 RNA 转录物中的 G-四链破坏了 RanGAP 的功能（Zhang et al，2015）。RanGAP 是核质转运所需的蛋白质并可作为 HRE 介导的神经变性的潜在抑制因子。除 RanGAP 外，HRE RNA G-四链还能螯合核仁蛋白，导致细胞核功能缺陷。近期，hnRNP H 还被发现与 HRE RNA G-四链相互作用，导致 C9orf 72 患者中 hnRNP H 靶向转录物的错误剪切（Conlon et al，2016）。这些作用可能参与 C9orf 72 HRE 介导的神经退行性疾病的发病机制。

ncRNA 具有多种生物学功能，一些免疫功能相关的 ncRNA 受 G-

四链调节。免疫球蛋白开关（S）区域的转录物是一种非编码 RNA，称为开关 RNA，活化诱导胞苷脱氨酶（activation-induced cytidine deaminase，AID）形成一种 G-四链介导的相互作用。靶向免疫球蛋白开关（S）区域的 AID-转换 RNA 复合物对于免疫球蛋白类别转换重组至关重要（Conlon et al，2016）。

（三）G-四链核酸的配体分子设计

伴随着 G-四链核酸生物功能的揭示，同时也在利用化学小分子对其进一步调控和靶向，尝试调控基因表达或进行抗肿瘤的测试，这在过去 20 年间已发展得相对充分，有多种与 G-四链 DNA/RNA 作用的小分子被设计开发出来，如靶向端粒序列中 G-四链结构的小分子及其对端粒活性抑制的研究。在过去的研究之中，得到了几种比较经典的可以特异性靶标 G-四链结构的小分子，如端粒抑素、TMPyP4、Phen-DC、pyridostatin（PDS）、BRACO-19 和360A。总体而言，这些小分子具备抑制端粒酶活性或损伤端粒酶的作用。其中，端粒抑素是从链霉菌 3533-SV4 中提取出来的天然物质，可以通过引起DNA 损伤响应、缩短端粒和引起细胞 G1 期的阻滞效果来达到使肿瘤细胞老化或凋亡的目的。其他通过化学合成方式得到的小分子也可以通过稳定 G-四链结构的作用等方式来达到相同的目的。其中，PDS 作为一种被研究得比较广泛的小分子，在被发现具有良好的识别和稳定 G-四链的效果后，科研工作者们合成了一系列的 PDS 衍生物来改良对 G-四链作用的效果，后来它们还被应用于富集 G-四链和 G-四链的测序工作中。

正是这些早期被发现的靶标 G-四链结构的小分子拥有较好的肿瘤识别及治疗效果，引起科研工作者对通过研究小分子对 G-四链的作用从而达到肿瘤识别及治疗方面应用的极大兴趣。后期对于改良 G-四链结构作用的选择性和效率主要专注于两个方向：一是进一步修饰以上提到的经典小分子；二是联用如纳米材料等方法提高效率。例如，上面提到的端粒抑素不稳定，合成比较复杂，并且溶解度不佳。之后发现的一系列噁唑类的端粒抑素更加稳定且拥有更好的溶解度。其中 Y2H2-6M(4)-oxazole telomestatin 衍生物（6OTD）分子拥有较好的抗肿瘤活性，在多形性成胶质细胞瘤的治疗中拥有很好的靶标效果。之后发现的咪唑类分子 IZNP-1 可以选择性地结合并稳定端粒序列的重复 G-四链结构，并且几乎不与单体和二重的 G-四链序列反应。这是由于端粒区域的 G–四链重复性较高，不同于前面提到的既可以结合端粒序列又可以结合启动子序列的一类小分子化合物。这种方法可以较好地区分端粒区域和启动子区域的 G–四链序列。上面所提到的结合端粒酶序列的化合物在抑制端粒酶活性的同时也会造成端粒酶序列的 DNA 损伤，这样就会招募激活修复活性的蛋白质去减弱 G–四链配体分子的活性。因此，近期有研究工作设计了一种双重效果的分子。它可以同时稳定 G–四链和抑制 DNA 损伤修复蛋白 PARP。这样的设计达到了更好地使端粒酶活性紊乱的效果。此外还有一系列金属卟啉大环的复合物。这类分子可以和二价的镍、铂、钯形成复合物，既可以靶标 G–四链，也可以达到抗肿瘤活性的效果。

除了在端粒序列的 G–四链结构外，在启动子区域的 G–四链序列是另外一种调控的机制。启动子区域的 G–四链序列与基因的转录高度相关。在大部分情况下，在致癌基因启动子序列的 G–四链结构会提高转录的活性，因此通过研究影响致癌基因启动子区域的 G–四链结构的小分子就成了一种很有前景的抗肿瘤途径。

原癌基因 *c-myc* 及其编码的一系列蛋白质在多种恶性肿瘤内细胞的增殖、凋亡和分化中有很重要的影响。早期研究表明，靶标 G–四链的小分子可以抑制 *c-myc* 的转录活性（Siddiqui-Jain et al，2002）。之后通过修饰侧链的方式达到双靶标目的的小分子可以更好地抑制原癌基因的表达。例如，转录因子 NM23-H2 可以促进 *c-myc* 的转录，而靶向 *c-myc* 启动子中的 G–四链体的一些双靶标小分子不仅可以稳定 G–四链体结构，还可以破坏 NM23-H2 与 *c-myc* G–四链体 DNA 的相互作用，抑制 NM23-H2 的活性，从而有效抑制 *c-myc* 的过表达。之后，这类方法被延伸到其他包含 G–四链结构的基因序列中，如 *VEGF*、*c-kit*、*BCL2*、*K-ras* 和 *hTERT*。

之前提到的 RNA 序列中的 G–四链结构在生物医学方面同样有很重要的意义，但是由于 RNA G–四链和 DNA G–四链序列的高度相似，想要特异性地区分两者较困难。迄今还没有很多可以特异性选择 RNA G–四链的小分子，有报道的这类化合物都是基于 DNA G–四链的分子并针对两者结构上的区别（主要是 RNA 糖环上的 2′-OH）来设计的。其中包含可以特异性识别 TERRA G–四链序列的酰化的 pyridostatin 和 RGB-1 及识别某些特定原癌基因中 5′ UTR G–四链的 TMPyP4-C14 等抑制剂分子。其中比较特殊的是苯并嘧啶衍生物，它可以特异性地识别 hVEGF 5′ UTR IRES-A 区域。此小分子展现出很好的特异性，除了该区域的 G-四链结构，几乎不与其他 G-四链结构作用，如 *TBA*、*c-kit 1* 和 *c-myc* 中的 DNA G-四链及 *ADAM10*、*TERRA*、*BCL2* 和 N-*ras* 中的 RNA G-四链。它的作用方式是通过使 G-四链结构不稳定而非通常的稳定作用。

四、蛋白质可逆磷酸化的分子基础

（一）O-磷酸化蛋白与疾病的关系

磷酸化蛋白在生物体中的含量很大，在其调节细胞活动的同时，也可由于其异常磷酸化或去磷酸化而导致疾病发生。同时，许多磷酸酶和去磷酸酶的突变和行为异常也会导致疾病发生（Patel et al，2015）。例如，研究发现，在阿尔茨海默病（Alzheimer's disease，AD）患者脑部，Tau 蛋白被异常过度磷酸化，Tau 蛋白在阿尔茨海默病患者脑内的磷酸化程度高出正常人的3～4 倍。目前已鉴定出 45 个磷酸化位点，主要是苏氨酸和丝氨酸残基的 O-磷酸化。在正常情况下，大部分位点并不被磷酸化，而在阿尔茨海默病患者脑内则持续保持磷酸化状态。Tau 蛋白在微管结合区的磷酸化对调节微管的稳定性至关重要，特别是 Ser262、Ser356 位点的磷酸化，可改变 Tau 蛋白与微管结合部位的构象，导致微管解体，细胞骨架破坏。目前，多数研究选取 Thr181、Thr231、Ser199、Ser396、Ser404 等关键位点，它们被认为是轻度认知功能障碍（mild cognitive impairment，MCI）向阿尔茨海默病过渡的可靠预报器。这些研究结果提示，Tau 蛋白异常在阿尔茨海默病患者神经细胞变性和学习记忆障碍的发生发展中起重要作用（Ewers et al，2007）。在帕金森病患者脑部也发现了大量磷酸化 α-突触核蛋白，其中 129 位丝氨酸 O-磷酸化占比 90% 左右，而在正常人的脑部则只含有 4%。对 129 位磷酸化蛋白的研究表明，其体外的聚集、传染性质和细胞毒性与野生型蛋白存在很大差异（Ma et al，2016）。此外，α-突触核蛋白的磷酸化也与缺血性脑卒中的发病有关（Cheng et al，2011）。对肌萎缩侧索硬化发病的研究也表明，TDP-43 蛋白的异常磷酸化和聚集会导致蛋白质异常聚集产生神经毒性。可见，蛋白质的异常磷酸化与许多疾病有关。

（二）O-磷酸化蛋白的研究方法

为了研究 O-磷酸化蛋白，研究蛋白质异常磷酸化与疾病发生的关系，并寻找合适的治疗方法，首先需要获得磷酸化蛋白。常见的磷酸化蛋白获取方式主要有：在病例样本中提取磷酸化蛋白，利用定点突变模拟磷酸基团的作用，利用大肠杆菌的蛋白质表达系统表达磷酸化蛋白和利用化学合成法在体外全（半）合成磷酸化蛋白。在病例样本中提取磷酸化蛋白可以采用抗体技术、亲和富集技术等，对提取出的磷酸化蛋白需进行进一步的分离，并采用质谱技术对磷酸化位点进行分析，但通过提取获得的磷酸化蛋白含量低，分离难度高，对磷酸化蛋白的位点鉴定困难。定点突变的研究方法常将 O-磷酸化的丝氨酸、苏氨酸突变为丙氨酸或谷氨酸，酪氨酸突变为苯丙氨酸等。这虽然为蛋白质的获取提供了方便，但突变的氨基酸往往只是在电荷上模拟了磷酸化的作用，对于构象的影响和上下游信号的识别模拟仍有局限性。利用蛋白质表达系统所获得的磷酸化蛋白虽然产量高，但通常需要已知该位点磷酸激酶的种类，并了解该激酶的作用机制，这通常是十分复杂的，所以该方法对于一些新发现的亟待研究的磷酸化蛋白并不适用，且利用磷酸激酶对蛋白质磷酸化无法做到蛋白质的特异性和位点的专一性，蛋白质生产效率不高。利用化学合成法在体外全（半）合成磷酸化蛋白在克服了以上方法的基础上应运而生，成为近几年的研究热点，也为磷酸化蛋白研究的突破提供了巨大的帮助。

随着固相多肽合成技术的发展，多肽和磷肽的合成为多肽和蛋白质研究领域提供了很大帮助，但该技术对直链多肽的长度有限制，约为 60 个氨基酸，多肽长度过长会导致合成难度加大、产率降低且纯化困难。随着多肽片段连接技术的发展，这一多肽长度带来的难度壁垒被逐渐打破。在多肽片段连接反应中，一条多肽的 C 端巯基可以和另一条多肽的 N 端半胱氨酸发生选择性化学反应。该技术可以合成多达 150 个氨基酸长度的蛋白质。这两条多肽片段可以通过固相合成法获得，也可通过蛋白质表达系统表达并对末端残基进行处理而获得。对于含有 O-磷酸化氨基酸的蛋白质，可以将蛋白质分为两个片段分别合成，并利用化学连接技术连接。对于含有 O-磷酸化氨基酸的多肽片段，可以通过磷酸化合成砌块引入的方法，直接将其引入多肽片段中。利用该合成方法，可以获得位点专一性磷酸化的蛋白质，并且该方法灵活多变，易对蛋白质进行其他修饰。目前，许多重要的 O–磷酸化蛋白都通过化学合成法获得。

（三）O–磷酸化蛋白研究的展望

在过去 20 年中，O–磷酸化蛋白在化学生物学和生物医学研究领域逐渐引起人们的重视。同时，蛋白质组学的发展也为 O–磷酸化蛋白的鉴定和分析提供了很大帮助。随着人们对疾病发展的研究和对翻译后修饰重要作用的认识，研究 O–磷酸化蛋白的功能和代谢途径将为人类对生命活动代谢的调节和疾病发生发展的认识提供很大帮助。由于蛋白质磷酸化的异常与重要疾病相关，将其作为靶标研究，可以开发一系列针对性的检测手段，对病情进行分析，也可以开发针对性的治疗药物，为疾病的预防、检测和治疗提供理论依据。

（四）蛋白质的 N–磷酸化与蛋白质的功能调控密切相关

随着生命科学研究的深入，科学家证实了 N–磷酸化修饰的存在，即磷酸化修饰发生在组氨酸、精氨酸或赖氨酸侧链氨基，形成 P—N 键。N–磷酸化修饰在生命过程中同样发挥着重要作用（Cohen，2001）。组氨酸磷酸化蛋白作为代谢酶中间体调控原核生物信号转导，在哺乳动物的生命过程发挥细胞周期调控、吞噬、离子通道活性的调节和金属离子配位等作用（Fuhs and Hunter，2017）。目前明确得到验证的精氨酸磷酸化激酶是枯草芽孢杆菌激酶 McsB(Fuhrmann et al,2009)。研究表明，热激响应时 McsB 磷酸化Ⅲ热休克因子 CtsR 发生精氨酸磷酸化后从热休克基因上解离，进而引起下游蛋白质质量控制系统 ClpCP 蛋白酶发生磷酸化，不仅能降解未正确折叠的蛋白质，而且会抑制 McsB 活性（Trentini et al，2016）。发生在组氨酸、赖氨酸和精氨酸上的磷酸化，从化学结构和性质的角度看，N–磷酸化前后蛋白质的电荷特征发生反转，从净正电荷转变为净负电荷。这种蛋白质电性本质上的改变会对蛋白质的结构和功能产生很多影响。此外，P—N 键（$-6.5k \sim -9.5$ kcal/mol）相比于 P—O 键（$-12k \sim -13$kcal/mol）具有更高的自由能，将在生物体内磷酸基团转移的阶梯队列中增加新结构。

原核生物中的"双组分系统"大量使用组氨酸的磷酸化修饰作为蛋白质功能调控的化学基础，参与细胞对外界刺激的响应和化学抗性；低等生物中存在蛋白质精氨酸磷酸化修饰介导的转录调控机制；真核生物仅细胞核内就存在约 6% 的 N-磷酸化修饰蛋白，在进化中高度保守的组蛋白 H4 的 18 位和75 位组氨酸存在 N-磷酸化修饰，且修饰区域位于调控染色体功能的 N 端和C 端核心区；组蛋白 H1 和组蛋白 H3 分别存在赖氨酸和精氨酸的修饰，但生物学功能未知，也未发现相关的激酶和酯酶；哺乳动物细胞中发挥重要功能的 G-蛋白和 KCa3.1 离子通道蛋白等都存在组氨酸的磷酸化，并与胰岛素的功能相关。

磷酸化蛋白的丰度低、离子化困难，导致难以用质谱等手段直接检测。为了解决这个问题，需要对磷酸化蛋白或肽进行富集，主要通过金属富集材料和特异性抗体来实现。Ross 等尝试利用琼脂糖凝胶固定化 Cu^{2+} 亲和色谱，成功富集了大肠杆菌蛋白质酶解产物中包含 pHis 的肽段（Napper et al，2003）。但是，Cu^{2+} 亲和纯化材料选择性差，不适合规模化分析。Clausen 等发展了在弱酸性体系下利用 TiO_2 富集 pArg 肽段的方法，并发现 pArg 参与信号通路的转导（Napper et al，2003；Hippe et al，2003）。但是这一方法无法避免 TiO_2 材料固有的对 O-磷酸化多肽的非选择性吸附，而且商品化 TiO_2 的亲水性不足，导致蛋白质酶解产物中含酸性残基的肽段的非特异性吸附。普林斯顿大学 Muir 教授课题组制备了非序列依赖性的组氨酸多克隆抗体，在大肠杆菌酶解产物中鉴定到 15 条组氨酸磷酸化肽段，对应于 14 个蛋白质（Kee et al，2014）。Hunter 教授团队制备出识别组氨酸磷酸化肽段的单克隆抗体，在哺乳动物 HEK293 细胞中鉴定到 780 个可能的组氨酸磷酸化蛋白（Oslund et al，2014）。Thompson 课题组利用相似的方法制备出精氨酸磷酸化多克隆抗体，但是尚无法用于精氨酸磷酸化蛋白组学分析（Fuhs et al，2015）。Hackenberger 课题组制备了可用于多肽固相合成的磷酸化赖氨酸合成单元（Fuhrmann et al，2015），并开发了合成位点特异性磷酸化赖氨酸修饰多肽的方法，但目前仍无法获得赖氨酸磷酸化抗体，抗体富集法难以满足规模化 N-磷酸化蛋白分析的需求。因此，亟须通过发展通用型的 N-磷酸化肽段富集方法，推动 N-磷酸化蛋白组的鉴定和功能研究。

中性富集条件是实现 N-磷酸化肽选择性高效富集的关键。Hamachi 等验证了双二甲基吡啶胺双锌分子能在中性条件下特异性识别氨基酸残基上修饰的磷酸根（Bertran-Vicente et al, 2014），已经成功应用于磷酸化肽段识别和传感研究（Ojida et al, 2004）。Ge 等制备了双二甲基吡啶胺双锌分子功能化磁性纳米颗粒，并成功用于中性条件下选择性富集 O-磷酸化蛋白（Chen et al, 2017；Hwang et al, 2015），因此研制双二甲基吡啶胺双锌分子功能化材料有望在中性条件下实现 N-磷酸化肽的选择性富集，从而避免 N-磷酸化肽段水解。然而，已发展的磁性功能纳米材料对蛋白质和肽段传质速度慢，影响 N-磷酸化肽段富集回收率。P—N 键势能很高，需要通过缩短 N-磷酸化肽的富集时间来确保回收率。研究发现，亚二微米大小的核壳硅球具有球形核壳结构和表面介孔，具有对肽段和蛋白质快速传质的能力，已成功用于蛋白质和肽段的快速分离（Tanaka and McCalley, 2015）。因此，研制中性条件下实现 N-磷酸化肽段的快速富集材料和方法是 N-磷酸化蛋白分析的关键之一。

五、第二信使分子的调控机制

从 20 世纪 60 年代发现第二信使系统开始，对含磷小分子环化磷酸腺苷（cAMP）、环化磷酸鸟苷（cGMP）为经典的第二信使研究，开启了人们在分子水平理解细胞应激反应发生、根据环境调控细胞活动并最终形成生命本质的思考和认知。通过对第二信使功能的小分子开展大量研究，包括对胞外信号向胞内信号的转导过程，以及第二信使的调控通路和其具体的分子调控机制，可以看出本学科有如下的发展特点。

（一）新型第二信使的发现，带动着学科成长

含磷小分子 cAMP、cGMP，以及 Ca^{2+}、NO 第二信使，代表了经典的第二信使研究，引领着 20 世纪 70 ～90 年代信号转导的研究风潮。由于其在众多生理病理中的重要作用，至今仍是重要的研究方向。

值得注意的是，在 60～70 年代，人们已经发现细菌或细胞中普遍存在很多小分子化合物，但功能未知。随着近 10 年来质谱技术、蛋白质组学技术、X 射线蛋白质晶体学技术的提高，这些化合物被发现参与着重要的生理活动，成为当下研究的热点，其中尤其以二体环化的核苷酸（cyclic dinucleotides）为代表，对细菌活动的各个方面有至关重要的作用。如下以环化双磷酸鸟苷

（c-di-GMP）和环化双磷酸腺苷（c-di-AMP）为例进行简要介绍。

c-di-GMP 是一种在细菌中广谱存在的小分子。1987 年，Moshe Benziman 课题组发现葡糖杆菌（*Gluconacetobacter xylinus*）通过 c-di-GMP 促进纤维素的合成。c-di-GMP 由鸟苷环化酶（DGC）催化两个 GTP 缩合形成，通过磷脂酶（PDE）降解。这两个酶控制着细胞内 c-di-GMP 的浓度。近期大量研究表明，多种环境影响因素（如光、氧气、营养缺失、抗生素及还原环境）通过影响鸟苷环化酶和磷脂酶的活性影响 c-di-GMP 的浓度，促进细胞对环境变化产生应答。c-di-GMP 的应激合成，促进多种生物学效应的发生，包括通过结合靶向蛋白结构域 PilZ、促进藻朊酸盐和生物素的生物合成；通过结合转录因子 FleQ 调节鞭毛的发生；结合 mRNA 的上游 UTR 区域，调节下游基因转录。除此之外，c-di-GMP 还调节细菌动态−静息状态及细胞周期。

c-di-AMP 是在多种细菌 [如酿脓链球菌（*Streptococcus pyogenes*）、枯草芽孢杆菌（*B. subtilis*）、沙眼衣原体（*Chlamydia trachomatis*）、金黄色葡萄球菌（*Staphylococcus aureus*）] 和部分古细菌中广泛存在的第二信使小分子化合物。2008 年，人们在研究嗜热菌海栖热袍菌（*Thermotoga maritima*）在 DNA 损伤过程中，首次发现细胞周期蛋白 DisA 具备环化酶的活性，缩合两个腺苷酸形成小分子化合物 c-di-AMP。2010 年，人们首次发现宿主细胞通过识别致病李斯特菌（*Listeria monocytogenes*）合成的 c-di-AMP，激活先天性免疫应答反应。c-di-AMP 作用多种下游靶向蛋白，包括 TetR 家族转录因子 DarR、细胞质 Ktr 型钾离子通道蛋白、组氨酸激酶 KdpD 等，调节多种细胞活动。

另一类新型含磷信号分子——Ap$_n$A 小分子家族，是由 2～6 个磷酸二酯通过 5′,5′ 键连接两个腺苷酸而形成的（图 3-15，其中 n 表示磷脂键的个数），是一类在细菌和人体中广泛存在的小分子。

Ap$_n$A 的发现是在 20 世纪 60 年代伴随着氨酰 tRNA 合成酶的研究展开的（Kisselev et al，1998；Goerlich et al，1982）。在合成氨酰 tRNA 的过程中，氨酰 tRNA 合成酶首先利用 ATP 氨酰化氨基酸，形成 AA-AMP，然后催化 AA-AMP 和相应的 tRNA 形成氨酰 tRNA（AA-tRNA）。研究发现，在应激条件下，中间产物 AA-AMP 会和 ATP、AMP、ADP 等反应，形成 Ap$_n$A 作为信号分子参与广泛的应激调节。

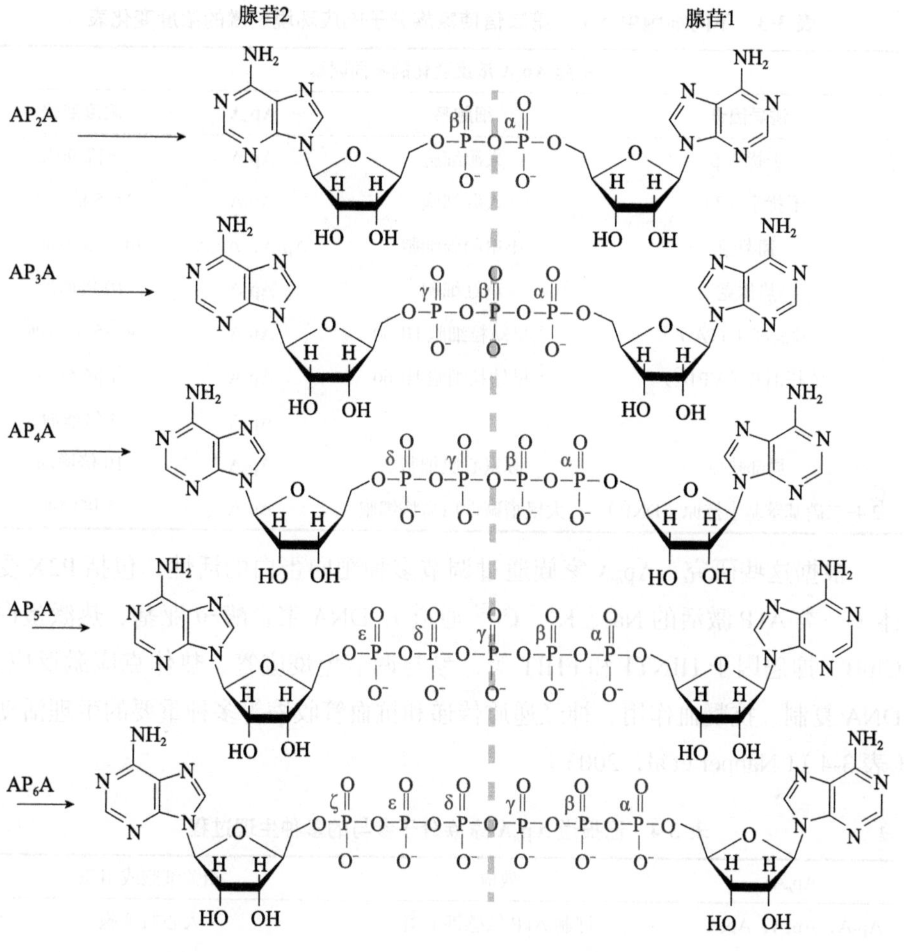

图 3-15 Ap$_n$A（n=2～6）家族第二信使分子的分子结构

Ap$_n$A 作为一类广泛存在的信号分子，通过浓度变化快速、强烈地响应外界信号，如小鼠胰腺细胞在葡萄糖处理后 Ap$_3$A 和 Ap$_4$A 浓度提高 30～70 倍；鸡红细胞在热休克处理后 Ap$_4$A 的浓度迅速提高 10 倍；哺乳动物肥大细胞在受到过敏抗原激活后细胞内 Ap$_4$A 浓度快速提高 5～10 倍；等等（表 3-3）（Kisselev et al，1998）。

表 3-3　不同细胞中 Ap_nA 第二信使家族分子响应环境刺激的浓度变化表

引起 Ap_nA 浓度变化的不同因素			
诱导因素	细胞系	Ap_nA	浓度变化
干扰素 β	人源细胞	Ap_4A	下降 90%
干扰素 α 和 γ	人源细胞	Ap_3A	3～5 倍增加
葡萄糖	小鼠胰腺细胞	Ap_3A，Ap_4A	30～70 倍增加
热休克	鸡红细胞	Ap_4A	10 倍增加
佛波酯（TPA）	人早幼粒细胞 HL60	Ap_3A	4～5 倍增加
依托泊苷（VP16）	人早幼粒细胞 HL60	Ap_3A	下降 66%
		Ap_4A	4 倍增加
局部缺血	豚鼠心肌细胞	Ap_5A	10 倍增加
2,4-二硝基苯基半抗原（DNP）	大鼠嗜碱性白血病细胞	Ap_4A	5 倍增加

根据这些研究，Ap_nA 家族通过调节多种靶向蛋白的活性，包括 P2X 受体（一类 ATP 激活的 Na^+、K^+、Ca^{2+} 通道）、DNA 聚合酶-α 亚基、热激蛋白 ClpB、抑癌因子 HINT1 和 FHIT 等，参与调节免疫应答、热休克应激反应、DNA 复制、抗凝血作用、神经递质传递和抗血管收缩等多种重要的生理活动（表 3-4）（Napper et al，2003）。

表 3-4　已报道 Ap_nA 家族分子参与的多种生理过程

Ap_nA	效应	相关细胞或组织
Ap_3A，Ap_4A，Ap_5A	抑制 ATP 敏感钾通道	人心肌细胞
Ap_3A，Ap_4A	抑制 ATP 敏感钾通道	小鼠胰腺细胞
Ap_nA（n=3～6）	激活 Erg-1 基因，促进有丝分裂，促进 DNA 合成	大鼠肾系膜细胞
Ap_3A，Ap_4A	Ca^{2+} 振荡诱导	大鼠肝细胞
Ap_4A，Ap_5A	负反馈	海马体
Ap_3A，Ap_4A	抑制精子活力	人精子细胞
Ap_3A，Ap_4A	冠状动脉灌注压降低	兔心组织
Ap_3A，Ap_4A	通过利阿诺定受体调节 Ca^{2+} 释放	肝细胞、骨骼肌细胞、心肌细胞
Ap_3A，Ap_4A	糖原磷酸化酶激活	大鼠肝细胞
Ap_nA（n=3～6）	调节血管收缩和血管舒张	大鼠肠系膜动脉
Ap_4A	拮抗 ADP 诱导的血小板聚集	人血小板和兔血小板

Ap$_n$A	效应	相关细胞或组织
Ap$_n$A（n=3～6）	增加细胞内 Ca^{2+}	人类中性粒细胞
Ap$_3$A，Ap$_4$A，ATP	激活糖质新生	大鼠近曲小管
Ap$_4$A	调控细胞分裂时间	大肠杆菌
Ap$_5$A，Ap$_6$A	延迟细胞凋亡	中性粒细胞
Ap$_4$A	调控肥大细胞激活，参与过敏反应	大鼠嗜碱性白血病细胞

（二）大量调节通路研究，分子调控机制研究相对滞后

以人们最早认识的发挥第二信使功能的含磷小分子化合物环化磷酸腺苷（cAMP）为例，cAMP 可能是被研究生物学功能最多的小分子，在 Pubmed 数据库中，有 84 384 篇文献报道其相关功能。其行使第二信使最基本的信号调节通路如下：当细胞膜上的 G 蛋白偶联受体（GPCR）识别胞外信号（第一信使）时，会激活下游腺苷酸环化酶（AC）活性，催化 ATP 脱去一个焦磷酸而生成 cAMP（图 3-16）。第二信使 cAMP 重要的下游靶点蛋白是蛋白激酶 A（PKA）。PKA 作为最早被发现的蛋白激酶之一，通过磷酸化调节下游蛋白活性，参与了广泛的生理活动，包括糖原代谢、细胞增殖、分化、神经递质传递等。PKA 全酶含有两个调节亚基和两个催化亚基，没有 cAMP 时，PKA 调节亚基结合在催化亚基上，抑制其激酶活性，形成没有功能的全酶；当 cAMP 存在时，催化亚基被释放，显示出激酶活性，磷酸化下游蛋白，级联放大信号（图 3-17）（Taylor et al，2012）。

尽管人们对 cAMP 的调节通路有了非常详细的研究（Sutherland and Rall，1958；Nolen et al，2004），但对 PKA 分子调节机制的解释还是在 2007 年，Taylor 课题组报道了 PKA 调节亚基和催化亚基的全酶晶体结构（Nolen et al，2004）。通过和 1995 年报道的 PKA 调节结构域与 cAMP 的复合物晶体结构比较，发现 cAMP 结合 PKA 的调节单元，促进 B/C 螺旋发生弯曲，形成剧烈的构象变化，破坏催化亚基的结合面，解离催化单元，进而释放 PKA 酶活（图 3-17）。这项重要报道最终从分子机制上解释为什么没有结合 cAMP 的全酶没有活性，以及 cAMP 是如何释放催化亚基这两个关键问题，距 cAMP 作为第二信使被发现时隔 50 年。

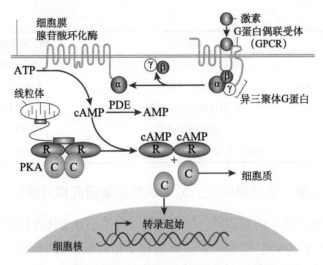

图 3-16   第二信使 cAMP 和靶向蛋白 PKA 的信号通路

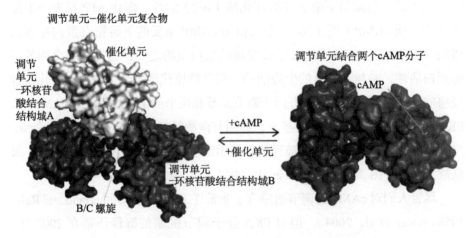

图 3-17   第二信使 cAMP 和靶向蛋白 PKA 的分子调控机制

再以另一个含磷小分子化合物——第二信使 Ins(1,4,5)P$_3$ 为例,从1988年被发现以来,约有 860 篇文献报道其相关功能。它的主要作用靶点是 1,4,5-三磷酸肌醇受体 [Ins(1,4,5)P$_3$R]。该受体是四聚的钙离子通道,当它结合 Ins(1,4,5)P$_3$ 时,会促进钙离子(Ca^{2+})从内质网释放到细胞质,瞬间增加细胞质中钙离子浓度。同时,钙离子会进一步促进 1,4,5-三磷酸肌醇受体的表达,级联放大

Ins(1,4,5)P₃-钙离子信号。然而直到 2011～2012 年，1,4,5-三磷酸肌醇受体的 NT 结构域 apo 晶体结构和 1,4,5-三磷酸肌醇复合物的晶体结构才被报道。晶体结构使人们首次看到了 Ins(1,4,5)P₃ 和其受体的识别机制，但是这种构象上的变化如何导致钙离子的流动还需要更进一步的研究。

大部分第二信使对靶向蛋白的分子调节机制仍未知，在分子水平理解第二信使的行为方式，不仅可以帮助我们理解复杂细胞活动发生的本质，还可以对药物设计提供结构基础和平台，有非常重要的意义。

我国在信号转导领域有良好的学科背景和学科优势，近年来有很多前沿进展报道。例如，清华大学发现第二信使 cGAMP 的合成酶——二核苷酸环化酶 DncV，以及其调节小分子——类叶酸代谢辅因子；北京大学首次发现在霍乱弧菌中负责特异降解第二信使 cGAMP 的磷酸二酯酶 V-cGAP1/2/3（*Vibrio cholera* c-GAMP phosphodiesterase），为抑制霍乱弧菌提供了新的靶向思路；山东大学在分子水平解析了在天然免疫反应中第二信使 c-di-GMP 识别 STING 的分子机制；中国科学院生物物理研究所发现免疫细胞的内质网受体蛋白 ERAdP 可以识别细菌第二信使 c-di-AMP，进一步激活蛋白激酶 TAK1 和 NF-κB 的转录活性，促进天然免疫的发生；等等。

第十二节　含磷药物的研究

一、含磷药物

含磷化合物在医药领域有十分广泛而成功的应用。据不完全统计，至少有 150 多种含磷药物进入临床研究阶段，其中有 70 多种药物已获批准上市，包括维生素类药物、营养补充剂、双膦酸（盐）类药物、抗病毒药物、抗肿瘤药物、抗菌药、抗高血压药物、放射性药物用作造影剂、牙科用药、肠道用药、药物溶剂/辅助药物和激素类药物等，具体分类说明如下。

（一）维生素类药物

磷酸酯的结构广泛存在于维生素及其衍生物等治疗维生素缺乏相关疾病药物的结构中（图 3-18）。

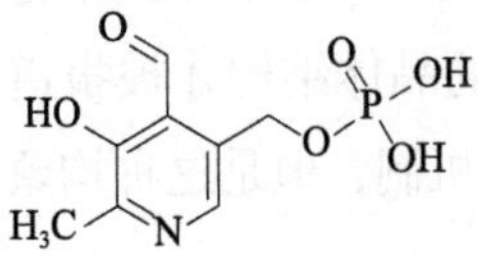

pyridoxal phosphate, PLP
5'-磷酸吡哆醛

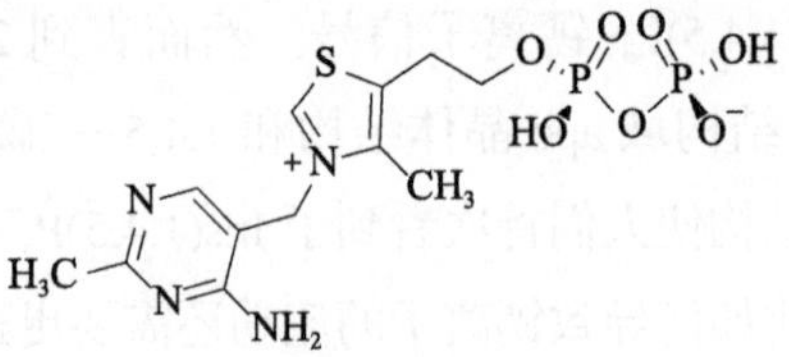

cocarboxylase
辅羧酶

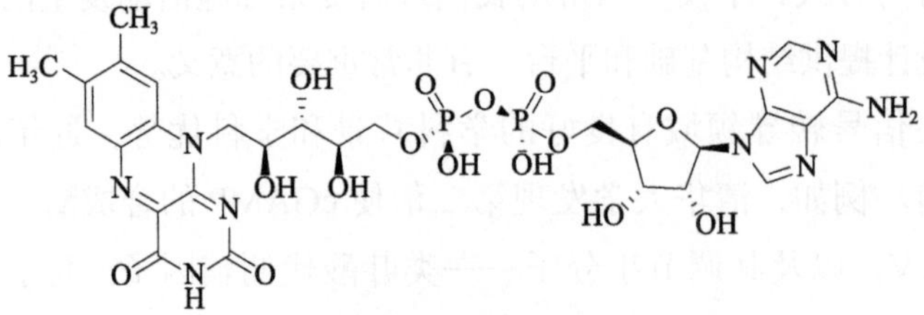

flavin adenine dinucleotide
黄素腺嘌呤二核苷酸

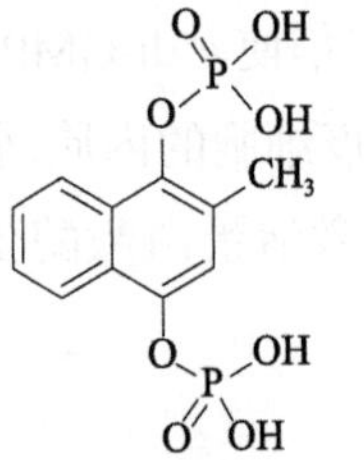

menadiol diphosphate
二磷酸甲萘氢醌

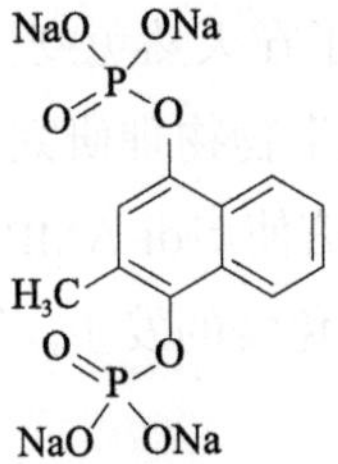

kappadione
磷钠甲萘醌

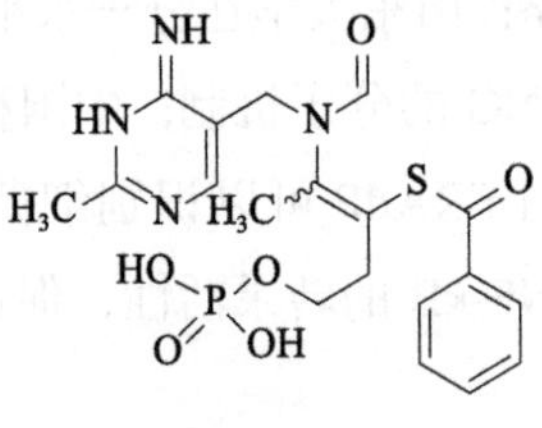

benfotiamine
苯磷硫胺

图 3-18　含磷维生素类药物

1. 氰钴胺

氰钴胺（cyanocobalamin，即维生素 B_{12}）含有一个核苷单磷酸酯的结构，它可用于治疗维生素 B_{12} 缺乏引起的一系列症状，包括恶性贫血、牙龈出血、头痛等，也可以作为食品营养剂、强化剂等。

2. 羟钴胺素

羟钴胺素（hydroxocobalamin，又称维生素 B_{12a}）是一种可注射形式的维生素 B_{12}，除可用于治疗维生素 B_{12} 缺乏症外，还可以用于氰化物中毒、Leber 视神经萎缩和中毒性弱视的治疗。它于 1949 年首次被分离出来，是世界卫生组织基本药物标注清单中的药物，也是卫生系统所需的最有效和最安全的药物。

3. 腺苷钴胺

腺苷钴胺（cobamamide）是氰钴型维生素 B_{12} 的同类物，即其氰基被腺嘌呤核苷取代，成为 5′-脱氧腺苷钴胺，它是体内维生素 B_{12} 的两种活性辅酶形式之一，是细胞生长繁殖和维持神经系统髓鞘完整所必需的物质。腺苷钴胺主要用于巨幼红细胞性贫血、营养不良性贫血、妊娠期贫血，也用于神经性疾患如多发性神经炎、神经根炎、三叉神经痛、坐骨神经痛、神经麻痹、营养性神经疾患及放射线和药物引起的白细胞减少症。

4. 甲钴胺

甲钴胺（methylcobalamin）能促进正红血母细胞的成熟、分裂，增加红细胞的产生，改善贫血状态，用于治疗缺乏维生素 B_{12} 引起的巨幼红细胞性贫血。甲钴胺常用于修复损伤的神经组织、改善神经转导速度，但单独应用的疗效并不十分满意，故临床上多联合应用。木丹颗粒联合甲钴胺可治疗糖尿病周围神经病变（DPN），其机制为甲钴胺修复受损神经，综合干预 DPN 的病理基础，故而获得较好的效果。

5. 5′-磷酸吡哆醛

5′-磷酸吡哆醛（pyridoxal phosphate，PLP）是维生素 B_6 的活性形式，在多种酶促反应中扮演辅酶的角色。在临床上能改善妊娠、呕吐、神经炎、糖尿病患者的末梢神经。

6. 辅羧酶

辅羧酶（cocarboxylase）是维生素 B_1 的辅酶形式，存在于许多动物组织中。它是丙酮酸脱氢酶复合物和酮戊二酸脱氢酶复合物中合成所需的中间体。参与催化许多有机酸的脱羧反应，可对细胞色素的活性起到促进作用。

7. 黄素腺嘌呤二核苷酸

黄素腺嘌呤二核苷酸（flavin adenine dinucleotide，FAD）是核黄素和二磷酸腺苷的缩合产物，它是各种需氧脱氢酶（如 D-氨基酸氧化酶和 L-氨基酸氧化酶）的辅酶。FAD 在催化氧化还原反应中对酶具有激活作用。其商品名为 Adeflavin，可用于维生素 B_2 缺乏引起的眼部疾病（如角膜炎和睑缘炎）的治疗。

8. 二磷酸甲萘氢醌

二磷酸甲萘氢醌（menadiol diphosphate）为维生素 K_4 的人工合成品，是人工合成维生素 K 类药物中活性最高的，可促使肝脏合成凝血酶原等凝血因子，达到止血的目的。临床上用于多种原因所致出血的止血，也用作光敏剂治疗肿瘤，该药对内脏平滑肌痉挛引起的绞痛也有明显抑制作用。

9. 磷钠甲萘醌

磷钠甲萘醌（kappadione），又称氢化甲萘醌二磷酸钠，是一种高度水溶性的维生素 K 类似物。适用于香豆素或茚满二酮衍生物引起的抗凝血诱导的凝血酶原缺乏，新生儿出血性疾病的预防和治疗，抗菌治疗引起的低凝血酶原血症，继发于限制吸收或合成维生素 K 因素的低凝血酶原血症，其他药物诱导的低凝血酶原血症。

10. 苯磷硫胺

苯磷硫胺（benfotiamine）是脂溶性维生素 B_1 的衍生物，结构上与维生素 B_1 的不同之处在于有一个开放性的噻唑环，在体内通过闭环作用形成有生理活性的维生素 B_1。苯磷硫胺改善了水溶性维生素 B_1 生物利用率低的缺点，提高了血液和组织中硫胺素的浓度，从而提高了疗效，可给肌肉、脑、肝脏和肾脏提供更多维生素 B_1。主要用于维生素 B_1 缺乏症的预防和治疗，可作为膳食补充剂，还可用于糖尿病的治疗。

（二）营养补充剂

一些含磷药物可作为营养补充剂（图 3-19）。

1. 单磷酸腺苷

单磷酸腺苷（adenosine monophosphate，AMP）是 RNA 的重要组成单元。AMP 可以用作膳食补充剂增强免疫活性，也用于治疗饮食不足或不平衡，还可以用作替代甜味剂以帮助维持低卡路里饮食。

2. 磷脂酰丝氨酸

磷脂酰丝氨酸（phosphatidyl serine，PS）是存在于细菌、酵母、植物、哺乳动物细胞中的一种重要的膜磷脂，是细胞膜的活性成分，主要存在于大脑细胞中，有改善神经细胞功能、调节神经脉冲的转导、增进大脑记忆功能

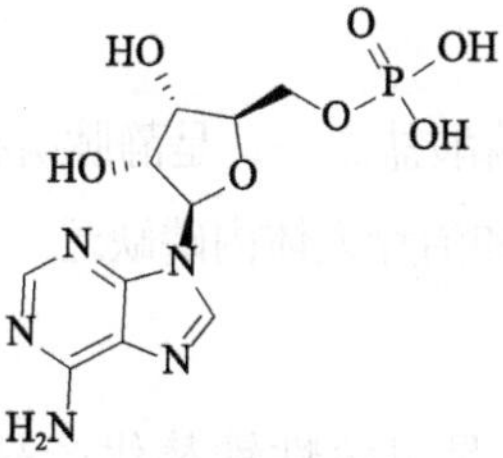

adenosine monophosphate
单磷酸腺苷

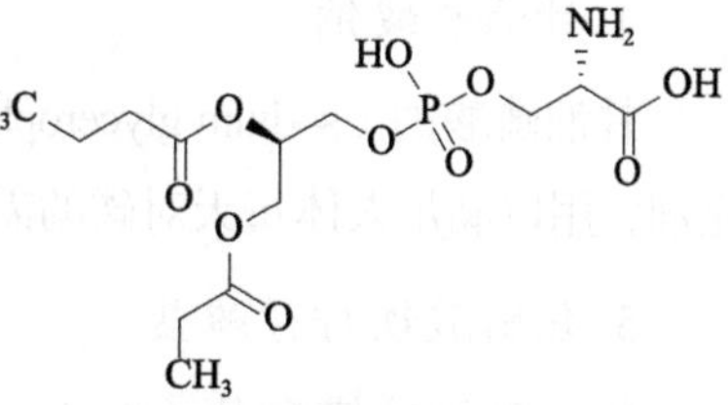

phosphatidyl serine
磷脂酰丝氨酸

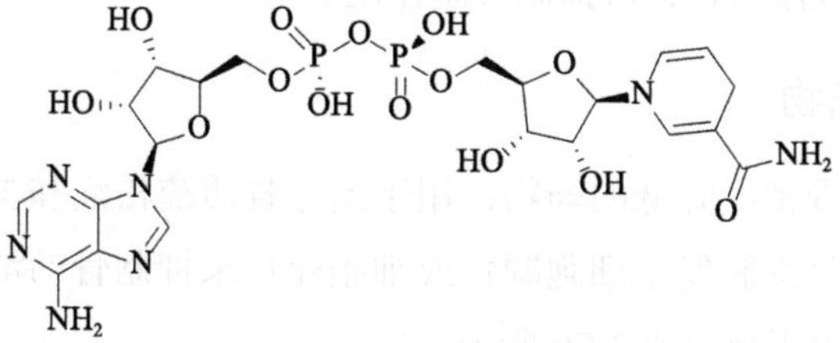

NADH
还原型烟酰胺腺嘌呤二核苷酸

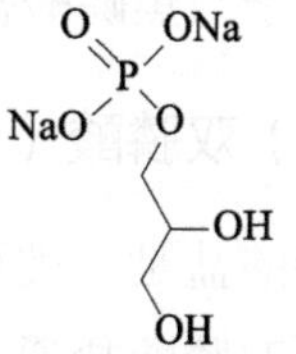

sodium glycerophosphate
甘油磷酸钠

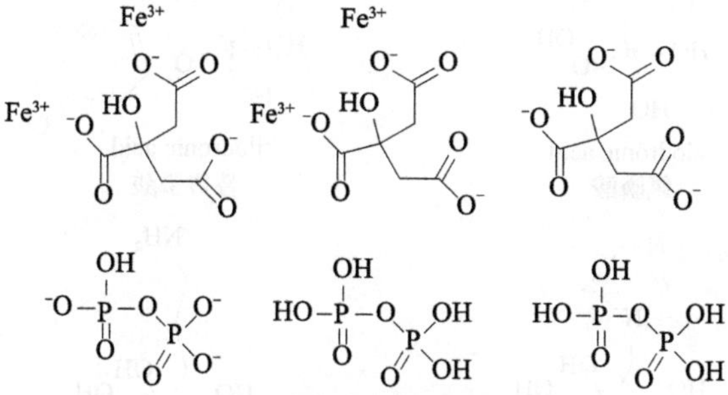

ferric pyrophosphate citrate
焦磷酸铁柠檬酸盐

图 3-19　含磷营养补充剂

的作用，被誉为继胆碱和"脑黄金"DHA 之后的一大新兴的"智能营养素"。

3. 还原型烟酰胺腺嘌呤二核苷酸

还原型烟酰胺腺嘌呤二核苷酸（NADH）是细胞内重要的辅酶，NADH 是 NAD^+ 的还原形式，NAD^+ 是 NADH 的氧化形式。它有助于帕金森病、阿尔茨海默病和亨廷顿病的治疗。健康人口服 NADH 补充剂，可提高注意力和记忆能力，以及提高运动耐力。

4. 甘油磷酸钠

甘油磷酸钠（sodium glycerophosphate）是几种甘油磷酸盐之一，是静脉磷补充剂，用以满足人体每天对磷的需要，临床上用于预防和治疗人体内磷缺乏。

5. 焦磷酸铁柠檬酸盐

焦磷酸铁柠檬酸盐（ferric pyrophosphate citrate）是可溶性铁替代产品，可用于治疗铁损或缺铁以维持血红蛋白正常水平。游离的铁有很多副作用，三价铁离子与焦磷酸盐和柠檬酸盐络合，可抑制其副作用。

（三）双膦酸（盐）类药物

双膦酸盐是一类可以防止骨密度降低的药物，用于治疗骨质疏松症和类似疾病。双膦酸盐通过促进破骨细胞发生细胞凋亡或细胞死亡来抑制骨的消化，从而减缓骨质流失。常见的药物如图 3-20 所示。

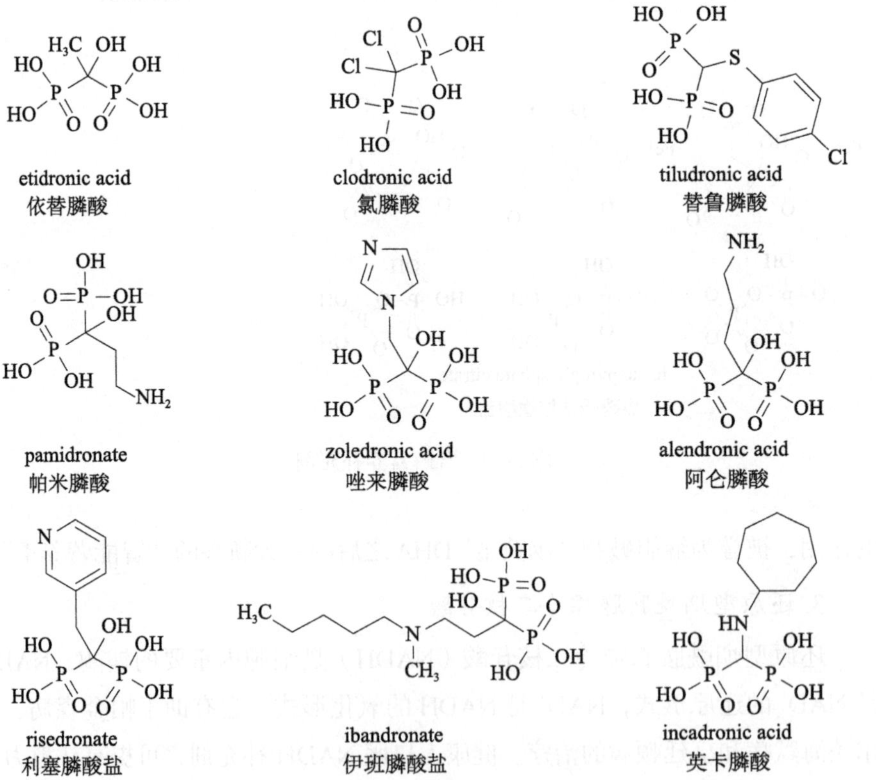

etidronic acid 依替膦酸
clodronic acid 氯膦酸
tiludronic acid 替鲁膦酸
pamidronate 帕米膦酸
zoledronic acid 唑来膦酸
alendronic acid 阿仑膦酸
risedronate 利塞膦酸盐
ibandronate 伊班膦酸盐
incadronic acid 英卡膦酸

图 3-20 常见双膦酸（盐）类药物

1. 依替膦酸

依替膦酸（etidronic acid）与氯膦酸盐和替鲁膦酸盐同属于第一代（非含氮）双膦酸，它影响钙的代谢，抑制异位钙化并减缓骨吸收和骨转换。依替膦酸可通过与细胞能量代谢中的 ATP 竞争来促进破骨细胞凋亡，导致骨破裂的整体减少。在恶性肿瘤相关的高钙血症中，依替膦酸通过抑制肿瘤诱导的骨吸收和减少从再吸收的骨进入血液的钙流来降低血清钙。它还可以通过抑制肿瘤诱导的骨吸收来降低溶骨性骨转移的发病率。

2. 氯膦酸

氯膦酸（clodronic acid）的二钠盐，是与依替膦酸盐和替鲁膦酸盐同属的第一代（非含氮）双膦酸盐，它是一种抗骨质疏松药物，具有强大的抗炎和镇痛作用，被批准用于预防和治疗绝经后妇女和男性的骨质疏松症（以减少椎骨骨折）、甲状旁腺功能亢进、恶性肿瘤中的高钙血症、多发性骨髓瘤和骨折相关疼痛。

3. 替鲁膦酸

替鲁膦酸（tiludronic acid）的特征在于在所有双膦酸（盐）共有的碱性 P—C—P 结构的碳原子上引入 4-氯苯硫基基团。在兽医学中，它被用于治疗马中的舟状病和骨质，商品名分别为 Tildren 和 Equidronate。该药物已被批准用于治疗欧洲的舟状病和跗骨远端骨关节炎，并于 2014 年被 FDA 批准用于舟状病的治疗。

4. 帕米膦酸

帕米膦酸（pamidronate）或帕米膦酸二钠（USAN），后者以商品名 Aredia 销售，是帕米膦酸二钠五水合物，属于双膦酸（盐）类药物。该药物用于治疗与恶性肿瘤相关的中度或重度高钙血症和溶骨性癌转移引起的骨痛。

5. 唑来膦酸

唑来膦酸（zoledronic acid）是由 Novartis 公司开发的，以商品名 Zometa 和 Reclast 销售的一类双膦酸药物，用于治疗变形性骨炎（Paget 病），预防多发性骨髓瘤和前列腺癌等癌症患者的骨骼骨折。它还可用于治疗恶性肿瘤的高钙血症，并可有助于治疗骨转移引起的疼痛。2007 年，FDA 还批准 Reclast 用于治疗绝经后骨质疏松症。

6. 阿仑膦酸

阿仑膦酸（alendronic acid）或阿仑膦酸盐是第二代（含氮）双膦酸类药物，用于预防和治疗女性骨质疏松症及男性和女性骨骼 Paget 病。它是美国最广泛使用的双膦酸盐类药物，这类药物由含有不可水解的 P—C—P 键的无机焦磷酸盐类似物组成。以商品名 Fosamax 等销售的阿仑膦酸或阿仑膦酸钠是用于治疗骨质疏松症、成骨不全症和其他一些骨病的双膦酸盐类药物。与其他双膦酸盐类似，阿仑膦酸盐对骨矿物质具有高亲和力，并且在破骨细胞再吸收过程中被吸收。

7. 利塞膦酸盐

利塞膦酸盐（risedronate）是一种吡啶基双膦酸盐，已获 FDA 批准用于治疗 Paget 病，该药物可抑制破骨细胞介导的骨吸收并调节骨代谢，适用于预防和治疗绝经后妇女的骨质疏松症。

8. 伊班膦酸盐

伊班膦酸盐（ibandronate）是高效能的第三代双膦酸盐类药物，可用于预防和治疗绝经后妇女的骨质疏松症。在骨质疏松症高风险人群中，双膦酸盐不仅可以增加骨骼和骨骼的强度，还可以降低髋部骨折和其他骨折的风险。伊班膦酸盐抑制破骨细胞介导的骨吸收，它对骨组织的作用部分基于其对羟基磷灰石的亲和力，羟基磷灰石是骨矿物基质的一部分。

9. 英卡膦酸

英卡膦酸（incadronic acid）是第三代双膦酸，可以抑制破骨细胞的骨吸收。它用于治疗高钙血症，以及与恶性肿瘤和骨质疏松症相关的骨骼疾病。另外，英卡膦酸盐在小鼠中具有抗肿瘤作用。在乳腺癌的大鼠模型中，双膦酸治疗可以抑制骨转移的发生和发展并减少体内肿瘤负荷。它还被认为是成人 T 细胞白血病的潜在治疗方法，其特征在于高钙血症和肿瘤诱导的骨溶解。

（四）抗病毒药物

常见含磷抗病毒药物如图 3-21 所示。

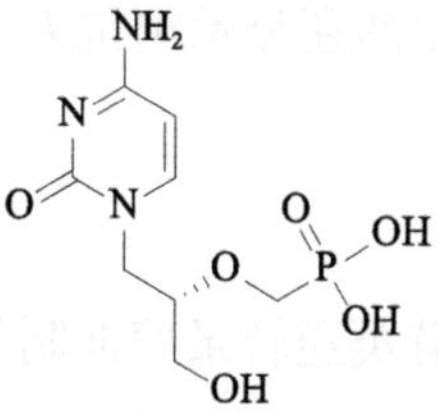

图 3-21 含磷抗病毒药物

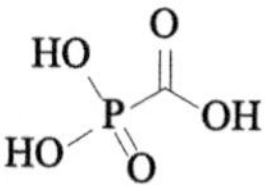

1. 西多福韦

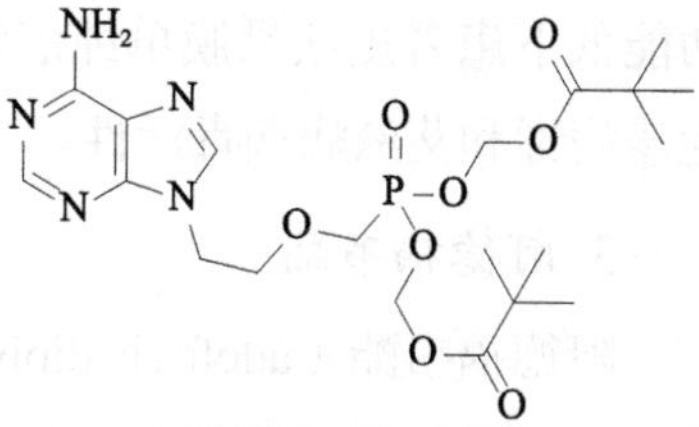

西多福韦（cidofovir）属于无环核酸类，是一种可注射的抗病毒药物，可用于艾滋病（AIDS）患者巨细胞病毒（CMV）引起的视网膜炎的治疗。它通过选择性抑制病毒 DNA 合成来抑制巨细胞病毒的复制。

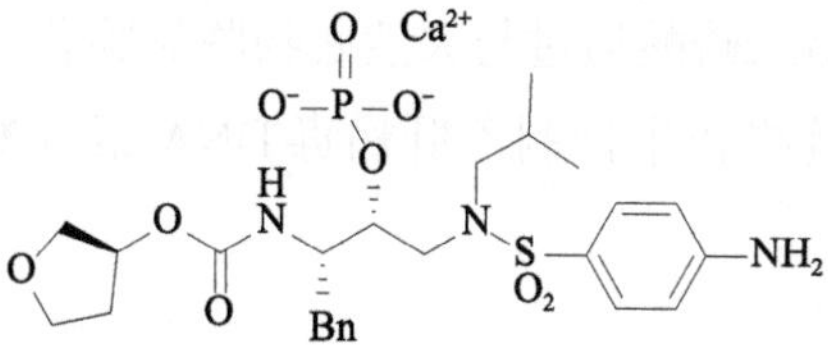

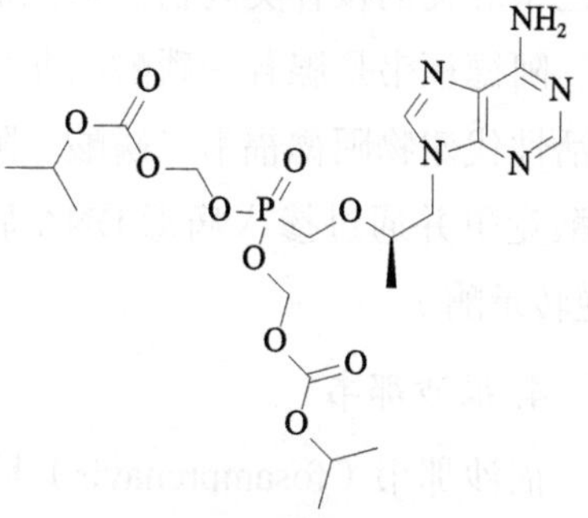

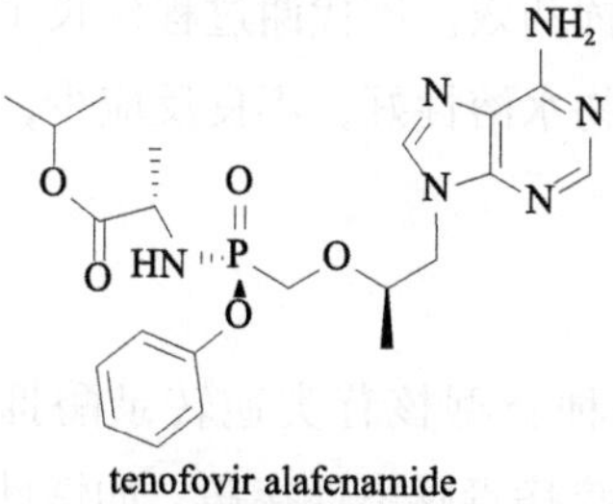

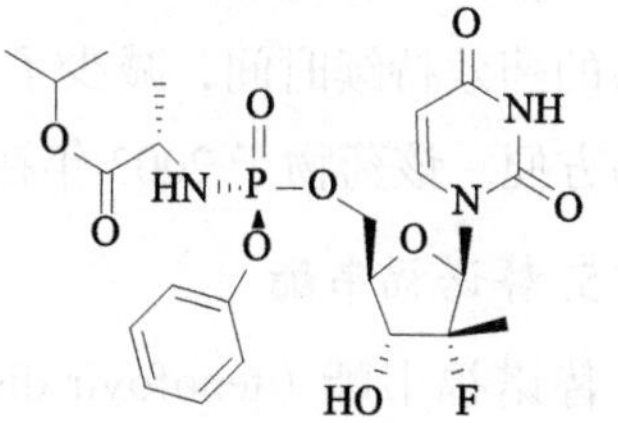

2. 膦甲酸

膦甲酸（foscarnet）是人工合成的无机焦磷酸盐的有机类似物，可用于治疗艾滋病患者的巨细胞病毒性视网膜炎，也可用于对阿昔洛韦耐药的免疫功能低下患者皮肤黏膜单纯疱疹病毒（HSV）感染。膦甲酸还显示出抗人类疱疹病毒和艾滋病病毒活性。

3. 阿德福韦酯

阿德福韦酯（adefovir dipivoxil）是一种口服非环核苷类逆转录酶抑制剂药物。它是核苷酸阿德福韦的二酯前药，是第一种应用于临床的用以治疗慢性乙型肝炎的核苷类药物。阿德福韦酯在体内水解为阿德福韦发挥抗病毒作用。阿德福韦是腺苷—磷酸的非环状核苷酸类似物，其通过细胞激酶磷酸化为活性代谢物阿德福韦二磷酸。阿德福韦二磷酸通过与天然底物脱氧腺苷三磷酸竞争并通过掺入病毒 DNA 后引起链终止来抑制乙肝病毒 DNA 聚合酶（逆转录酶）。

4. 福沙那韦

福沙那韦（fosamprenavir）是蛋白酶抑制剂和抗逆转录病毒药物安普那韦（amprenavir）的前药，临床用于 HIV 感染的治疗。它本身几乎无抗病毒活性，在被细胞磷酸酶水解成安普那韦后发挥药效。该代谢过程延长了安普那韦的药效持续时间，减少了用药量。该药物水溶性好，不良反应少，用药更为方便。该药物于 2003 年在美国上市。

5. 替诺福韦酯

替诺福韦酯（tenofovir disoproxil）是一种新型核苷类逆转录酶抑制剂（NRTI），可有效抑制多种病毒复制，用于治疗病毒感染性疾病，如慢性乙型肝炎和艾滋病。它是核苷酸替诺福韦的前药，由美国吉利德公司开发生产。替诺福韦是世界卫生组织《艾滋病治疗指南》推荐的艾滋病抗病毒一线药物，在我国被列为国家免费艾滋病抗病毒治疗一线药物。

6. 替诺福韦艾拉酚胺

替诺福韦艾拉酚胺（tenofovir alafenamide，TAF，商品名 Vemlidy）是吉利德公司开发的一种新型的替诺福韦前药，其抗病毒活性比 TDF 更高。TAF 也是以富马酸盐的形式应用于治疗 HIV 感染和慢性乙型肝炎。口服给药后，TAF 可高效地在体内转化为替诺福韦，即 5′-单磷酸腺苷的无环核苷类似物，发挥抗病毒作用。

7. 索非布韦

索非布韦（又译为索氟布韦，英文名 sofosbuvir，商品名 Sovaldi）是吉利德公司开发用于治疗慢性丙型肝炎的新药，是一种核苷酸前药类似物，其在体内可被代谢为活性形式。该药物是首个无需联合干扰素就能安全有效治疗丙型肝炎的药物，于 2013 年 12 月 6 日经 FDA 批准在美国上市，2014 年 1 月 16 日经欧洲药品管理局（EMA）批准在欧盟各国上市。美国肝病研究协会（AASLD）和美国传染病学会（IDSA）在 2016 年发表的联合建议中，建议将索非布韦与其他抗病毒药物联合用于所有六种丙型肝炎基因型。

（五）抗肿瘤药物

常见含磷抗肿瘤药物如图 3-22 所示。

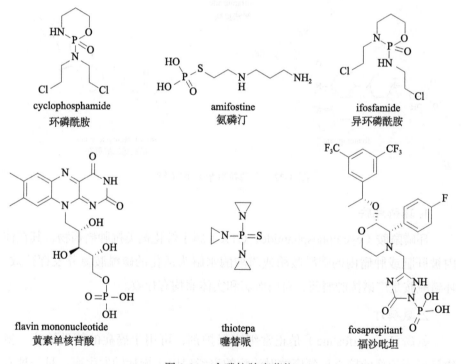

cyclophosphamide
环磷酰胺

amifostine
氨磷汀

ifosfamide
异环磷酰胺

flavin mononucleotide
黄素单核苷酸

thiotepa
噻替哌

fosaprepitant
福沙吡坦

图 3-22　含磷抗肿瘤药物

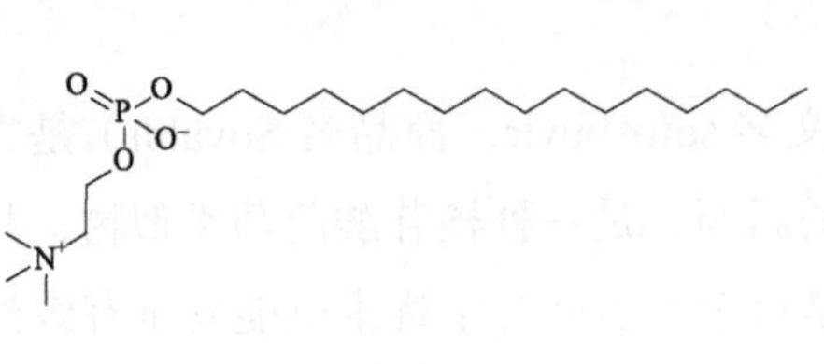

miltefosine
米替福新

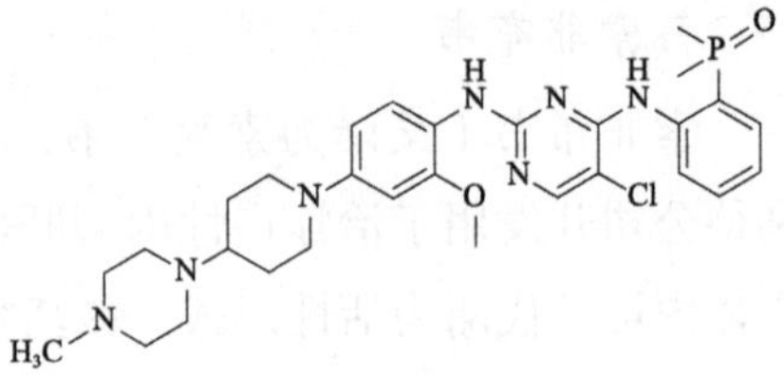

brigatinib
布吉他滨

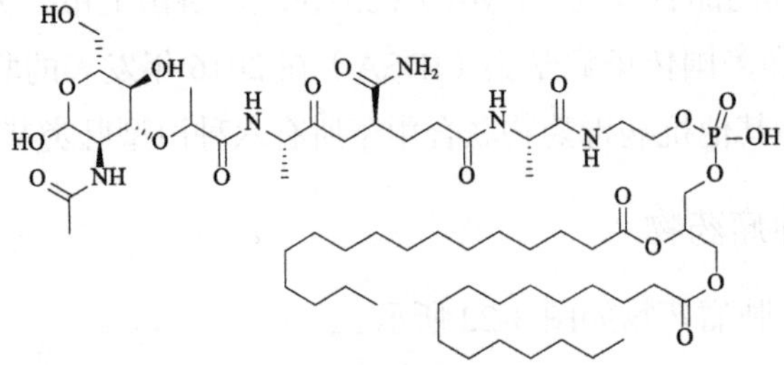

mifamurtide
米法莫肽

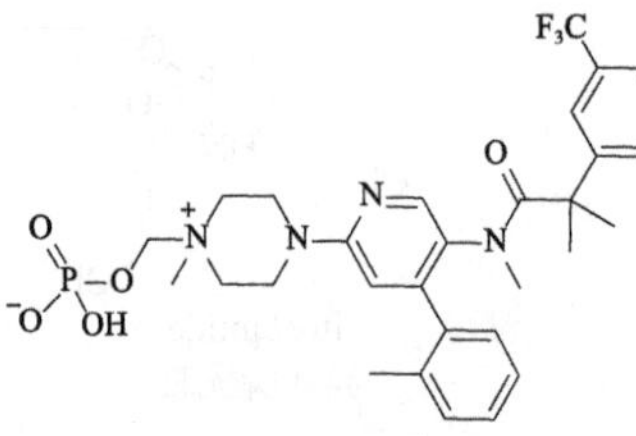

fosnetupitant

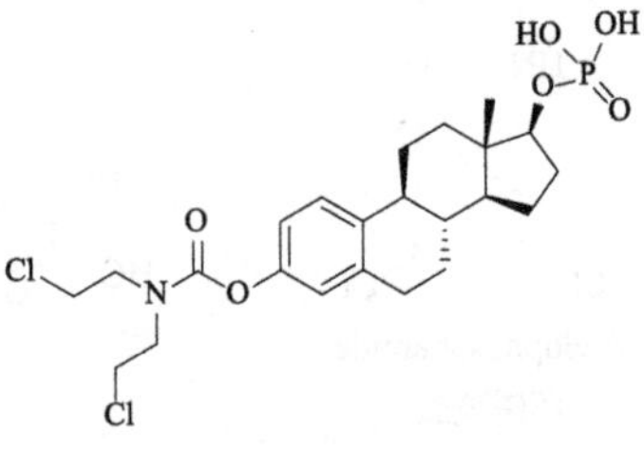

estramustine phosphate
磷酸雌二醇氮芥

图 3-22　含磷抗肿瘤药物（续）

1. 环磷酰胺

环磷酰胺（cyclophosphamide，CTX）属于烷化剂类抗肿瘤药物，其在体内被肝脏或肿瘤内的磷酰胺酶或磷酸酶水解为活化的磷酰胺氮芥发挥药效。环磷酰胺是广谱抗肿瘤药，对白血病和实体瘤均有疗效。

2. 氨磷汀

氨磷汀（amifostine）是正常细胞保护剂，可用于癌症的辅助治疗。氨磷汀可用于降低接受头颈癌放射治疗的患者口腔干燥症的发生率，是一种有机硫代磷酸酯前药，其在体内通过碱性磷酸酶水解成活性细胞保护性硫醇代谢物 WR-1065。被认为选择性保护非恶性组织是由于其较高的碱性磷酸酶活性、较高的 pH 和正常组织的血管渗透。它是一种细胞保护性佐剂，用于涉及 DNA 结合化学治疗剂的癌症化学疗法和放射疗法。它由 Clinigen Group 以商品名 Ethyol 销售。氨磷汀在治疗上用于降低由 DNA 结合化学治疗剂（包括烷化剂如环磷酰胺和含铂剂如顺铂）诱导的中性粒细胞减少相关的发热和感染的发生率。它还用于降低与含铂试剂相关的累积肾毒性。

3. 异环磷酰胺

异环磷酰胺（ifosfamide）作为抗肿瘤药可用于治疗多种癌症的化疗药物。以 Ifex 等品牌销售，是一种用于治疗多种癌症的化疗药物，包括睾丸癌、软组织肉瘤、骨肉瘤、膀胱癌、小细胞肺癌、宫颈癌和卵巢癌。异环磷酰胺于 1987 年在美国被批准用于医疗用途，它是世界卫生组织基本药物清单药物，是卫生系统所需的最有效和最安全的药物。其作用机制类似于其他烷化剂，即与 DNA 链发生不可逆的交联，干扰 DNA 的合成。

4. 黄素单核苷酸

黄素单核苷酸（flavin mononucleotide，FMN）能抑制肿瘤细胞，它是许多氧化酶的辅酶，包括 NADH 脱氢酶。

5. 噻替哌

噻替哌（thiotepa）主要用于治疗乳腺癌、卵巢癌、膀胱癌和其他实体肿瘤。作为多功能烷化剂广泛应用于肿瘤治疗，是目前临床上使用的乙撑亚胺类药物中疗效最好的广谱抗肿瘤药物之一，它还用作骨髓移植的调理剂。术后应用噻替哌滴眼剂可以抑制翼状胬肉切除术后胬肉组织增生，降低翼状胬肉的复发率。

6. 福沙吡坦

福沙吡坦（fosaprepitant）是一种静脉注射的止吐药，有助于预防与化疗相关的急性和延迟性恶心呕吐。福沙吡坦是最新上市的神经激肽 1（NK-1）受体阻断剂，也可用于预防和治疗由于服用抗癌药物而导致的恶心呕吐。

7. 米替福新

米替福新（miltefosine）的化学名称为十六烷磷酸胆碱，是一种抗肿瘤药物。其具有细胞膜靶向性，在动物试验和临床应用中均显示出显著的选择性抗肿瘤和抗原虫活性。米替福新作为抗肿瘤药物主要用于乳腺癌表皮转移的局部治疗，在抗原虫感染中主要用于皮肤和内脏利什曼病的治疗。

8. 布吉他滨

布吉他滨（brigatinib）用于治疗转移性非小细胞肺癌，是间变性淋巴瘤激酶（ALK）和表皮生长因子受体（EGFR）的可逆双重抑制剂。其在小鼠EML4-ALK异种移植模型中呈现剂量依赖性抑制肿瘤生长、肿瘤负荷和延长存活率。布吉他滨联合抗EGFR抗体使用或可突破第三代Osimertinib靶向药耐药。布吉他滨由武田制药有限公司的子公司Ariad Pharmaceuticals开发，并于2017年4月28日获得FDA批准。

9. 米法莫肽

米法莫肽（mifamurtide）的商品名为Mepact，是一种免疫调节剂，通过激活巨噬细胞和单核细胞从而具有抗肿瘤活性，该药于2009年3月在欧洲获得批准。它是一种抗骨肉瘤的药物，骨肉瘤是一种骨癌，其主要发生在儿童和青少年身上，大约1/3的致死率。该药与术后多药化疗联合使用，可以杀死剩余的癌细胞，提高患者的整体生存率。米法莫肽是胞壁酰二肽（MDP）的全合成衍生物，MDP来自分枝杆菌属物种的细胞壁，是其中最小的天然的免疫刺激成分。米法莫肽具有与天然MDP相似的免疫刺激作用，在血浆中半衰期较长。

10. Fosnetupitant

Fosnetupitant可用于治疗癌症化疗相关的急性和迟发性恶心和呕吐。它是奈妥吡坦（netupitant）的前药形式。2018年4月，美国FDA和瑞士Helsinn公司批准了AKYNZEO®（NEPA，一种由fosnetupitant 235mg和帕洛诺司琼0.25mg混合的止吐药物）的静脉配方，作为患者化疗引起的恶心和呕吐的替代治疗方案。奈妥吡坦是fosnetupitant的活性部分，是具有止吐活性的选择性神经激肽1（NK-1）受体拮抗剂。

11. 雌二醇氮芥磷酯

雌二醇氮芥磷酯（estramustine phosphate，EMP）是一种用于治疗前列腺癌的药物，在体内的主要代谢产物雌二醇和雌酮氮芥对前列腺具有特殊的亲和力，对前列腺上皮细胞具有直接细胞毒作用，能抑制前列腺癌细胞的增殖，导致前列腺癌细胞死亡，血浆半衰期为10～12日，适用于治疗晚期前列腺癌。磷酸雌二醇氮芥于 20 世纪 60 年代初被引入医学治疗，在美国、加拿大、英国、欧洲及其他地方均有使用。

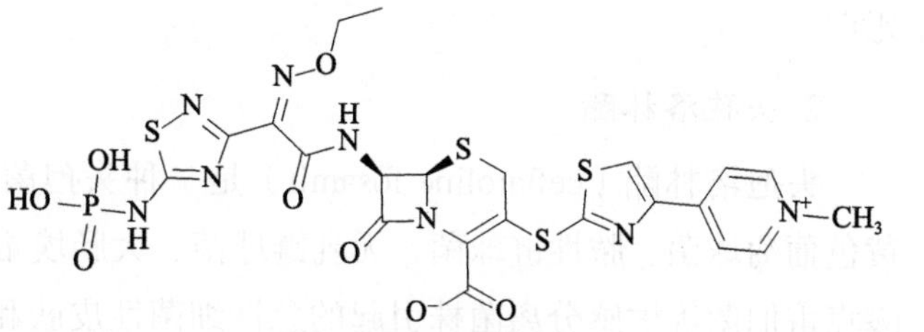

（六）抗菌药

常见含磷抗菌药物如图 3-23 所示。

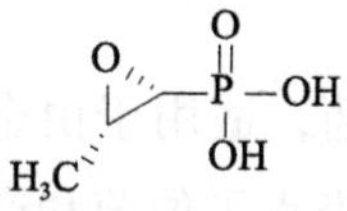

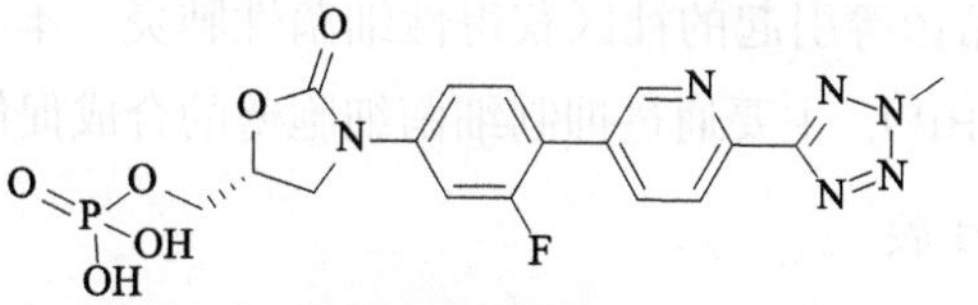

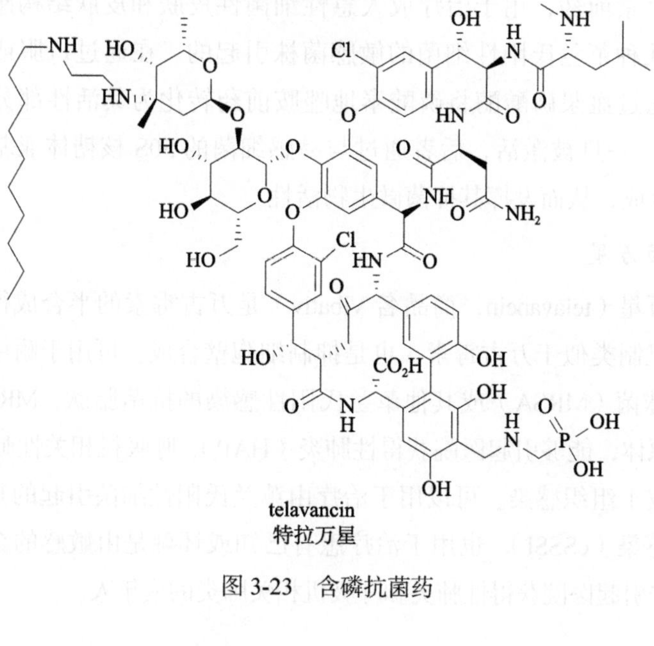

图 3-23 含磷抗菌药

1. 磷霉素

磷霉素（fosfomycin）是从弗氏链霉菌（*Streptomyces fradiae*）分离出来的一种广谱的抗生素，对革兰氏阳性菌和革兰氏阴性菌都有效，它可以浓缩在肾脏和膀胱中，用于治疗单纯性尿路感染。磷霉素还可降低含铂抗肿瘤剂的肾毒性和耳毒性。其作用机制是抑制细胞壁的早期合成，从而导致细菌死亡。

2. 头孢洛林酯

头孢洛林酯（ceftaroline fosamil）是一种头孢菌素抗菌药，适用于由金黄色葡萄球菌、脓性链球菌、无乳链球菌、大肠埃希菌、肺炎克雷伯菌和产酸克雷伯菌等敏感分离菌株引起的急性细菌性皮肤和皮肤结构感染；也可用于由肺炎链球菌、金黄色葡萄球菌、流感嗜血杆菌、肺炎克雷伯菌、产酸克雷伯菌和大肠埃希菌等引起的社区获得性细菌性肺炎。本品的作用靶点为青霉素结合蛋白（PBP），主要通过抑制细菌细胞壁的合成促使细胞死亡。

3. 磷酸泰地唑胺

磷酸泰地唑胺（tedizolid phosphate）的商品名是 Sivextro，是一种噁唑烷酮类抗生素前药，用于治疗成人急性细菌性皮肤和皮肤结构感染，这种感染是由几种革兰氏阳性细菌的敏感菌株引起的。在通过口服或静脉途径给药后，通过血浆磷酸酶将磷酸泰地唑胺前药转化为其活性部分泰地唑胺（tedizolid）。一旦被激活，后者通过与易感细菌的 50S 核糖体亚基结合来抑制蛋白质合成，从而发挥其抑菌微生物活性。

4. 特拉万星

特拉万星（telavancin，商品名 Vibativ）是万古霉素的半合成衍生物，其杀菌作用机制类似于万古霉素，也是抑制细胞壁合成。可用于耐甲氧西林金黄色葡萄球菌（MRSA）或其他革兰氏阳性感染的抗菌脂肽，MRSA 是一种重要的病原体，能够引起医院获得性肺炎（HAP）、呼吸机相关性肺炎（VAP）及皮肤和皮下组织感染。可以用于治疗由革兰氏阳性细菌引起的复杂皮肤和皮肤结构感染（cSSSI），也用于治疗患有已知或怀疑是由敏感的金黄色葡萄球菌分离株引起医院获得性肺炎和呼吸机相关肺炎的成年人。

（七）抗高血压药物

常见含磷抗高血压药物如图 3-24 所示。

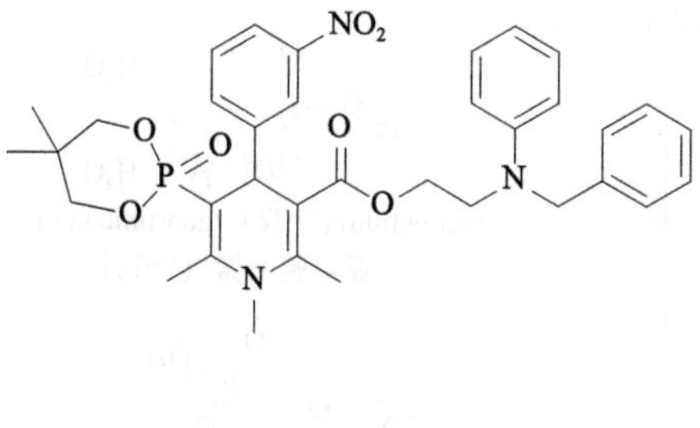

efonidipine
依福地平

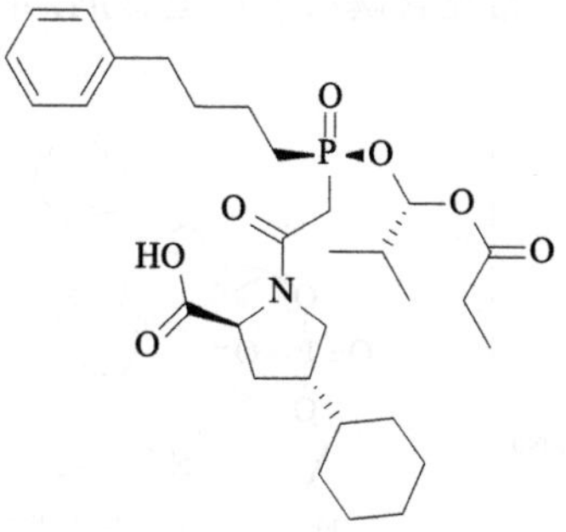

fosinopril
福辛普利

图 3-24　常用含磷抗高血压药物

1. 依福地平

依福地平（efonidipine）为新型 L-亚型和 T-亚型钙通道双重阻滞剂，药用其盐酸乙醇化物，在高血压和心绞痛治疗领域表现出比已有钙通道阻滞剂类药物更为优良的性质，如更长的半衰期、更好的亲水性和生物利用率，尤其是该药不但可用于治疗高血压及心力衰竭，对心脏和肾脏还具有保护作用。

2. 福辛普利

福辛普利（fosinopril）是一种含次膦酸酯的前药，属于血管紧张素转换酶（ACE）抑制剂类药物，可使血管阻力降低，醛固酮分泌减少，血浆肾素升高，扩张动脉、静脉，降低周围血管阻力（后负荷）和肺毛细血管楔压（前负荷），改善心排血量。口服这类药后，它迅速水解成福辛普利拉（fosinoprilat），是其主要的活性代谢产物。福辛普利拉抑制 ACE，ACE 是负责将血管紧张素Ⅰ（ATⅠ）转化为血管紧张素Ⅱ（ATⅡ）的酶。ATⅡ调节血压，是肾素-血管紧张素-醛固酮系统（RAAS）的关键组成部分。福辛普利可用于治疗轻度至中度高血压，作为治疗充血性心力衰竭的辅助手段，并且可减缓糖尿病和微量白蛋白尿或明显肾病的高血压患者的肾病进展速度。福辛普利是百时美施贵宝公司（Bristol-Myers Squibb）以商品名 Monopril 销售的唯一含有次膦酸盐的 ACE 抑制剂。

（八）放射性药物用作造影剂

常见含磷放射性造影剂如图 3-25 所示。

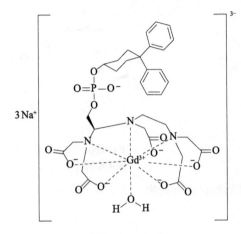

gadofosveset trisodium
钆磷维塞三钠

technetium (^{99m}Tc) medronic acid
亚甲膦酸锝 (^{99m}Tc)

samarium (^{153}Sm) lexidronam
来昔决南钐 (^{153}Sm)

technetium (^{99m}Tc) oxidronate
奥昔膦酸锝 (^{99m}Tc)

technetium ^{99m}Tc tetrofosmin
替曲膦锝 (^{99m}Tc)

technetium (^{99m}Tc) pyrophosphate
焦磷酸锝 (^{99m}Tc)

tetrofosmin
替曲膦

图 3-25　含磷放射性造影剂

1. 钆磷维塞三钠

钆磷维塞三钠（gadofosveset trisodium）是一种静脉造影剂，用于磁共振血管造影（MRA），这是一种非侵入性的血管成像方法。该试剂允许 MRA 更清楚地成像血管系统。通过这种方式，侦测狭窄或阻塞的动脉血管，可帮助诊断心脏和血管的某些疾病。

2. 亚甲膦酸锝（^{99m}Tc）

亚甲膦酸锝（^{99m}Tc）的英文名为 technetium（^{99m}Tc）medronic acid，可用作骨显像剂。与用于治疗骨质疏松症的其他双膦酸盐一样，它可以与骨内的羟基磷灰石晶体结合，并且以这种方式将药物定位于骨以描绘成骨改变的区域。在静脉内注射后，进行单光子发射计算机断层扫描（SPECT）以检测由锝-99m 衰变到锝-99 而发射的伽马射线。

3. 来昔决南钐（^{153}Sm）

来昔决南钐（^{153}Sm）的英文名为 samarium（^{153}Sm）lexidronam，是一种放射性药物，可用于研究骨转移及多发性骨髓瘤、前列腺癌和类风湿性关节炎的治疗。放射性钐在骨癌区域被吸收并发出辐射，有助于缓解疼痛。

4. 奥昔膦酸锝（^{99m}Tc）

奥昔膦酸锝（^{99m}Tc）的英文名为 technetium（^{99m}Tc）oxidronate，是诊断剂、放射性药物，由于 ^{99m}Tc 的多种化学性质，其能够产生具有特定特征的各种复合物，所以被广泛应用于诊断成像。该类药物可与钙结合，其通过骨骼闪烁扫描显示出异常成骨。

5. 替曲膦锝（^{99m}Tc）

替曲膦锝（^{99m}Tc）的英文名为 technetium（^{99m}Tc）tetrofosmin，是一种用于核心肌灌注成像的药物，主要用于评估缺血和梗死时的心肌灌注。放射性同位素 ^{99m}Tc 与两个 1,2-双 [二-（2-乙氧基乙基）膦基] 乙烷配体螯合，这两个配体属于双膦类，被称为替曲膦。该药物由美国通用医疗（GE Healthcare）和 FDA 于 1996 年 2 月 9 日批准开发。

6. 焦磷酸锝（^{99m}Tc）

焦磷酸锝（^{99m}Tc）的英文名为 technetium（^{99m}Tc）pyrophosphate，是一

种放射性核素显像剂，主要用于心脏的闪烁扫描或断层扫描，以评估坏死心肌过程的程度。它还被用于非侵入性试验，用于分析不同类型淀粉样变性的器官受累情况，以及评估四肢肌肉坏死程度。用作骨骼成像剂，还用于证明成骨改变的区域，以及用作急性心肌梗死诊断辅助的心脏显像剂，也可用于对门控血池进行成像并检测胃肠道出血。^{99m}Tc 焦磷酸锝在骨生成改变和心肌损伤的区域聚集。它还具有对红细胞的亲和力，可以对血池进行成像。

7. 替曲膦

替曲膦（tetrofosmin）是一种亲脂性阳离子剂，被动扩散并积聚在活的心肌组织中。替曲膦是为了通过产生杂原子化合物来克服放射性配体的非靶标吸收。它总是伴随着 ^{99m}Tc 作为放射性药物。替曲膦被用作 ^{99m}Tc 的复合物，用于在运动或静息条件下分开给药后对心肌进行闪烁照相成像。它有助于在没有梗死心肌的情况下描绘可逆性心肌缺血区域。该复合物还用于心肌的闪烁成像，以识别已知或疑似冠状动脉疾病患者的药理学应激引起的灌注变化，评估心脏病患者的左心室功能。

（九）牙科用药

常见含磷牙科用药如图 3-26 所示。

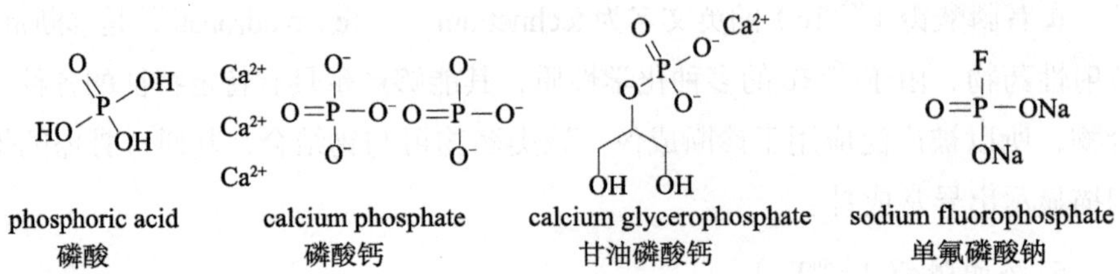

图 3-26　常见含磷牙科用药

1. 磷酸

磷酸（phosphoric acid）是一种无色无味的含磷无机酸，在牙科和口腔正畸中用作蚀刻溶液，用于清洁和粗糙化牙齿器具或填充物的牙齿表面，也可被添加于防晕药中。维生素 D 能刺激磷酸盐吸收，并在钙离子转运作用之前发挥作用。啮齿动物饮食的磷酸盐补充剂直接在进食期间或通过唾液排泄在牙齿表面上发挥其抑制作用从而降低龋齿的发生率，并且不同的磷酸盐在降低饮食中碳水化合物的致龋方面具有不同的潜力。

2. 磷酸钙

磷酸钙（calcium phosphate）通常作为非处方补充剂、抗酸剂或作为一些牙膏中的添加成分。可以用作抗结剂、酸度调节剂、营养增补剂、增香剂、稳定剂、水分保持剂。磷酸钙与胃中的酸反应以中和 pH。在牙膏中，它提供钙和磷酸根离子源以支持牙齿的再矿化。作为补充剂，它提供钙和磷酸盐的来源，这两者都是骨稳态中的重要离子。

3. 甘油磷酸钙

甘油磷酸钙（calcium glycerophosphate）可通过多种机制起作用以产生抗龋效果，包括增加牙釉质的耐酸性，增加牙釉质矿化，改变牙菌斑，充当牙菌斑中的 pH 缓冲剂，以及提高钙和磷酸盐水平。当用作电解质替代物时，甘油磷酸钙提供钙和无机磷酸盐。由于其增加的溶解度，甘油磷酸钙优于磷酸钙。与葡萄糖酸钙和磷酸钾的组合相比，甘油磷酸钙保留更多的磷酸盐，帮助增加钙存留并最终将更多的钙离子结合到骨结构中。

4. 单氟磷酸钠

单氟磷酸钠（sodium fluorophosphate）是一种优良的防龋齿剂和牙齿脱敏剂，主要用作含氟牙膏添加剂，单氟磷酸钠的水溶液具有明显的杀菌作用，对黑曲霉菌、金黄色葡萄球菌、沙门氏菌、绿脓杆菌及卡他球菌等的生长及繁殖有明显抑制作用。另外，单氟磷酸钠也被用于一些治疗骨质疏松症的药物中。

（十）肠道用药

常见含磷肠道用药如图 3-27 所示。

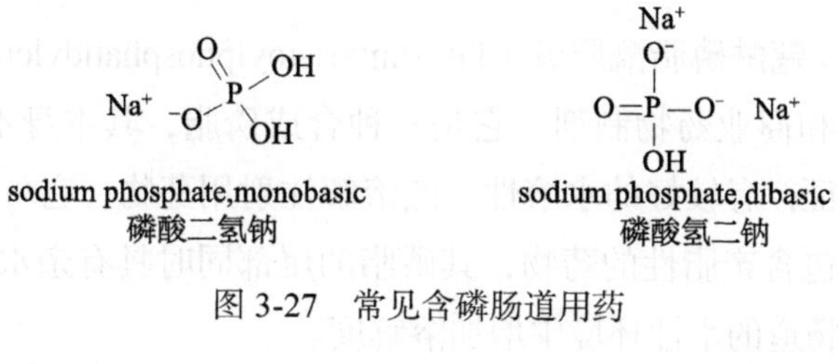

sodium phosphate,monobasic
磷酸二氢钠

sodium phosphate,dibasic
磷酸氢二钠

图 3-27　常见含磷肠道用药

1. 磷酸二氢钠

磷酸二氢钠（sodium phosphate，monobasic）是一种盐水泻药，通过增加肠腔中存在的溶质的量来起作用，从而产生渗透梯度，将水吸入肠腔，增加粪便含水量以增加通过大肠的流动性，导致排便。磷酸二氢钠用于治疗便秘或在结肠镜检查前清洁肠道。

2. 磷酸氢二钠

磷酸氢二钠（sodium phosphate，dibasic）主要用于治疗便秘或在结肠镜检查前清洁肠道，其通过增加肠腔中存在的溶质的量起作用，从而产生渗透梯度，将水吸入肠腔内，增加粪便含水量以增加通过大肠的流动性，导致排便。另外，磷酸氢二钠也可用于真性红细胞增多症、浅表肿块性质鉴别，以及神经性皮炎、慢性湿疹等的敷贴治疗。

（十一）药物溶剂/辅助药物

常见含磷药物溶剂/辅助药物如图3-28所示。

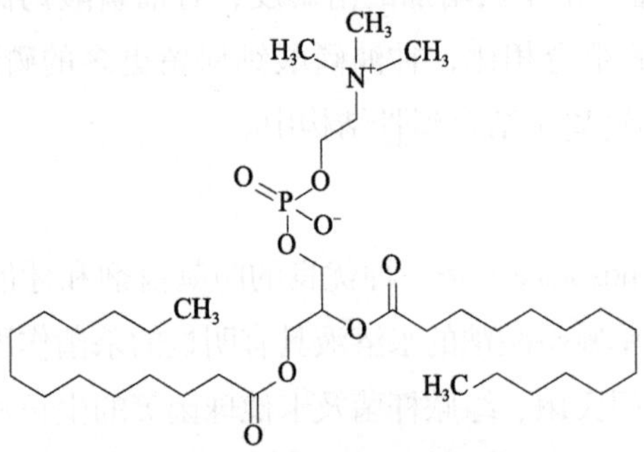

DL-dimyristoylphosphatidylcholine
DL-二肉豆蔻酰磷脂酰胆碱

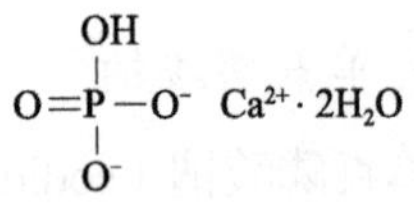

calcium phosphate dihydrate
磷酸氢钙二水合物

图 3-28　含磷药物溶剂/辅助药物

1. DL-二肉豆蔻酰磷脂酰胆碱

DL-二肉豆蔻酰磷脂酰胆碱（DL-dimyristoylphosphatidylcholine）主要用于研究生物膜和商业药物制剂。它是一种合成磷脂，其本身不是活性药剂，没有任何适应证；有较好的水溶性，能溶解注射用药物，它可以形成具有疏水性的胶束来包含亲脂性的药物，其磷脂的尾部同时具有亲水性，以保证药物在血液或胃肠道的水性环境中增加溶解度。

2. 磷酸氢钙二水合物

磷酸氢钙二水合物（calcium phosphate dihydrate）可作食品添加剂用于家

禽的辅助饲料，能促使饲料消化，同时还可治疗牲畜的佝偻病、软骨病、贫血症，是片剂和胶囊剂的稀释剂，是非处方药中钙和磷酸盐的补充剂。磷酸氢钙中的磷酸根离子可以与胃酸反应中和 pH。在牙膏和人体循环系统中，磷酸氢钙提供的钙和磷酸根离子分别促进牙齿的再矿化和维持体内平衡。

（十二）激素类药物

常见含磷激素类药物如图 3-29 所示。

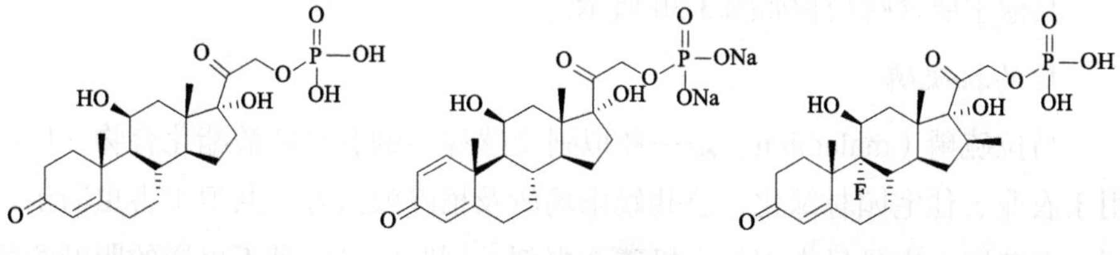

hydrocortisone phosphate
磷酸皮质醇

prednisolone phosphate
磷酸氢化泼尼松

betamethasone phosphate
磷酸倍他米松

图 3-29　常见含磷激素类药物

1. 磷酸皮质醇

磷酸皮质醇（hydrocortisone phosphate）属于肾上腺分泌的肾上腺皮质激素中的糖皮质激素，用于缓解皮质类固醇反应性皮肤病炎症，对感染性和非感染性炎症均有抑制作用。皮质醇能够与皮质醇受体结合调节并维持各种心血管、代谢、免疫和体内的平衡。局部皮质醇的免疫抑制作用，包括防止或抑制细胞介导的免疫反应、延迟性的过敏反应，能解除许多过敏性疾病的症状，抑制因过敏反应而产生的病理变化，也能抑制组织器官的移植排斥反应，对于自身免疫性疾病也能发挥一定的近期疗效。

2. 磷酸氢化泼尼松

磷酸氢化泼尼松（prednisolone phosphate）是一种糖皮质激素，主要用于过敏性与自身免疫性炎症性疾病。在药理剂量时能抑制感染性和非感染性炎症，减轻充血，降低毛细血管的通透性，抑制炎症细胞向炎症部位移动，阻止炎症介质发生反应，抑制巨噬细胞的功能，稳定溶酶体膜，阻止补体参与炎症反应，抑制炎症后组织损伤的修复等。

3. 磷酸倍他米松

磷酸倍他米松（betamethasone phosphate）是合成肾上腺皮质激素类药，具有抗炎、抗过敏、抗风湿、免疫抑制作用，主要用于治疗严重细菌感染和严重过敏性疾病、各种血小板减少性紫癜、粒细胞减少症、严重皮肤病、器官移植的免疫排斥反应、肿瘤治疗及对糖皮质激素敏感的眼部炎症。

（十三）其他应用

其他主要含磷药物如图 3-30 所示。

1. 马拉硫磷

马拉硫磷（malathion）是一种拟副交感神经的有机磷酸酯化合物，广泛用于农业、住宅园林绿化、公共娱乐场所及根除蚊虫等公共卫生害虫防治计划。在美国，它是最常用的有机磷杀虫剂。同时它是一种不可逆的胆碱酯酶抑制剂，具有较低的人体毒性，可用作治疗头虱的杀虫剂。

2. 金诺芬

金诺芬（auranofin）是一种有机金属化合物，被世界卫生组织列为抗风湿剂，商品名称为 Ridaura。用于治疗活动性、进行性或破坏性形式的关节炎，如成人类风湿性关节炎。

3. 碘依可酯

碘依可酯（echothiophate iodide）是一种强效、长效不可逆的胆碱酯酶抑制剂，可用于治疗青光眼的高眼压症、适应性内斜视、虹膜切除术后的亚急性或慢性闭角型青光眼。局部使用可增强内源性释放的乙酰胆碱在虹膜、睫状肌和其他副交感神经支配的眼结构中的作用。碘依可酯与胆碱酯酶不可逆地结合，并且由于胆碱酯酶的水解速率缓慢而长效。它引起瞳孔缩小，房水增加，眼压下降和调节增强。

4. 磷苯妥英

磷苯妥英（fosphenytoin）是一种水溶性苯妥英前药，仅用于医院治疗癫痫发作。它的作用是减缓大脑中引起癫痫发作的冲动。在肠胃外给予磷苯妥英后，通过内源性磷酸酶将磷苯妥英转化为抗惊厥的苯妥英。对于每施用 1mmol 磷苯妥英，产生 1mmol 的苯妥英。因此，其抗惊厥作用可归因于苯妥英。苯妥英作

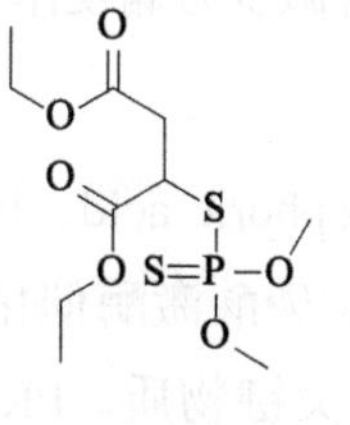

malathion
马拉硫磷

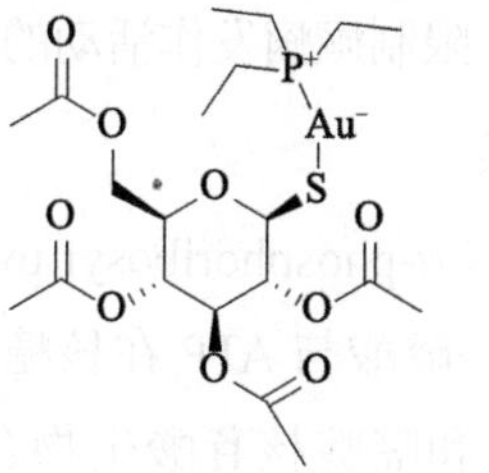

auranofin
金诺芬

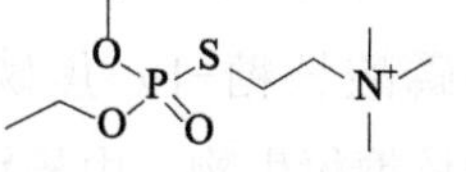

echothiophate iodide
碘依可酯

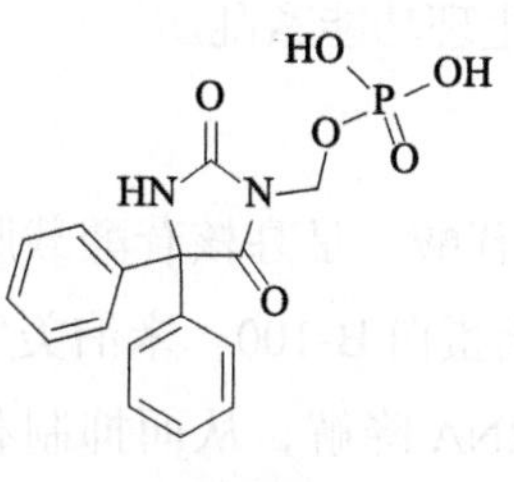

fosphenytoin
磷苯妥英

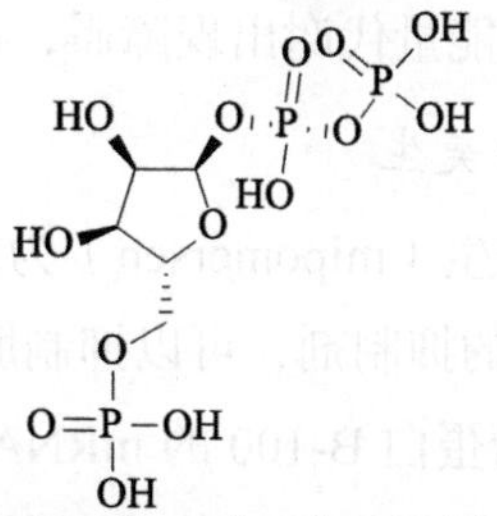

α-phosphoribosyl pyrophosphoric acid （PRPP）
5-磷酸核糖-1α-焦磷酸

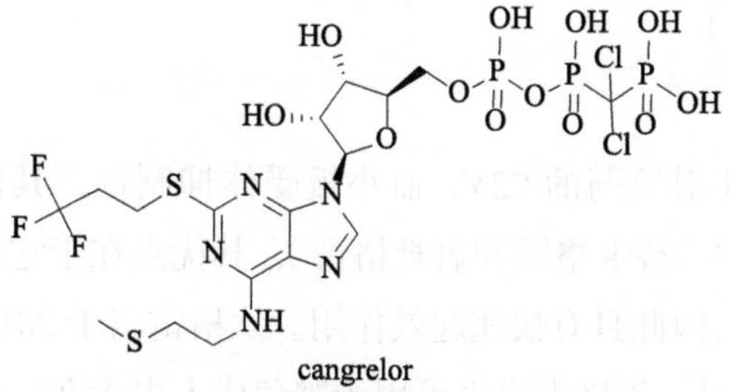

cangrelor
坎格雷洛

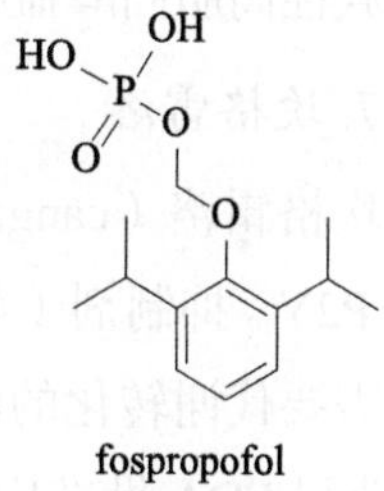

fospropofol
磷丙泊酚

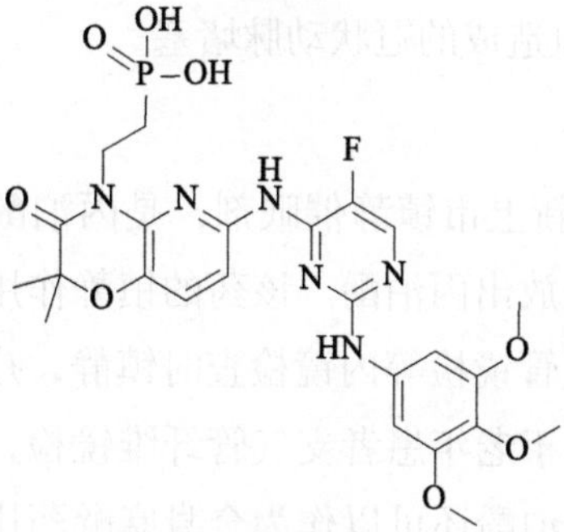

fostamatinib
福他替尼

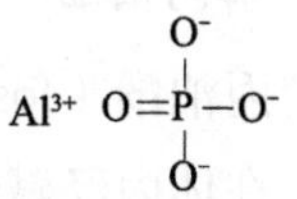

aluminium phosphate
磷酸铝

图 3-30 其他含磷药物

用于神经元细胞膜上的钠通道，限制癫痫发作活动的扩散并减少癫痫发作。

5. 5-磷酸核糖-1α-焦磷酸

5-磷酸核糖-1α-焦磷酸（α-phosphoribosyl pyrophosphoric acid，PRPP）是一种核糖衍生物，由核糖-5-磷酸与 ATP 在核糖磷酸焦磷酸激酶催化下生成，是组氨酸、色氨酸、嘌呤和嘧啶核苷酸生物合成的关键物质。PRPP 形成减少，将会损害嘌呤核苷酸的补救合成，从而导致红细胞内腺苷酸水平下降，红细胞能量代谢出现障碍，最终引起红细胞生理功能紊乱。

6. 米泊美生

米泊美生（mipomersen）为第二代反义寡核苷酸，是寡核苷酸载脂蛋白 B-100 合成的抑制剂，可以抑制肝细胞产生人载脂蛋白 B-100。米泊美生通过与编码载脂蛋白 B-100 的 mRNA 杂交导致该 mRNA 降解，从而抑制载脂蛋白 B-100 的转录翻译。作为一种新型的辅助降血脂药物，米泊美生有广阔的应用前景，可以和其他降血脂药物一起合用，治疗罕见的高胆固醇疾病纯合子家族性高胆固醇血症（HoFH）。

7. 坎格雷洛

坎格雷洛（cangrelor）是注射给药的 $P2Y_{12}$ 血小板受体抑制剂，其优于口服 $P2Y_{12}$ 抑制剂（如普拉格雷、替卡格雷和氯吡格雷），其优点在于它是一种不需要代谢转化的活性药物，因此具有快速起效作用。坎格雷洛于 2015 年 6 月获得 FDA 批准用于静脉注射。坎格雷洛也可用于避免成人患者在经皮冠状动脉介入治疗（PCI）过程中因凝血造成的冠状动脉堵塞。

8. 磷丙泊酚

磷丙泊酚（fospropofol）为一种新上市镇静催眠剂，是丙泊酚的水溶性前药，在体内经碱性磷酸酶水解后释放出丙泊酚。该药的镇静作用与剂量成正比。磷丙泊酚用于结肠镜检、支气管镜检等内镜检查时镇静，疗效、安全性和耐受性都比较好；磷丙泊酚也用于老年患者支气管纤维镜检，不仅安全有效且患者苏醒快、满意度高；磷丙泊酚还可以作为全身麻醉药用于做冠状动脉旁路移植手术患者。以后有望不断扩大适应证，增加新的用途。

9. 福他替尼

福他替尼（Fostamatinib）（R788）是活性代谢产物 R406 的前体药物，是一种 Syk(脾酪氨酸激酶)抑制剂，它作用于 ATP 结合口袋，从而抑制激酶的活性。Fostamatinib 适用于治疗对既往治疗反应不足的患者的慢性免疫性血小板减少症（ITP）。它于 2018 年 4 月 17 日以商标名 Tavalisse 批准用于 ITP，fostamatinib 也被 FDA 授予了孤儿药的地位，同时它还可以用于治疗类风湿性关节炎。

10. 磷酸铝

磷酸铝（aluminium phosphate）作为抗酸药，用于胃及十二指肠溃疡及反流性食管炎等酸相关性疾病的抗酸治疗。磷酸铝能中和缓冲胃酸，使胃内 pH 升高，从而缓解胃酸过多的症状。其中和胃酸的能力较弱而缓慢，但不引起体内磷酸盐的丢失，也不影响磷、钙平衡。凝胶剂的磷酸铝能形成胶体保护性薄膜隔离并保护损伤组织。

二、含磷药物发展趋势——核苷类药物 / 前药开发策略

核苷类药物作为中坚力量，在抗病毒、抗肿瘤等疾病的治疗中起到了巨大的作用。例如，由常俊标教授研制的新型核苷药物阿兹夫定（FNC，图 3-31），已经作为我国自主知识产权的首个双靶点抗艾滋病药物被国家药品监督管理局批准上市（2021 年 7 月 20 日）。其一般适应综合征为"用于与核苷逆转录酶抑制剂及非核苷逆转录酶抑制剂联用，治疗高病毒载量的成年 HIV-1 感染患者"。由于研制成本比国外低，阿兹夫定将能够使艾滋病患者每年的治疗费用大幅度降低。该药物已获得中国、美国、欧盟专利授权，属世界领先、国内首创的新一代治疗艾滋病药物。阿兹夫定是艾滋病病毒逆转录酶（RT）和 Vif 辅助蛋白抑制剂，为一类双靶点、新作用机制的抗艾滋病病毒新药。在体内，阿兹夫定在核苷激酶（nucleoside kinases）的催化下进一步磷酸化形成活性的核苷磷酸（FNC-TP），发挥抗病毒药效（Sun et al，2020；Chang et al，2009；Chang，2014）。

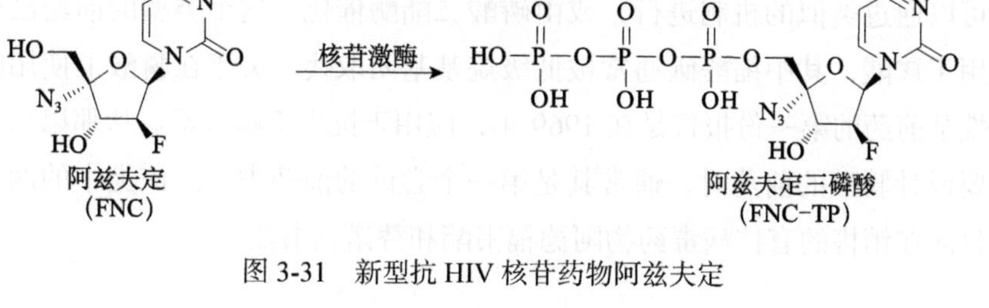

图 3-31 新型抗 HIV 核苷药物阿兹夫定

近年来，直接研究核苷类药物/前药在新药研发中的应用越来越受到药物化学家们的重视。天然核苷酸（nucleotide）是遗传物质核糖核酸（RNA）及脱氧核糖核酸（DNA）的基本结构单位。其本身也具有多种重要的生物学功能，如 ATP、脱氢辅酶等与能量代谢密切相关。将天然核苷酸的糖环和/或碱基进行修饰可以获得各种核苷类似物，后者具有各种抗病毒、抗肿瘤等活性。

核苷酸本身成药性不好，化学稳定性通常较差，且极性较大，阻碍其穿过细胞膜。药物研发时通常采用的是核苷类似物，其结构只有（脱氧）核糖和核碱基两部分。在细胞内，核苷类似物在激酶作用下逐步磷酸化，最终形成相应的活性核苷三磷酸来发挥药效。而在核苷类似物磷酸化过程中，第一步磷酸化速率较慢，经常被认定为限制步骤，导致一些核苷类似物的活性不高。鉴于此，药物化学家们设计合成了各种"保护"的单磷（膦）酸核苷，即核苷类前药。这类前药具有较好的结构稳定性，且有较好的脂溶性，能够有效地将核苷单磷酸（膦）输送到达靶细胞或组织。一旦进入细胞内，相应的保护基团就会被酶促和/或化学降解，释放出单磷酸盐形式的游离核苷酸，后者可以进一步在细胞内转化为相应的核苷三磷酸来发挥药效。

单磷酸酯前药的策略已被成功地应用于 HIV、HBV 和 HCV 等药物开发。过去的 20 多年里，已有 10 多种向细胞内递送核苷类似物前药被开发出来，下面介绍其中几种代表性的前药策略。

（一）酰氧烷基酯类前药

简单的羧酸酯在体内被羧酸酯酶迅速降解，相应的简单烷基磷/膦酸酯通常是代谢稳定的，因此作为前药没有用途。最常被使用的一种磷/膦酸酯的前药类型是酰氧基烷基酯。羧酸酯或碳酸酯的酶促裂解产生一种瞬时羟甲基中间体，中间体快速失去甲醛生成酰氧基烷基单酯（图 3-32）。单酯的水解可以通过类似的机制进行，或由磷酸二酯酶催化。这个类型的前药已被广泛用于羧酸，其中缩醛碳通常被低级烷基基团取代。关于在膦酸上使用酰氧基烷基前药的第一份报告是在 1969 年，应用于抗生素磷霉素。从那以后，当需要设计膦酸的前药时，通常其是第一个尝试的前药类型。该类中的两种药物目前在销售的有抗病毒药物阿德福韦酯和替诺福韦酯。

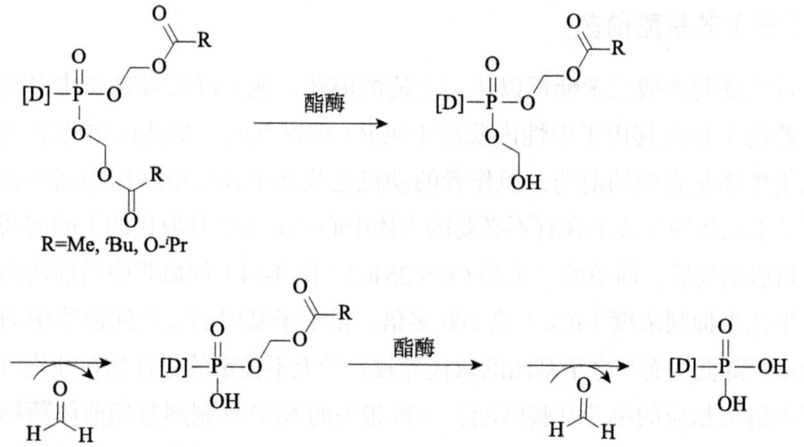

图 3-32 酰氧烷基酯类前药机制

D：Drug，药物母体

（二）*S*-酰基硫代乙酯前药

S-酰基硫代乙酯（SATE）前药已广泛应用于膦酸盐和磷酸盐。与上述前药一样，其裂解由广泛分布在血液和其他组织中的酯酶介导。硫酯的水解产生中间体硫代乙酯，其随着环硫乙烷的排除而分解（图3-33）。虽然与该副产物相关的毒性风险在很高程度上限制了SATE前药的发展，但它们已经常用于体外研究磷/膦酸盐的细胞内递送，特别是在抗病毒领域。

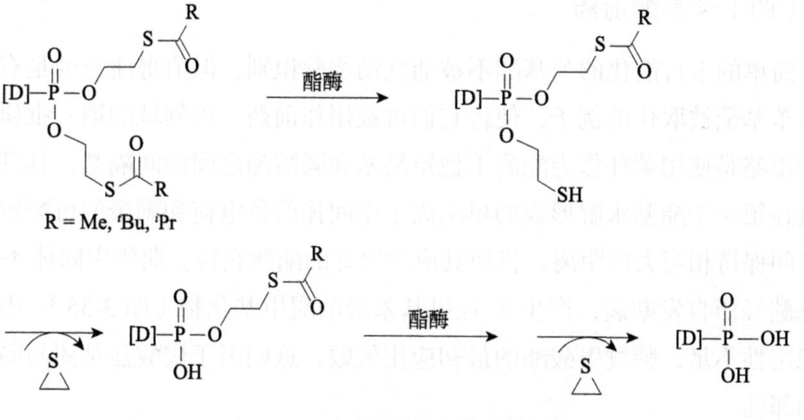

图 3-33 *S*-酰基硫代乙酯前药机制

D：Drug，药物母体

（三）芳基酯前药

首次证明膦酸二苯酯可以达到合适的前药性能（口服吸收和体内转化为活性药物）是在其用于中性内肽酶（NEP）抑制剂时。虽然简单的酰氧基烷基酯衍生物是有效的前药，但作者的动机是找到不释放甲醛作为副产物（α-亚甲基未取代的）或不含有不必要的立体中心（α-亚甲基取代的）的前药。在大鼠口服给药后，简单的二苯酯 CGS 25462（图 3-34）使血浆中活性药物的峰值水平比半抑制浓度（IC_{50}）高 200 多倍。供电子基团的取代使血浆中的活性药物水平降低，而吸电子基团的取代导致化学上不稳定的化合物在纯化过程中易于水解成相应的单芳基膦酸酯。一种相关的 NEP 抑制剂芳酯前体药物也被研究，未取代的二苯基酯 CGS 26393 提供了活性药物的最佳血浆水平。

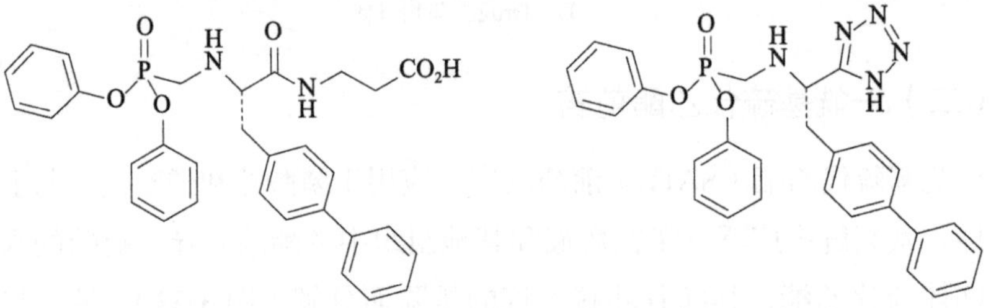

CGS 25462   CGS 26393

图 3-34　芳基酯前药机制

（四）苄基酯前药

简单的未官能化的苄基酯不被哺乳动物酶识别，但值得注意的是有一些膦酸苄基酯被取代的例子，使得它们可被用作前药。该领域的第一批研究人员的策略是使用苯环作为酯酶不稳定酰基和膦酸酯之间的间隔基，其理由是通过在第一个酯基水解形成的单阴离子中间体的负电荷和剩余的可裂解的酰基之间保持相当大的距离，将使其成为更好的酯酶底物。期望中间体 4-羟基苄基酯经历自发断裂，产生 4-羟甲基苯酚的醌甲基化物（图 3-35）。由于化学稳定性不足，膦酰甲酸酯的最初应用失败，这归因于羧酸盐基团与膦酸盐的相邻性。

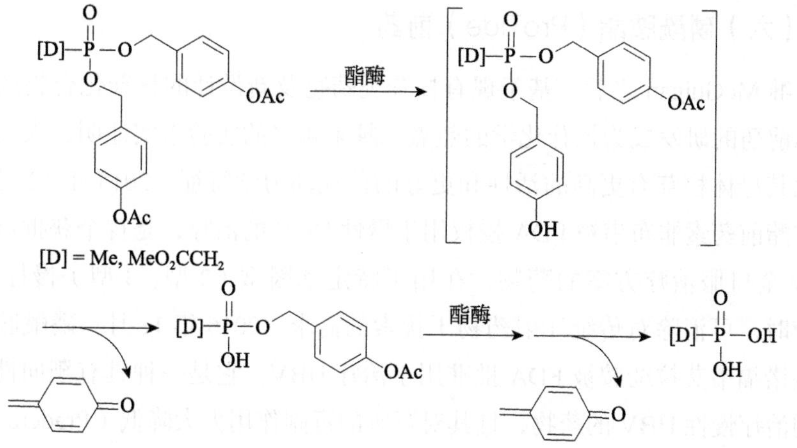

$$[D] = Me, MeO_2CCH_2$$

图 3-35　苄基酯前药机制

（五）HepDirect 前药

由于大多数核苷单磷酸酯前药在其他组织，特别是血液中过早地裂解，低效地将单磷酸（或膦酸类似物）递送至靶细胞，因此 HepDirect 前药被特别设计为在肝脏内被激活以治疗基于肝脏的疾病。靶向给药系统可以将药物有效地输送至病变部位，减少全身分布，减少药物对正常组织的毒副作用，减少用药剂量和给药次数，提高药物的治疗指数，减少不良反应。基于此，2004 年，Erion 等发展了环磷酸酯前药。该类前药在体内的代谢过程需要 P450 酶，而 P450 酶在肝脏中过表达，因此该类化合物有可能发展成为肝靶向核苷磷酸酯前药，为肝靶向药物的开发提供了一个新的思路。该类环磷酸酯前药在 P450 酶下作用机制如图 3-36 所示。但该类前药的问题是其代谢过程中会产生强致癌的 α,β-不饱和酮类化合物，可能会限制其在临床上的应用。

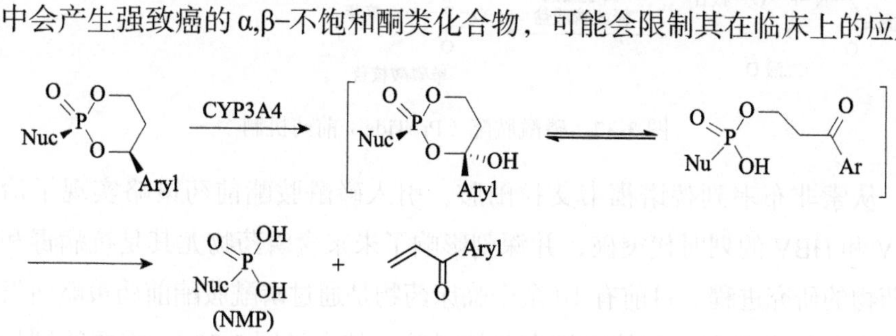

图 3-36　HepDirect 前药机制

（六）磷酰胺酯（ProTide）前药

继 McGuigan 之后，基于现有核苷类药物及新设计的核苷化合物的磷酰胺酯前药的研发成为核苷化学的热点。越来越多的实验事实证明，大多数前药比其母体核苷有更高的活性和更好的药代动力学特征。2013 年 12 月，磷酰胺酯前药索非布韦被 FDA 授权用于慢性 HCV 的治疗，是首个获批可用于 HCV 全口服治疗方案的药物，在用于特定基因型（2 型、3 型）慢性 HCV 治疗时，可消除对传统注射药物干扰素的需求。2016 年 11 月，磷酰胺酯前药替诺福韦艾拉酚胺被 FDA 批准用于治疗 HBV，它是一种具有靶向性、高效的治疗慢性 HBV 的药物，且其对肾脏的毒副作用大大降低（Pradere et al，2014；Thornton et al，2016；Mehellou et al，2018）。

但这类前药也存在一定的问题。首先，其代谢产物苯酚能引起肝脏和肾脏的损伤，对神经系统也有影响；其次，酯酶存在于血液与几乎所有的组织中，前药 A（图 3-37）在酯酶的作用下水解生成的中间体化合物 B 不稳定，一旦生成就会被继续代谢为二酸 D 或其母体核苷化合物。二酸 D 的极性很大，无法通过细胞膜进入细胞内发挥药效。

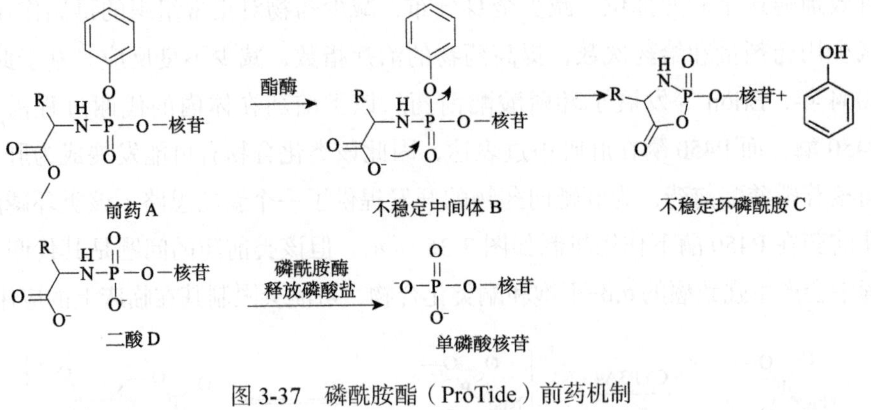

图 3-37　磷酰胺酯（ProTide）前药机制

从索非布韦到替诺福韦艾拉酚胺，引入磷酰胺酯前药策略实现了治疗 HCV 和 HBV 的划时代突破，并深刻影响了未来含磷药物尤其是抗病毒和抗癌药物的研究进程。目前有 10 余个临床药物是通过磷酰胺酯前药策略研发而成的（包括索非布韦和替诺福韦艾拉酚胺，其余见图 3-38）。需要特别指出的是，2016 年在《自然》（Nature）发表的研究成果证实在非人灵长类感染埃博拉病毒后，静脉注射磷酰胺酯前药 GS-5734（图 3-38）治疗 12 天后，被感染治疗的动物有 100% 存活率。

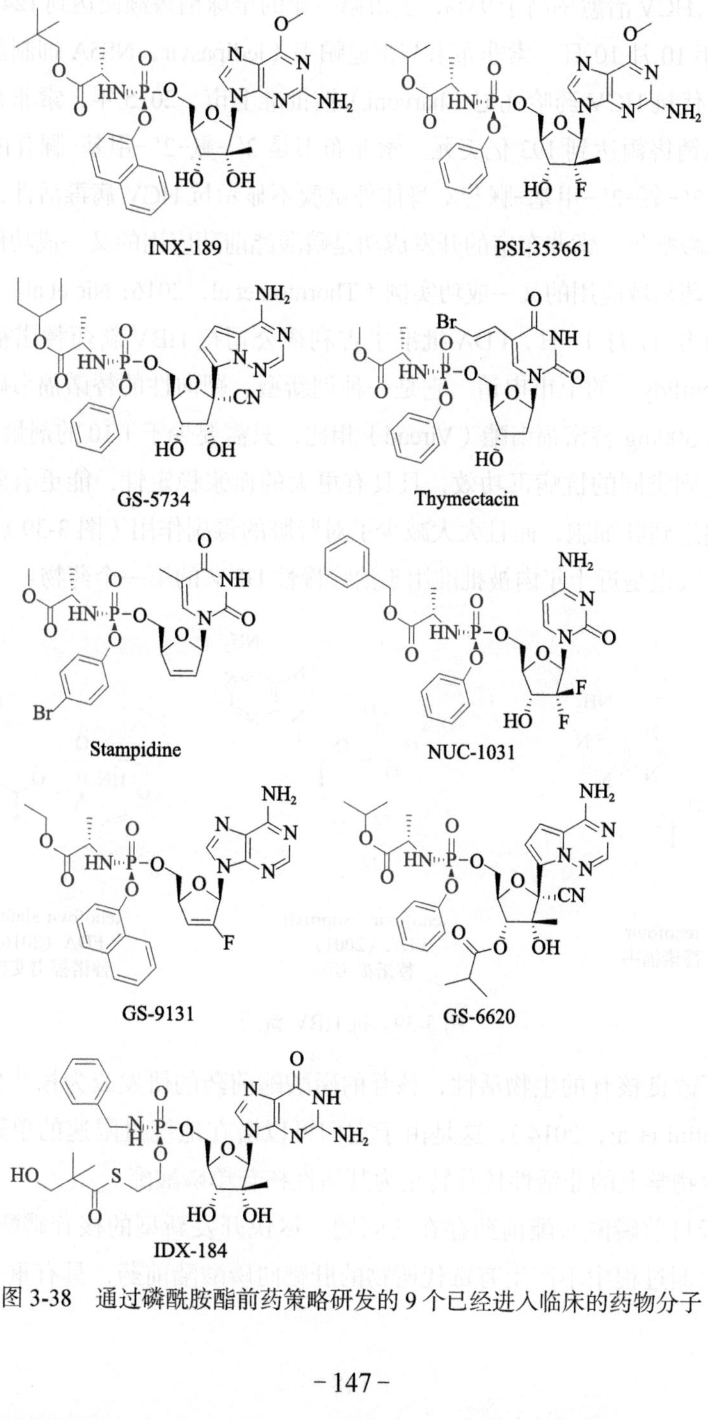

图 3-38 通过磷酰胺酯前药策略研发的 9 个已经进入临床的药物分子

2013 年 12 月 6 日，FDA 批准吉利德公司抗 HCV 新药索非布韦的上市申请，它是含氟核苷酸类似物的磷酰胺酯前药，也是一种有效的口服 NS5B 聚合酶抑制剂，HCV 治愈率高于 95%，上市第一年的全球销售额便达到 124 亿美元。在 2014 年 10 月 10 日，索非布韦与雷迪帕韦（ledipasvir，NS5A 抑制剂）合并而成的二代抗 HCV 药哈瓦尼（harvoni）被批准上市。2015 年，索非布韦和哈瓦尼的总销售额达到 193 亿美元。索非布韦是 2′-氟-2′-甲基-脲苷的膦酸酯胺前药。2′-氟-2′-甲基-脲苷本身体外试验不显示抗 HCV 病毒活性，因为它不能被磷酸酯化。索非布韦的开发成功是磷酸酯前药应用的又一成功例子，也是磷在医药领域应用的又一成功实例（Thornton et al，2016；Nie et al，2017）。

2016 年 11 月 11 日，FDA 批准了吉利德公司抗 HBV 新药替诺福韦艾拉酚胺（Vemlidy）的上市申请。它是一种创新型、靶向性的替诺福韦磷酰胺酯前药，与 300mg 替诺福韦酯（Viread）相比，只需要少于 1/10 的剂量（25mg）就可以达到类同的抗病毒功效，且具有更大的血浆稳定性，能更有效地将替诺福韦递送到肝细胞，而且大大减少了对肾脏的毒副作用（图 3-39）。替诺福韦艾拉酚胺也是近十年内被批准用于治疗慢性 HBV 的第一个药物。

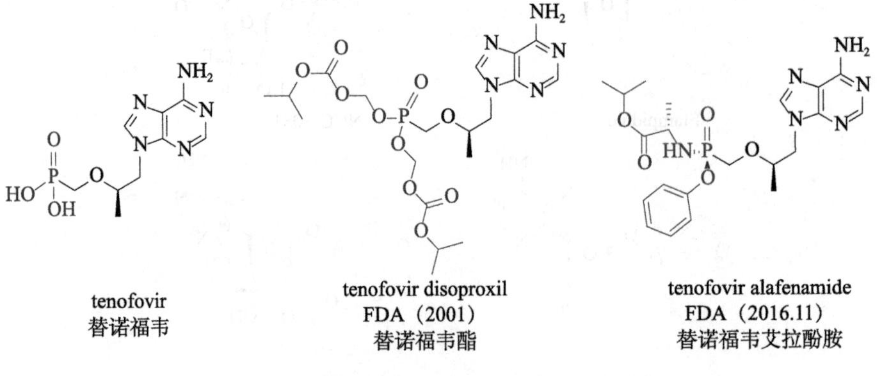

tenofovir
替诺福韦

tenofovir disoproxil
FDA（2001）
替诺福韦酯

tenofovir alafenamide
FDA（2016.11）
替诺福韦艾拉酚胺

图 3-39　抗 HBV 新药

为了改良核苷的生物活性，核苷的磷酸酯前药的研发成为核苷化学的热点（Trentini et al，2014）。这是由于它们可以潜在地绕过限速的单磷酸化步骤，将生物学上的非活性核苷转化为其活性核苷单磷酸酯。

鉴于目前磷酰胺酯前药存在的问题，尽快开发新型的核苷磷酸酯前药，特别是代谢过程中不产生有毒代谢物的肝靶向磷酸酯前药，具有重大的科学理论意义与实际应用前景。常俊标教授课题组在前期核苷类药物研究的基础上，设计合成了一系列具有自主知识产权的新型核苷磷酸酯前药（图 3-40）用于抗肝癌、抗病毒（包括 HIV、HBV、HCV）等疾病的研究（Peng et al，2016；Chang et al，2015）。该类前药结构中的苄基在细胞内被 P450 酶氧化脱去后释放出活性核苷磷酸分子。由于在肝脏中含有大量的 P450 酶，大多胺基磷酸酯前药会在肝脏中分解并释放，致使肝脏的药物浓度远高于循环系统。由于该新型前药具有显著的肝靶向特性，该前药用于治疗肝脏疾病时，其疗效会随着肝脏药物浓度的提高而大大改善治疗效果；与此同时，毒副作用又因循环系统的药物浓度大大降低而显著减小。前药分解出来的副产物是无毒的苯甲酸和氨基酸的缩合物。这种前药技术在核苷领域可望有广泛的应用。

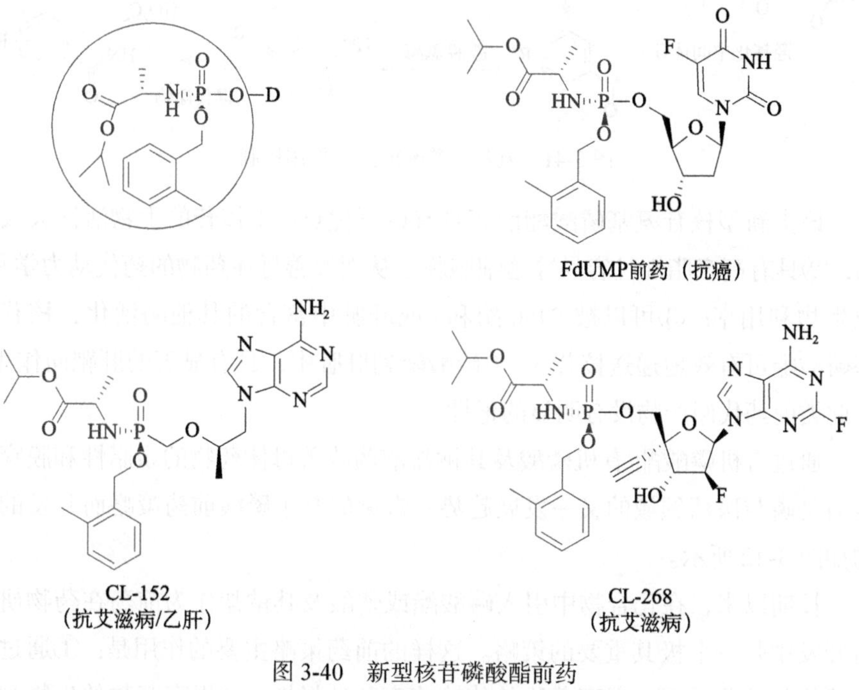

FdUMP前药（抗癌）

CL-152
（抗艾滋病/乙肝）

CL-268
（抗艾滋病）

图 3-40　新型核苷磷酸酯前药

推测所设计的氨基磷酸酯前药的作用机制如图 3-41 所示。与 McGuigan 的磷酰胺酯前药类似，前药 **E** 首先在酯酶的作用下发生氨基酸的水解得到中间体F。但与中间体B（图 3-37）不同的是，中间体 F 由于苄醇的离去能力差，因此是可以稳定存在的，只有在 P450 酶的作用下，在苄醇位置发生羟基化生成中间体 G 后才能继续代谢生成核苷单磷酸酯。代谢副产物苯甲醛可被进一步氧化为苯甲酸，进而与同在肝脏中的甘氨酸结合生成无毒的苯甲酰甘氨酸。

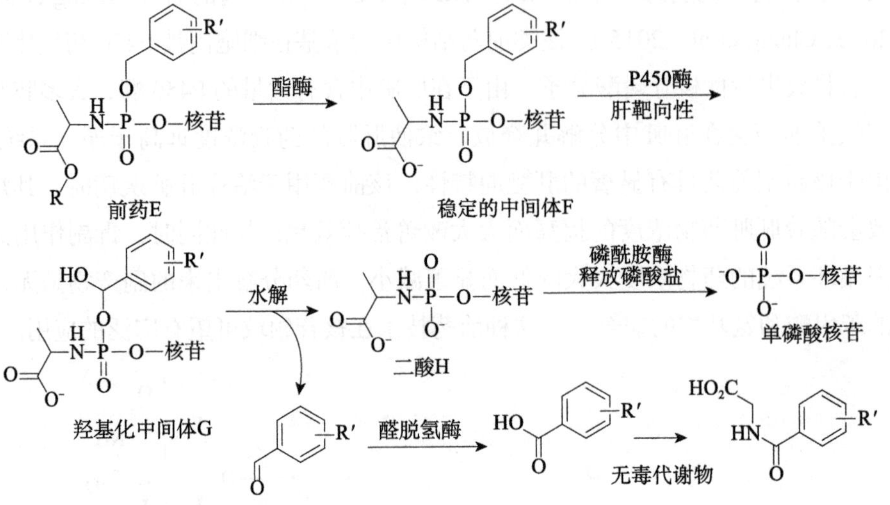

图 3-41　氨基磷酸酯前药的作用机制

该类新型核苷氨基磷酸酯前药具有以下优点：①核苷的生物活性大大提高；②具有高亲脂性且容易穿透细胞膜，从而改善母体药物的药代动力学和／或生物利用率；③可以被 P450 酶和／或肝脏中富含的其他酶活化，核苷氨基磷酸酯可有效地递送核苷 5′-单磷酸酯到肝脏中，具有显著的肝靶向作用；④此类前药代谢产物没有明显的毒性。

通过有机磷酸酯/有机磷酸及其钠盐前药改善母体药物的亲脂性和膜穿透能力是磷与医药领域的又一发展趋势。常见的基于磷酸前药策略而开发的药物如图 3-42 所示。

长期以来，在化合物中引入磷酸酯或磷酸及其钠盐作为前药在药物研究与开发中是一个极其重要的策略。这样的前药策略主要的作用是：①通过改善药物的理化性质，提高药物的传输速率和选择性；②提高药物的生物利用率；③对水溶性差的母体药物，通过磷酸酯化提高药物的水溶性；④通过改变给药方式，延长药物作用时间，方便患者；⑤通过改善脂溶性，提高细胞膜的穿透能力，提高药效；⑥降低毒性，提高治疗效果，即提高药物的安全性（图 3-43）。

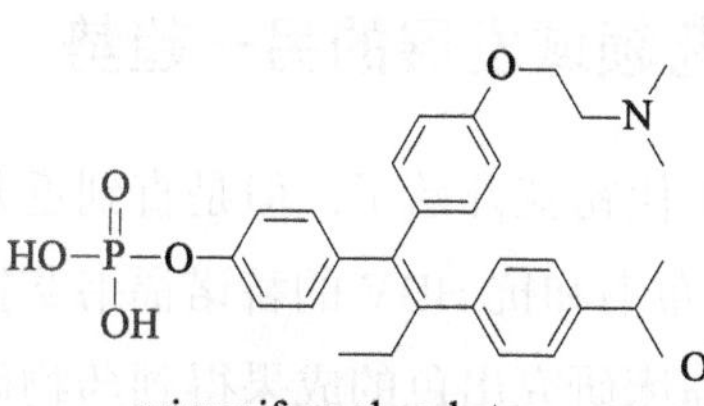

图 3-42 常见的基于磷酸前药策略开发的药物

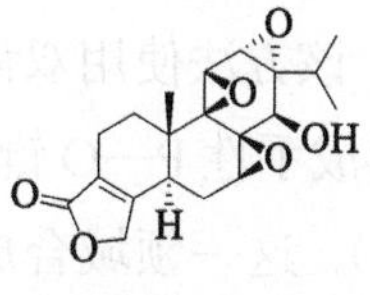

miproxifene phosphate
磷酸米泼昔酚（抗肿瘤）

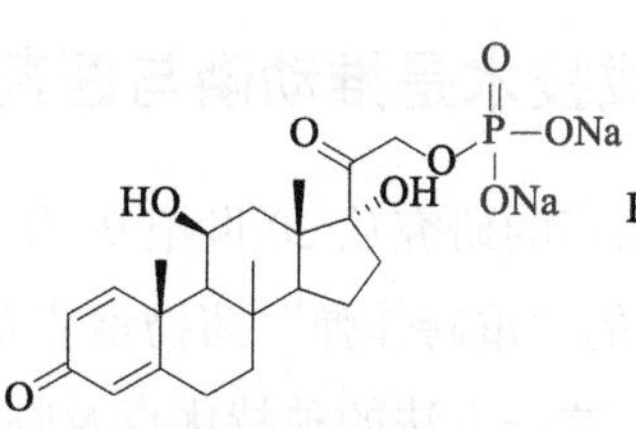

prednisolone phosphate
泼尼松龙磷酸钠（抗炎、抗过敏）

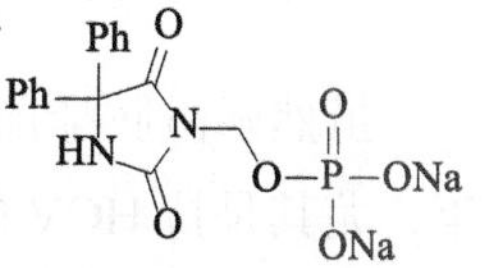

fosphenytoin
磷苯妥英（抗癫痫）

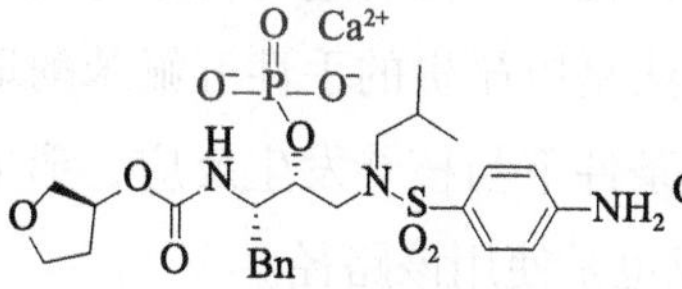

fosamprenavir Calcium
福沙那韦钙（抗HIV）

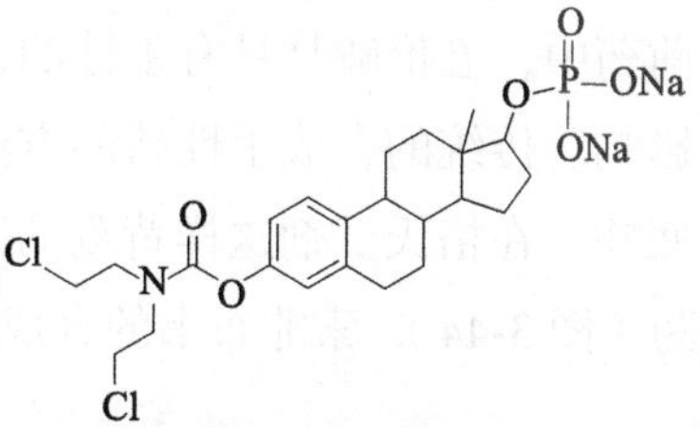

estramustine phosphate
雌二醇氮芥磷脂（抗前列腺癌）

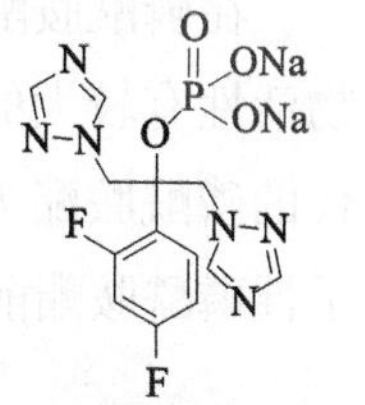

fosfluconazole
福司氟康唑（抗菌）

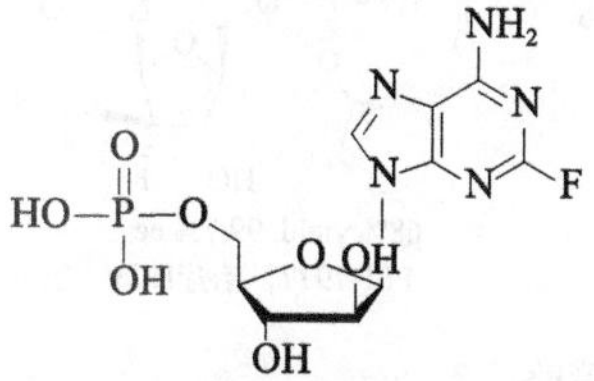

fludarabine phosphate
磷酸氟达拉滨（治疗白血病）

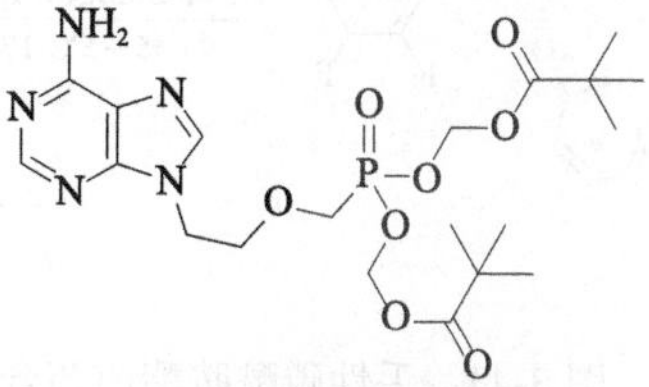

adefovir dipivoxil
阿德福韦酯（抗乙肝）

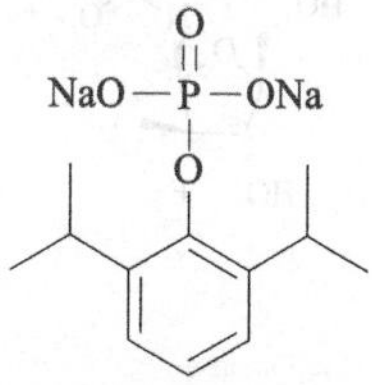

propofol phosphate
丙泊酚磷酸酯（麻醉剂）

雷公藤（triptolide）
溶解性为0.017mg/mL

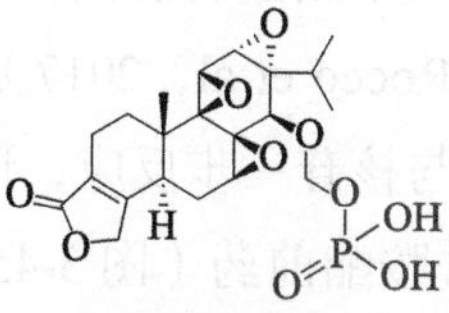

雷公藤前药
溶解性为61mg/mL

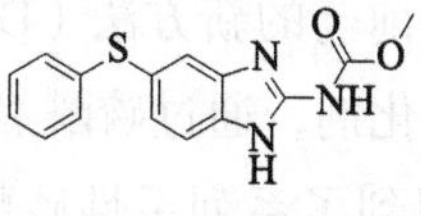

Fenbendazole
（驱虫药）

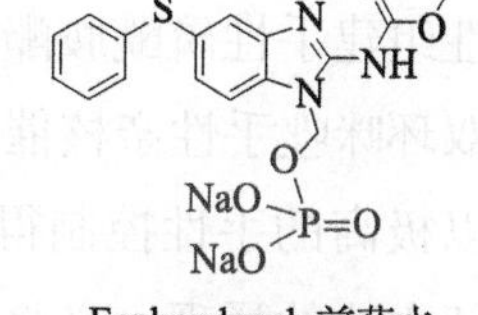

Fenbendazole前药水
溶性和稳定性提高

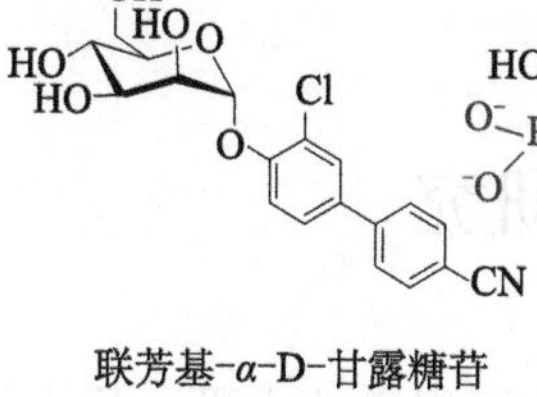

联芳基-α-D-甘露糖苷

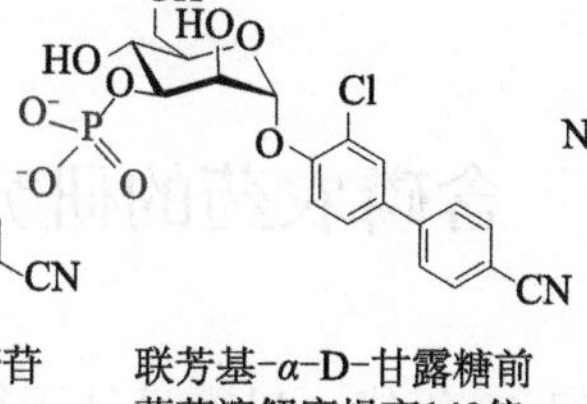

联芳基-α-D-甘露糖前
药苷溶解度提高140倍

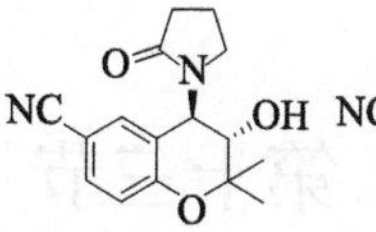

Cromakalim
（治疗青光眼）

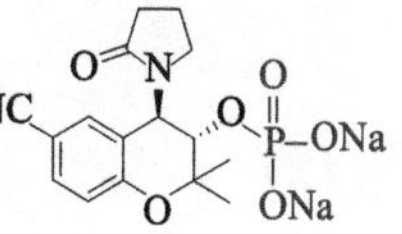

Cromakalim前药
水溶性和稳定性提高

图 3-43 引入磷酸酯或磷酸及其钠盐作为前药开发策略

三、新的合成技术是推动磷与医药领域发展的另一趋势

虽然磷酰胺酯前药的研究从 20 世纪 90 年代初就开始了，但是直到近几年，尤其是抗 HCV 的"重磅炸弹"药物索非布韦和抗 HBV 的替诺福韦艾拉酚胺的获批上市后，这一方法的独特优点及临床研究出色的成果得到药物研发科学工作者的广泛重视和肯定。

在磷酰胺酯前药中，五价磷是具有手性的，且磷手性的绝对构型对其药物活性有较大的影响。传统的合成手性磷的方法是以昂贵的手性五氟苯酚取代的磷酰胺酯为底物，在格氏试剂这样苛刻的条件下与核苷发生反应，形成手性磷酰胺酯前药（图 3-44），索非布韦的合成也是使用该路径。

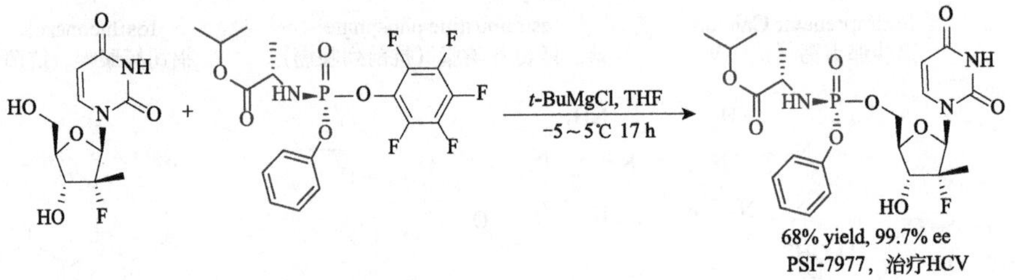

图 3-44　手性磷酰胺酯前药合成策略
yield：产率；ee：对映体过量百分比

直到 2017 年，手性磷酰胺酯前药的不对称合成技术取得了重大突破，*Science* 上刊登了默克（Merck）制药公司采用多官能团催化剂进行立体选择性组建手性磷酰胺酯前药的新方法（DiRocco et al，2017）。该方法使用双齿双环咪唑手性亲核催化剂，通过磷酰氯与核苷一步反应，形成手性 P—O 键，以极高的手性控制得到了系列手性磷酰胺酯前药（图 3-45）。这一领域合成新方法的涌现，必将推动磷科学的发展，也必将使含磷药物迎来崭新的发展局面。

第十三节　含磷农药的研究

欧美的农药创制始于 20 世纪 40 年代，目前已处于很高的水平。几十年来，欧美一直是新农药创制的主体。在世界现有的农药品种中，超过 80% 的

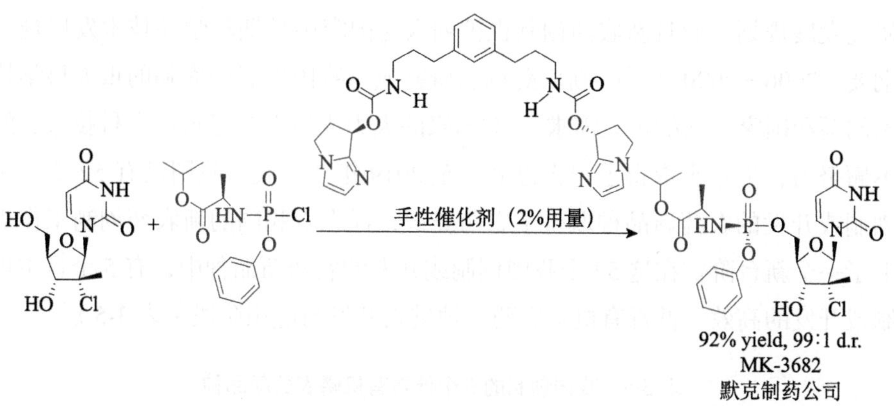

图 3-45 基于手性催化的手性磷酰胺酯前药合成策略

yield：产率；d.r.：非对映异构体比值

品种是欧美六大公司（先正达、拜耳、巴斯夫、陶氏、杜邦及孟山都）开发的。1930～1985 年，有 147 个有机磷化合物被发现，其中 35% 的有机磷化合物都是由拜耳公司开发的。

日本的农药创制虽然起步晚，始于 20 世纪 60 年代，但由于政府的介入和强有力的支持，日本国立理化研究所、京都大学、九州大学、神户大学等重点突破，使农药创制于 80 年代末进入国际先进行列。当前，韩国正使用同样的政府主导的模式奋起直追。

20 世纪 90 年代后期至 21 世纪的前 4 年，开发的重点区域从欧美转向了东亚。在 21 世纪的前 4 年中，共有 38 个农药新品种产业化，其中日本就占了 15 个，约占 40%；而在这 4 年研制的 29 个品种中（指已公布结构式），日本和韩国各占 5 个，中国 1 个，共 11 个，约占 38%。

长期以来，中国一直仿制国外农药品种。2000 年左右，我国 97% 以上的农药品种为仿制品，其中约一半集中于国外已禁用或限制使用的高毒、高污染品种。中国仿制有机磷杀虫剂的鼎盛时期是 1990～2002 年。在此期间，我国农药工业的现状可用三个 70% 来概括，即杀虫剂产量约占化学农药总产量的 70%，有机磷杀虫剂约占杀虫剂产量的 70%，有机磷高毒农药品种约占有机磷产量的 70%。这三个 70% 体现了有机磷农药在我国农药工业中举足轻重的地位，同时也反映了中国农药工业的现状与问题。

面临这种局面，我国于 2003 年首次将新农药创制研究列为国家重点基础研究发展规划，而且新农药创制也被列入《国家中长期科学和技术发展规划纲要（2006—2020 年）》。新农药创制研究成为我国发展中面临的重大科学技术问题和国家发展的重大需求。在国家的大力支持下，经过广大科技人员的不懈努力，近年来取得了很大进展。至 2019 年 7 月底，我国已有 52 个自主创制或开发的农药新品种取得了农药登记，标志着我国的新农药创制工作迈上了一个新台阶。在这 52 个我国创制或开发的农药新品种中，有 5 个自主创制或开发的高效、低毒有机磷农药品种进入开发与应用阶段（表 3-5）。

表 3-5 我国创制的 5 个低毒有机磷农药新品种

	品种	创制
有机磷植物抗病毒剂	毒氟磷	贵州大学
有机磷杀虫剂	硝虫硫磷	四川化学工业研究设计院
有机磷杀虫剂	氯胺磷	武汉工程大学
有机磷除草剂	双甲胺草磷（H-9201）	南开大学
有机磷除草剂	氯酰草膦（clacyfos, HW02）	华中师范大学

由我国自主创制或开发的 5 个有机磷农药新品种的具体情况如下。

（1）毒氟磷。贵州大学创制的毒氟磷是抗烟草花叶病毒杀菌剂，为第一个仿生合成的植物免疫激活抗病毒的新农药。毒氟磷属于低毒化合物，对眼睛、皮肤无刺激性，三项致突变试验皆为阴性。对蜂、鸟、鱼、蚕均低毒、安全。毒氟磷在有效成分 $300g/hm^2$ 剂量下，对烟草花叶病防效可达 80%，药效均明显高于对照药剂植病灵、病毒 A 和宁南霉素。由贵州大学和广西田园生化股份有限公司共同开发，并于 2016 年由农业部农药检定所（ICAMA）批准获得农药正式登记。

（2）硝虫硫磷。四川省化学工业研究设计院创制开发的硝虫硫磷是低毒有机磷类杀虫剂，是我国第一个获得临时登记的具有自主知识产权的杀虫剂。对水稻、棉花、柑橘、蔬菜、小麦、茶叶等作物的主要害虫，如蓟马、稻飞虱、红蜘蛛、矢尖蚧、棉蚜、小菜蛾等有很好的效果，在杀虫的同时有一定的杀螨作用，且对作物安全；尤其是对柑橘主要害虫——介壳虫防治效果良好，每亩 [①] 使用量仅为 6~9g，并于 2008 年由 ICAMA 批准获得农药正

---

① 1 亩≈666.7m²。

式登记。

（3）氯胺磷。武汉工程大学开发的低毒有机磷杀虫剂氯胺磷，具有触杀、胃毒、熏蒸作用（李坚等，2005），对我国重要的作物害虫水稻螟虫具有良好的防治效果，防效与甲胺磷相当，并且毒性和成本均低于甲胺磷。曾于2005年由ICAMA批准获得农药临时登记。

（4）双甲胺草磷。南开大学创制的水旱两用除草剂双甲胺草磷（禾阔乐）是低毒类有机磷类化合物。在有效成分 $750\sim1125g/hm^2$ 的剂量下，对水稻田、蔬菜田的一年生单双子叶杂草马唐、稗草、反枝苋、藜、狗尾草、鸭舌草、苋、铁苋菜、野慈姑等具有较好的防除效果。曾于2005年由ICAMA批准获得农药临时登记。

（5）氯酰草膦。华中师范大学创制的除草剂氯酰草膦（clacyfos，HW02）是低毒类有机膦酸酯类化合物。该品种为选择性除草剂，对禾本科作物安全性好，可以作为草坪、小麦、水稻、玉米田除草剂进行应用开发，也可用于果园、茶园及非耕地的除草。每公顷使用量为 $450\sim600g$，对双子叶杂草防效优异，杀草谱较广，持效期长，同时能兼治莎草科及蕨类杂草。对蜂、鸟、鱼、蚕均为低毒，对生态环境安全，曾于2007年由ICAMA批准获得农药临时登记。

最新版《农药手册》（The Pesticide Manual）（17版）收录了世界范围内的862个农药品种，其中由中国创制的农药品种为16个，包括杀菌剂9个，杀虫、杀螨剂6个，除草剂1个，表明中国已进入新农药创制研究的世界行列。由 Pesticide Manual（第16版和第17版）收录的唯一——个中国创制除草剂为华中师范大学创制的氯酰草膦（Turner，2015），该品种是首个以丙酮酸脱氢酶为靶标具有实用价值的有机磷除草剂。在2018年8月1日由世界农药巨头杜邦公司公布的全球最新开发应用的150种农业化学品中，有三个有机磷农药——氰咪唑硫磷（lmicyafos）、精草铵膦（Glufosinate-P）和氯酰草膦。氯酰草膦是唯一被收录的中国创制的有机磷农业化学品，表明我国本学科的农药创制研究已进入世界新农药创制研究的行列。

近年来，中国在农药创制研究方面取得了很大进展，为我国进一步开展对人类和环境友好的有机磷农药新品种创制研究奠定了良好基础。我国有机磷农药的原料、中间体系统较完备，化工基础好。利用我国的磷资源，倡导和加强高效、低毒、低残留、环保型的自主创新有机磷新品种的研发也是我国磷化工重点发展的方向。

最具有商业价值的有机磷杀虫剂的结构类型多为有机磷酸酯类衍生物。从磷科学在农药领域中的发展趋势而言，由于安全性问题，国际上对此类有机磷酸酯杀虫剂的创新性研究已在 1985 年到 20 世纪 90 年代前后便已逐渐进入低潮或终止。但值得注意的是以草甘膦为主的低毒有机膦酸酯除草剂得到更广泛的应用，销售额遥遥领先。近几年，具有膦酸酯结构的草甘膦和具有次膦酸酯结构的草铵膦几乎占据世界除草剂总量的 50% 以上，显示了有机磷除草剂的重要地位。

第十四节　磷科学战略联盟的建立基础

我国有众多研究者从事磷科学相关研究，其中赵玉芬团队首创了"磷酰化氨基酸是蛋白质和核酸的共同起源"的科学假说和理论体系，极大地推动了世界磷化学和生命化学的进步。2016 年 6 月，在第 21 届国际磷化学大会上，赵玉芬教授荣获 2015 年阿布佐夫奖。阿布佐夫奖是磷化学研究领域的最高国际奖项，迄今全球已有 10 位化学家获奖。赵玉芬教授是首位获此殊荣的中国科学家，此次获奖也是国际磷化学界对她不遗余力地推动和发展磷化学工作的高度认可。

随着磷科学研究的不断发展，清华大学、南开大学、厦门大学、四川大学、郑州大学等先后成立了磷相关科研团队。2002 年，川大-瓮福工程技术中心依托四川大学成立，这是我国第一家磷化工"产、学、研"结合的工程技术中心。随后，全国各地区市级、省级乃至国家级磷科研中心如雨后春笋般陆续成立（表 3-6）。2010 年，国家磷资源开发利用工程技术研究中心经科学技术部批准建立。这是磷相关领域首个国家级研究中心，主要致力于解决磷资源开采、选矿、磷化工和固体废弃物处理等生产过程中的技术难题。国家磷资源开发利用工程技术研究中心是依托武汉工程大学和云南磷化集团建立，标志着磷科学的基础研究与产业开发的完美结合。

表 3-6　磷科学研究的部分科研院所分布

省份	单位
北京	阻燃材料研究国家重点学科点专业实验室（北京理工大学） 生命有机磷化学及化学生物学教育部重点实验室（清华大学） 清华紫光英力化工技术有限公司（清华大学） 中国科学院化学研究所
天津	元素有机化学研究所（南开大学）
河南	河南省磷化工工程技术研究中心（郑州大学） 河南省化学生物与有机化学重点实验室（郑州大学） 国际磷化学实验室（郑州大学） 中法有机磷功能材料联合实验室（郑州大学） 国家钙镁磷复合肥技术研究推广中心（郑州大学磷肥与复肥研究所）
江苏	国家磷资源研究中心连云港分中心
安徽	火灾科学国家重点实验室（中国科技大学）
上海	中国科学院上海有机化学研究所 国家磷复肥生产技术与装备研究推广中心（上海化工研究院）
浙江	新药技术研究院（宁波大学）
湖北	国家磷资源开发利用工程技术研究中心 农药与化学生物学教育部重点实验室（华中师范大学） 华中师范大学磷化工工程中心 湖北省磷矿采选工程技术研究中心 湖北省磷酸及磷酸盐工程技术研究中心
四川	磷资源综合利用与清洁加工教育部工程研究中心（四川大学） 四川省磷化学与工程重点实验室（四川大学） 川大–瓮福工程技术中心 川大–开磷磷化工技术中心实验室
江西	江西省绿色化学重点实验室（江西师范大学）
湖南	化学生物传感与计量学国家重点实验室（湖南大学） 湖南化工研究院
贵州	绿色农药与农业生物工程教育部重点实验室（贵州大学）
福建	固体表面物理化学国家重点实验室（厦门大学） 醇醚酯化工清洁生产国家工程实验室（厦门大学） 电化学技术教育部工程研究中心（厦门大学） 福建省化学生物学重点实验室（厦门大学）
云南	云天化集团国家级磷复肥基地 国家磷资源开发利用工程技术研究中心

　　我国磷化工生产体系日益完善。近年来，全球磷化工产品需求不断升温，而我国磷化工行业顺应国际需求，发展迅速，已成为全球第一大磷化工

生产国，生产能力占全球总量的 65%。目前，我国磷化工产品不仅包括以黄磷、磷酸、三聚磷酸钠等基础原料及磷肥等大宗产品，同时也包括在医药、食品、国防等领域的尖端精细高科技产品。据 2014 年全国磷化工协作组年会的报告显示，我国已建立较完善的磷化工生产体系，磷化学品生产企业广泛分布于 22 个省份，磷化工已成为国民经济中的一个重要产业。尽管我国磷化工行业的总体技术水平与国际先进水平还有很大差距，但是以贵州开磷（集团）有限责任公司、湖北宜化化工股份有限公司、云天化（集团）云南磷化集团有限公司为代表的磷化工企业经过长足的发展，具有了世界先进水平的技术及装置，体现了我国磷化工向国际化、大型化和精细化发展的总体趋势。

当前我国磷相关科技交流研讨活跃。为进一步交流磷科技在技术创新、资源整合、产业链延伸等方面的经验，解决基础研究或生产中的实际问题，促进磷科技的不断发展，科研院所、生产企业、协会机构等组织了多种多样的磷相关科技交流与研讨。例如，由中国化学会主办的全国磷化学化工学术研讨会；由中国农业大学资源环境与粮食安全中心、云天化集团有限责任公司主办的磷可持续发展国际会议；中国化工企业管理协会主办的全国磷化工产业发展研讨会暨精细磷化工技术创新应用交流会；2007 年在厦门召开第 17 届国际磷化学大会，2023 年将在宁波召开第 24 届国际磷化学大会；等等。这些学术研讨会为我国从事磷化学领域研究的专家学者及公司企业提供了良好的充分展现自己研究成果的学术交流平台，提供了快速了解磷化学发展最新研究动态的渠道，极大地推动了我国磷资源的有效利用、磷化学的前沿性科学研究及科研成果转化。

磷科学战略联盟前期准备正在持续推进。为了在广度和深度上不断加深我国各层面对磷科学的理解与重视，为磷科技产业发展新方向的战略规划提供科学的思路和依据，赵玉芬教授等曾组织完成了 3 个中国科学院学部咨询评议项目："我国磷科技发展关键问题与对策"（2009～2011 年）、"我国肥料使用中存在的问题与对策"（2012～2014 年）、"适应新农业需求，构建我国肥料领域创新体系"（2015～2016 年）。此外，还召开了 2 次与磷科学发展相关的香山科学会议："活性氨基酸的研究进展与展望"（1997 年 12 月 22～24 日，第 89 次香山科学会议）、"建立绿色肥料保障体系关键科学问题"（2015 年 5 月 6～8 日，第 526 次香山科学会议）。香山科学会议的召开对于进一步开拓磷科学领域的前沿方向、提升我国科研的原始创新水平、推动磷科学的进一步发展具有重大意义。

除了在国家层面组织包括香山科学会议在内的各种学术讨论、咨询评议项目以外，磷科技工作者还陆续组织编写了 5 本与磷科学有关的学术及科普著作:《前生源化学条件下磷对生命物质的催化与调控》(2016 年，厦门大学出版社)、《我国磷科技发展关键问题与对策咨询报告（全本）》(2014 年，郑州大学出版社)、《磷与生活》(2008 年，郑州大学出版社)、《磷与生命化学》(2005 年，清华大学出版社) 及《元素有机化学》(1998 年，清华大学出版社)。这些书籍的出版与发行，从不同角度阐述了我国磷科学发展的最新研究进展，不仅是科研工作者科技成果的总结与展示，而且也唤起社会大众对磷科学的正确认识和兴趣。

总之，我国是磷资源大国，也是磷化工生产和消费大国。近年来，我国磷科学在基础研究、人才培养、磷矿开采、产业经济等方面取得了突出成绩，产业布局逐步改善，科研单位及公司企业的创新能力不断增强，资源综合利用水平显著提高，为磷科学战略联盟的建立奠定了坚实的基础。磷科学战略联盟的建立不仅对解决中国磷问题具有重要意义，也将推动国际磷前沿问题研究。

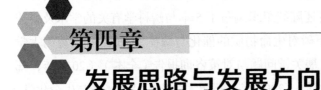

第四章
发展思路与发展方向

在所有含氧酸中，只有磷酸形成的链状或环状的缩聚物（condensed polymers）可以在温和条件下作为酸化试剂，由此反应生成的磷酸单酯和磷酸双酯的结构极其稳定，不易被水解，但在磷酰基转移酶的催化下，水解反应可迅速进行。虽然 RNA 世界中核酶上 2′-OH 的催化功能得到充分研究，但却使原本值得深入研究的羧基在磷酰基转移过程中的亲核催化作用被严重忽视，尤其是酶催化下羧基对磷酰基转移贡献的研究。现在，通过联用 X 射线与 NMR 技术对磷酰基转移酶过渡态金属类物质结构的研究，向我们揭示了这些酶催化机制的奥秘。早在生命起源之初，磷酸酯就因其稳定的化学性质及易被酶催化的可调控性被进化所选择。由于周期表中其他元素的含氧酸不能同时具备以上两种性质，没有元素能够用来替代磷。由此推测，如果宇宙中其他地方有生命存在，那么磷也将在那些生命体中扮演同样重要的角色。同时，磷元素也在许多反应中扮演着关键的角色。

第一节　有机磷试剂的新反应

有机磷试剂在有机合成中具有广泛的用途，探索磷试剂参与的新反应是发展高效、高选择性有机合成方法学的有效途径。长期以来，研究有机磷试剂参与的新反应均属于磷与合成化学交叉领域的前沿课题。

经典的 Wittig 反应 [图 4-1（a）]、Mitsunobu 反应、Staudinger 反应及 Appel 反应无疑代表了重要的化学计量有机磷试剂参与的有机合成反应。虽然它们在有机合成上用途广泛，但反应的原子经济性低，反应中会产生大量的膦氧化合物废料。为克服这一缺点，2009 年 O'Brien 等采用硅烷还原剂原位还原膦杂环戊烷氧化物的策略，实现了首例催化的 Wittig 反应 [图 4-1(b)]。近年来，其他化学计量有机磷试剂参与的有机合成反应同样取得了类似的新进展。

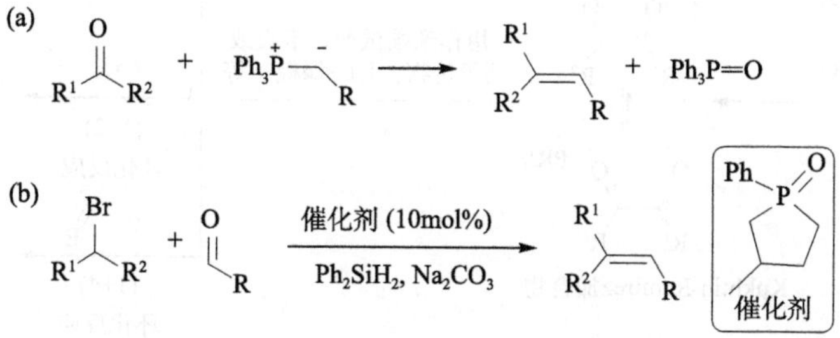

图 4-1　Wittig 反应及其催化变例
mol% 指摩尔分数，下同

　　传统的 Wittig 反应需要经过鏻盐与强碱作用生成活性的磷叶立德试剂，然后与醛酮化合物反应完成碳碳双键的构建。在此过程中，反应介质呈强碱性，且有碱金属盐副产物生成。为克服这些不足，近年来人们发现，采用亲核性的叔膦与缺电子烯或炔可原位形成磷叶立德活性中间体，然后与醛酮羰基化合物反应，可以实现在中性和无盐条件下的 Wittig 反应，显著扩大该反应的应用范围。

　　利用简单的磷试剂与其他带有特殊官能团的化学底物作用，形成具有丰富化学反应性的活性中间体，然后基于这些丰富多样的化学反应性，发展新的合成反应，也成为近年来发展磷试剂介导的新合成反应的有效策略。例如，亲核性叔膦与偶氮二甲酸酯容易形成 Huisgen 内盐。近年来，基于 Huisgen 内盐丰富的化学反应性发展了一系列高效合成氮杂环化合物的新方法。在这些反应中，叔膦化合物独特的亲核性和亲氧能力是促进反应发生的关键。另外，早期的研究揭示，三价磷化合物与 1,2-二羰基化合物能够形成一类特殊的 1∶1 加合物，这种加合物被称为 Kukhtin-Ramirez 加合物。近年来的研究发现，这一经典的磷化合物具有丰富的化学反应性，能够以卡宾类似物的形式完成一系列的插入反应、环丙烷化反应和（1+4）环化反应等，表现出过渡金属卡宾类似物的化学反应性，提供了无金属参与的独特合成方法［图4-2（a）］。无独有偶，最新研究发现，叔膦可以介导芳香氮杂环间的交叉偶联反应，实现通常在过渡金属催化下完成杂联芳环的合成。机制研究表明，反应经五配位磷中间体缩合完成［图4-2（b）］。

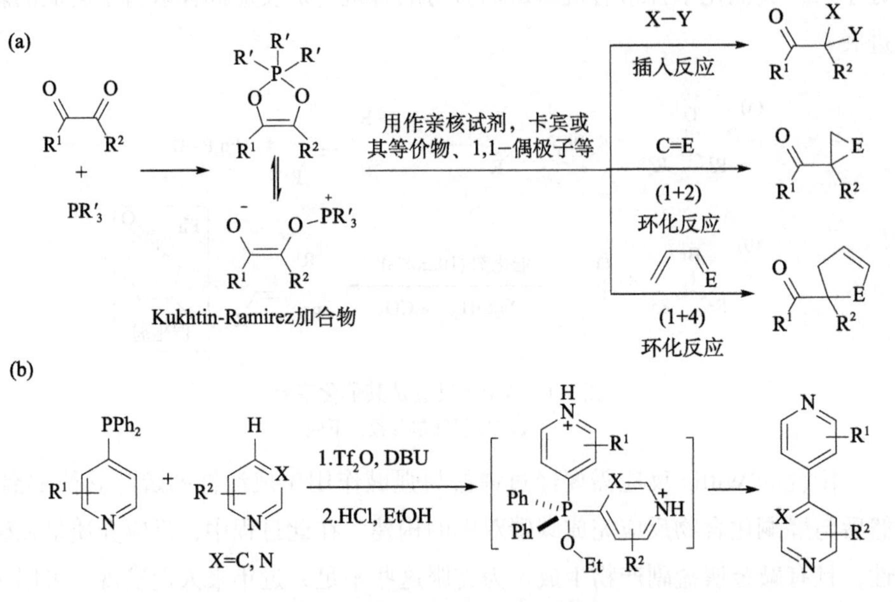

图 4-2　磷原子的类金属反应性

Tf₂O：三氟甲磺酸酐；DBU：1,8-二氮杂双环 [5.4.0] 十一碳-7-烯

　　总之，探索有机磷试剂的新反应是目前磷化学领域的前沿研究课题，相关的研究活动仍旧相当活跃，并不断涌现出创新性成果，我国科学家在此领域也取得了诸多突出的成果。该研究方向的主要研究目标包括：①发现有机磷试剂的新反应，实现新物质创造的新途径和有效方法；②提高磷试剂参与的合成反应的原子经济性，发展绿色高效的合成方法。

一、有机磷化合物的催化功能及其调控

　　有机磷化合物的催化功能在发展高效、高选择性有机合成反应中起着至关重要的作用。有机磷化合物主要以有机磷小分子催化剂和有机磷（膦）配体两种方式实现其在有机合成反应中的催化功能。

有机磷化合物直接用作有机小分子催化剂最早报道于 20 世纪 60 年代，但直到 21 世纪初才得到快速发展。有机小分子催化剂具有高效、低毒、稳定、易得、无金属残留等优点，目前已发展成为继酶催化和金属催化之后的第三类催化剂。有机磷化合物具有丰富的分子结构和化学性质，已发展成为一类重要的有机小分子催化剂，最具代表性的有机磷小分子催化剂包括叔膦和手性膦酸。叔膦具有优良的亲核性和离去能力，能够与大量亲电试剂通过亲核加成的方式，形成高活性的反应中间体，从而提高亲电试剂的反应活性，促进反应的进行；在反应完成后，叔膦又能采用分子内消除的方式，实现叔膦催化剂的再生，并完成催化循环，因此表现出优良的催化作用。1995年，中国科学院上海有机化学研究所陆熙炎院士（Trost and Li，1994）和美国 Trost 教授（Zhang and Lu，1995）分别独立报道了叔膦催化缺电子联烯或炔酯的极性反转加成反应；同时，陆熙炎院士首次实现了叔膦催化联烯酸酯与缺电子烯的 [3+2] 环加成反应（后称为 Lu [3+2] 环加成反应）（图 4-3）（Zhang and Lu，1995），从而开创了膦催化的研究方向，成为近 20 年来有机化学领域的热门研究课题，并取得了许多重要的研究进展。

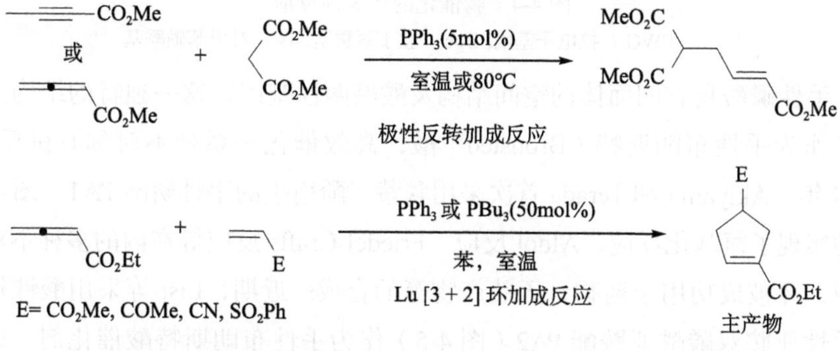

图 4-3　膦催化的极性反转加成反应及 Lu [3 +2] 环加成反应

目前，随着研究的深入，实现了多种膦催化的模式（图 4-4），同时发展了大量在有机合成中具有重要用途的新反应和新方法，并通过采用手性膦催化剂，相继实现了其不对称转化。其中，我国科研工作者在膦催化领域也取得了突出的研究成果。中国科学院上海有机化学研究所施敏研究员针对不对称 Morita-Baylis-Hillman 反应设计合成了一类具有联萘骨架的多功能手性有机磷催化剂，获得了很好的结果；南方科技大学张绪穆教授在手性膦催化的

不对称 [3+2] 环化反应方面做出开创性的工作。目前我国在膦催化领域的整体研究水平处于国际前沿，并涌现了众多优秀的学者。

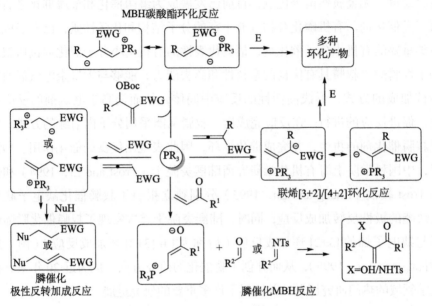

图 4-4　膦催化的代表性反应

EWG：拉电子基因；Boc：叔丁氧羰基；Ts：对甲苯磺酰基

手性磷酸具有四面体的空间结构及酸碱两性基团。这一独特的结构使其能够作为手性布朗斯特（Brønsted）酸，高效催化一系列不对称有机反应。2004 年，Akiyama 和 Terada 首次采用联萘二酚衍生的手性磷酸 PA1（图 4-5）成功实现了氰基化反应、Aldol 反应、Friedel-Crafts 反应等在内的多种不对称反应，并被成功用于药物、天然产物等的合成；近期，List 等采用酸性较强的手性亚胺双磷酰亚胺酯 PA2（图 4-5）作为手性布朗斯特酸催化剂，成功实现了富有挑战性的简单烯烃分子内氢烷氧基化反应，并取得了优良的立体选择性。我国有机化学家在手性磷酸试剂的发展和反应研究方面也做出出色的成绩。基于手性磷酸催化剂，龚流柱等开展了不对称 Biginelli 反应、直接 Mannich 反应、分子内氢胺化 / 转移氢化等反应研究，取得了很好的成果；游书力等研究了不对称 Friedel-Crafts 等反应，获得了很好的对映选择性；丁奎岭院士实现了 3-取代环丁酮的不对称 Baeyer-Villiger 氧化反应；近期，南方科技大学谭斌课题组发展了一类具有手性螺环骨架的手性磷酸催化剂 PA3 和

PA4（图4-5），并成功应用于四组分Ugi反应，取得了优秀的产率及对映选择性，从而为手性α-酰化氨基酰胺的合成提供了高效的方法。近年来，随着这一课题研究的不断深入，具有不同分子骨架的手性磷酸得以开发，并成功应用于一系列重要的不对称有机合成反应。目前手性磷酸已发展成为一类重要的有机小分子催化剂。

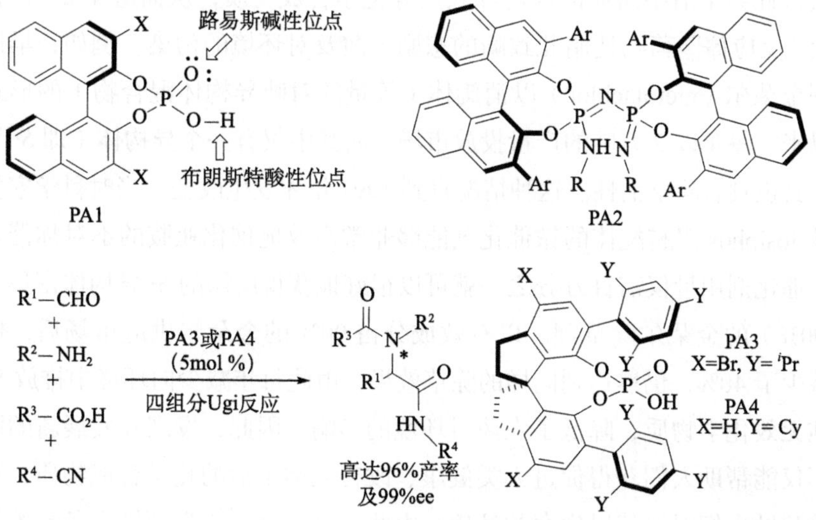

图4-5 代表性的手性磷酸催化剂
Cy：环己基

当前有机小分子催化剂所面临的挑战性问题包括有机磷催化剂在内的有机催化剂普遍用量较高。因此，发展更加高效的有机磷催化剂将是该领域的一项紧迫任务，探索多功能的催化剂结构或利用与过渡金属协同催化的方式应是值得探索的方向。

二、有机磷（膦）配体的应用前景

有机磷（膦）配体在合成化学中的使用迄今已超过半个世纪，其在有机合成中所发挥的关键作用已十分广泛。1965年，Wilkinson发现了首例均相氢化催化剂三苯基膦铑络合物 [RhCl(PPh₃)₃]；Knowles和Noyori利用手性膦配体DIPAMP和BINAP实现了过渡金属催化的均相不对称反应；在医药和聚合物工业中被广泛应用的烯烃换位反应也需要使用含有机磷（膦）配体的

Grubbs 催化剂。这些对合成化学发展产生了重要影响的发现，均离不开膦配体的使用。目前，膦配体已是支撑过渡金属催化领域的基石之一，发展和选择适当的膦配体，对于提高过渡金属催化剂的活性和稳定性，以及实现对催化反应的立体控制均起着至关重要的作用。

正是使用了膦配体特别是手性膦配体，使人们能够更高效、更原子经济地获得社会生活中所需的医药和农药等化学合成物质，从而避免 20 世纪 60 年代 "反应停" 药物使胎儿致畸的悲剧重演及对环境的污染。例如，早期除草剂金朵尔（metolachlor）以消旋体（等量的对映异构体混合物）的形式问世以来，每年以 2 万吨的产量投放市场，而其中仅有一个异构体（即 S-异构体）真正具有除草活性。这种情况直到 1997 年才发生改变。当时科学家发现手性 Josiphos 双膦配体的铱催化剂能够非常高效地催化亚胺的不对称催化氢化，催化剂用量仅需百万分之一就可以很好地获得所需的 S-异构体富集（约占 90%）的金朵尔除草剂。以有效成分占 90% 的金朵尔供应市场后，使用量减少了 40%，仍然达到同样的除草效果，由此每年减少向环境中排放 8000 多吨无效化学物质，降低了农药对环境的影响。因此，发现和发展新的膦配体不仅能帮助人们获得促进人类健康、改善人类生活的化学合成物质，而且能够帮助人们保护赖以生存的环境，由此一直是合成化学领域中备受关注的前沿研究方向。

磷原子位于第三周期 VA 族，膦配体（PR_3）中基态磷原子的电子排布为 [Ne]$3s^23p^3$，以 sp^3 杂化与三个取代基 R 形成三个 σ 键，剩余一对未配位的孤对电子。磷原子还具有接受电子的空 d 轨道。磷原子这种独特结构使其可同时充当 σ-供体和 π-受体，在与过渡金属配位形成 σ 键的同时，还可以接受金属中心的反馈电子，形成反馈 π 键（图 4-6）。通过改变膦配体 PR_3 中的三个 R 基团，可有效调控 P 原子的电子云密度和空间位阻，从而实现对与之配位的金属络合物的稳定性、催化性能及催化反应的立体选择性进行调控，因此设计和合成结构多样的膦配体已成为金属有机化学领域中广受重视的研究内容。

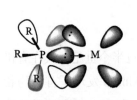

图 4-6　M-PR_3 的分子轨道

根据分子是否具有手性性质，可将有机磷（膦）配体分为手性膦配体和非手性膦配体。相对非手性膦配体，手性膦配体的合成更具有挑战性，同时其在发展高效、高选择性的有机合成反应中发挥着至关重要的作用，因此手性膦配体受到更多的关注和探索。

手性膦配体的种类繁多，根据磷原子是否具有手性结构特征可将其简单地分为P-手性膦配体和分子骨架手性膦配体。P-手性膦配体因其手性位点直接与金属配位，手性中心更靠近反应位点，通常认为能够增强手性诱导效果。由于普通的P-手性膦配体易发生构型翻转，因而在很大程度上阻碍了这类配体的发展。经过多年的不断努力，众多构型相对稳定的P-手性膦配体不断出现，其中我国的张绪穆教授和汤文军教授在这方面做出开创性的工作。

分子骨架手性膦配体包括：①碳中心手性膦配体。1971年，Kagan等从天然手性酒石酸出发，合成了第一例含有碳手性中心的膦配体L_1（图4-7）。此后，化学家对这类手性配体的研究就从未停止。研究表明，在配体骨架上进行分子结构改造可有效调节这类膦配体的不对称诱导能力。②联苯类膦配体。1980年，Noyori等发展的具有C_2轴手性的双膦配体L_2是这类配体的典型代表，目前已发展了一系列具有良好催化活性和手性诱导效果的轴手性膦配体（图4-7）。③二茂铁类膦配体。二茂铁作为一种易得的廉价金属有机化合物，其骨架刚性较强、化学性质稳定，且能够产生面手性，因而适合充当手性膦配体的手性骨架。1974年，Kumada等报道首例二茂铁类膦配体，并成功应用于脱氢氨基酸的不对称催化氢化，取得了优秀的不对称诱导效果。此后一系列具有类似结构特征的优秀手性膦配体被相继发现，其中以戴立信院士和侯雪龙研究员为代表的国内化学家也取得了举世瞩目的成就，发展了高效的手性膦配体L_3和L_4（图4-7）。④螺环手性膦配体。1997年，蒋耀忠和陈新滋院士等首次基于螺[4,4]壬烷骨架构建了螺环手性膦配体L_5（图4-8），并揭示其在不对称催化氢化反应中表现出优异的立体诱导效果；此后，南开大学周其林院士课题组对该螺环体系进行结构改造，通过在螺环上引入芳基，从而获得一类更加易于合成的新螺环手性膦配体$L_6 \sim L_{11}$（图4-8）。该类配体在一系列过渡金属催化的不对称反应中表现出优良的立体诱导作用，已成为一类重要的优势膦配体。此外，丁奎岭院士发展的手性芳香螺缩酮骨架双膦配体L_{12}也代表一类非常重要的螺环手性膦配体（图4-8）；近期，该研究小组又发展了合成具有类似结构的优势手性螺环膦配体的实用新方法。

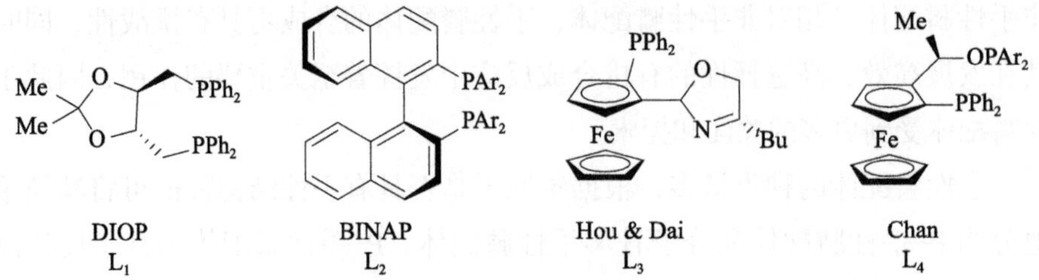

图 4-7　代表性的手性膦配体

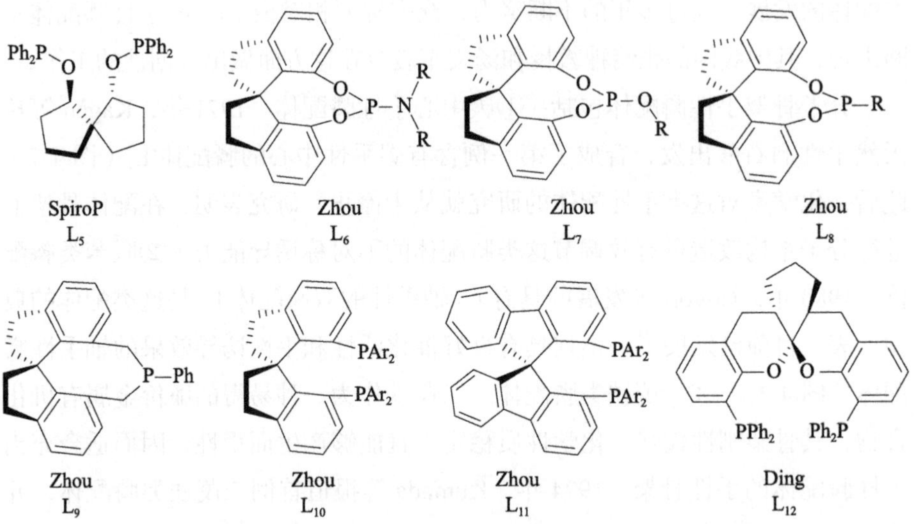

图 4-8　优势螺环膦配体

虽然目前已发展了大量的手性膦配体，并成功应用于催化不对称合成，但仍然有大量的合成反应缺少适当的催化剂和配体，因此发现和发展结构新颖的手性膦配体将仍是有机磷化学和合成化学交叉领域的研究重点。

主要研究目标如下：①发展更加高效的有机磷催化剂，显著提高其催化效率及化学、立体选择性；②发展更加高效的优势手性膦配体；③实现磷化合物催化的合成新反应，丰富磷化合物促进的高效合成方法；④发展具有自主知识产权的高效合成技术。

三、有机磷化合物的高效绿色合成方法

不同结构和性质的有机磷化合物不仅在合成化学领域发挥着至关重要的

作用，而且作为有机磷农药、医药、功能材料等广泛应用于人类社会的方方面面，与人们的日常生活、工业发展密切相关，因此高效绿色地制备各种结构和功能的有机磷化合物同样受到化学家的广泛关注。目前有机磷化合物的合成方法非常有限，三氯化磷仍然是合成有机磷化合物最基本的原料，绝大多数有机磷化合物特别是基本的有机磷试剂都以三氯化磷为起始原料来制备，相关的合成工艺普遍缺少原子经济性，并产生大量的副产物或废物。例如，目前工业生产三苯基膦和苯基二氯化膦所采用的传统工艺，给人们的生存环境带来较严重的负面影响（图 4-9）。由此，研究有机磷化合物高效、绿色的合成新方法和新工艺，不仅有利于拓展有机磷化合物在合成化学等领域的应用范围、促进合成技术的进一步发展，而且有助于对有限的磷资源进行精细深加工，将其转化为高附加值产品，从而获取更多的经济效益。因此，研究有机磷化合物的合成新方法也是当前磷化学和合成化学交叉领域的前沿研究课题。

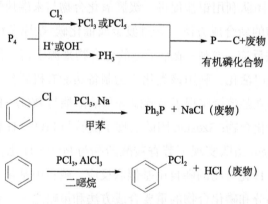

图 4-9　有机磷化合物的一般工业合成途径

　　目前，发展有机磷化合物的高效绿色合成方法主要有两种策略。一种策略是以简单易得的有机磷试剂为原料，通过高效、绿色的途径实现功能有机磷化合物的合成；另一种策略是从最基本的磷单质（白磷）出发，通过白磷的活化手段，从起始源头上实现有机磷化合物的原子经济性合成。这两种策略的核心研究内容均是围绕 P—C 键的有效构建。

　　传统 P—C 键的构建方法依赖于三氯化磷的转化，底物对水敏感、反应条件苛刻、官能团耐受性差；与三氯化磷相比，P(O)—H 化合物更绿色、稳定、安全，利用该类化合物为原料合成有机磷化合物具有里程碑式的意义。1980

年，Hirao 课题组报道了首例钯催化 P(O)—H 化合物与有机卤代物的交叉偶联反应构建 P—C 键。该反应条件温和，底物适用范围广，开启了过渡金属催化 P(O)—H 化合物交叉偶联反应的先河，为 P—C 键的高效构建提供了新途径。

近年来，利用绿色合成策略，从廉价易得的 P(O)—H 化合物原料出发，系统研究过渡金属催化 P—H 键参与的 P—C 键形成反应，发展制备有机磷化合物的新方法和新工艺，成为磷化学领域的前沿研究课题，主要研究内容包括如下三类反应：①过渡金属催化活化的 C—H 键与 P(O)—H 化合物的交叉偶联反应。该反应提供了高效构建 P—C 键的方法，具有原子经济性高、环境友好等优点。例如，李朝军团队利用铜催化亚磷酸酯和四氢异喹啉反应合成 α-氨基磷酸酯，首次实现了氮邻位的苄基 sp^3C—H/P(O)—H 的脱氢偶联；余金权团队以吡啶基团为导向基，钯盐为催化剂，实现了芳香基吡啶化合物与 P(O)—H 的偶联；赵玉芬团队利用铜催化亚磷酸酯和末端炔烃反应，以及雷爱文团队利用银盐促进二级膦氧化合物与末端炔烃反应，均实现了炔基膦化合物的新合成方法。②过渡金属催化碳-杂原子键与 P(O)—H 化合物的交叉偶联反应。含碳-杂原子键的化合物来源丰富，稳定易得，但是反应活性低，难以活化，利用该类化合物制备功能有机磷分子具有一定的挑战性。近期，韩立彪教授实现了芳硫醚和羧酸酚酯与 P(O)—H 化合物的交叉偶联合成芳基磷化合物；Szostak 团队实现了酰胺与 P(O)—H 化合物的脱羰偶联反应；Yamaguchi 团队实现了芳香羧酸酚酯与 P(O)—H 化合物的脱羰偶联反应。③ P(O)—H 化合物的磷自由基偶联反应。磷自由基化学作为有机磷化学的重要组成部分和磷化合物的重要合成方法和策略之一，获得了广泛的关注和研究。早期的磷自由基化学合成主要通过加入当量甚至过量的自由基引发剂（如三乙基硼、三丁基锡等）来实现磷自由基反应的发生。这类方法和策略虽然有效地解决了磷自由基的产生，但一般反应活性太高，容易引发副反应，同时导致反应的官能团兼容性差，反应会产生大量的有毒废物；随着过渡金属催化在有机合成中的成功应用和发展，利用铜、银、钴等过渡金属或非金属氧化剂（如过氧化物等）来引发磷自由基，可以实现磷化合物的高效合成，这一策略已成为近年来研究的热点。这类方法有效地解决了副反应发生的问题，也提高了反应的官能团兼容性。但此类策略一般需要较高的反应温度（＞100℃），同时仍然需要加入当量的氧化剂来实现催化循环，反应过程仍然会产生大量的废物，不符合绿色化学的原子经济性和环境友好性。光催化反应的发展为磷自由基的绿色、可持续发展提供了可行的途径。光催化反应条件温和，一般室温条件下就可以进行。这也为磷自由基的不对称合成提供了可能。但在目前的磷自由基反应中，无论是过渡金属催化还是光催化过程，磷自由基底物基本都是二苯基膦氧或亚磷酸二乙酯类化合物。这类化合物在光催化反应中仍然需要加入当量的碱或氧化剂来辅助产生磷自由基，因此解决磷自由基反应的绿色性和原子经济性仍是目前面临的一个挑战和发展瓶颈。同时，发展磷自由基参与的不对称反应也是亟须解决的难题。综上所述，磷自由基未来的发展方向和挑战可以归纳为以下三点：①发展绿色氧化剂参与的磷自由基新策略和方法；②开发新的磷自由基试剂，实现无氧化剂和碱条件下的绿色过程；③探索和建立磷自由基参与的不对称合成新策略和方法。

以上三类合成有机磷化合物的反应尽管已取得一定的研究进展，但存在反应底物的局限性较大、有关反应的机制尚不清晰、偶联反应类型有限等缺点，离实际应用尚远。

通过最基本的白磷直接合成有机磷化合物，可以最大限度地减少合成过程中废物的产生，提高合成的原子经济性，因而具有重要的理论意义与实际应用价值。这一过程称为白磷活化。

白磷活化的研究历经三个阶段：①合成 $[M_xP_y]_n$ 配合物；②将 $[M_xP_y]_n$ 配合物转化为有机磷化合物；③实现金属催化白磷直接合成有机磷化合物。第一阶段的研究始于 20 世纪 70 年代，化学家利用金属化合物与白磷在较苛刻的条件下反应，制备了一系列五磷杂、六磷杂金属配合物及磷簇化合物；第二阶段的研究始于 2010 年，人们逐渐开始从配合物的合成转向有机磷化合物的合成，但相关报道仍然很少；第三阶段的研究目前仅有一例报道，实现了铀催化白磷直接转化为有机磷化合物，但转化效率很低 [图 4-10（a）]（Patel et al, 2013）。

近年来，白磷活化的相关研究虽然取得了可喜的进展，但仍属极具挑战性的课题。白磷直接转化为有机磷化合物的过程仍然存在以下典型问题：①由白磷转化为 $[M_xP_y]_n$ 配合物的选择性低、可控性差；②由白磷转化为 $[M_xP_y]_n$ 配合物的产率低、重复性差；③部分磷族化合物的合成方法仍然欠缺；④磷族化合物转化为有机磷化合物较困难。这些问题的解决，将极大推动该领域的全面发展。近期，席振锋院士和张文雄教授团队采用双锂试剂和稀土金属杂

环戊二烯试剂，成功实现了白磷的活化，取得了一些新进展［图 4-10（b）］
（Xu et al，2016）。

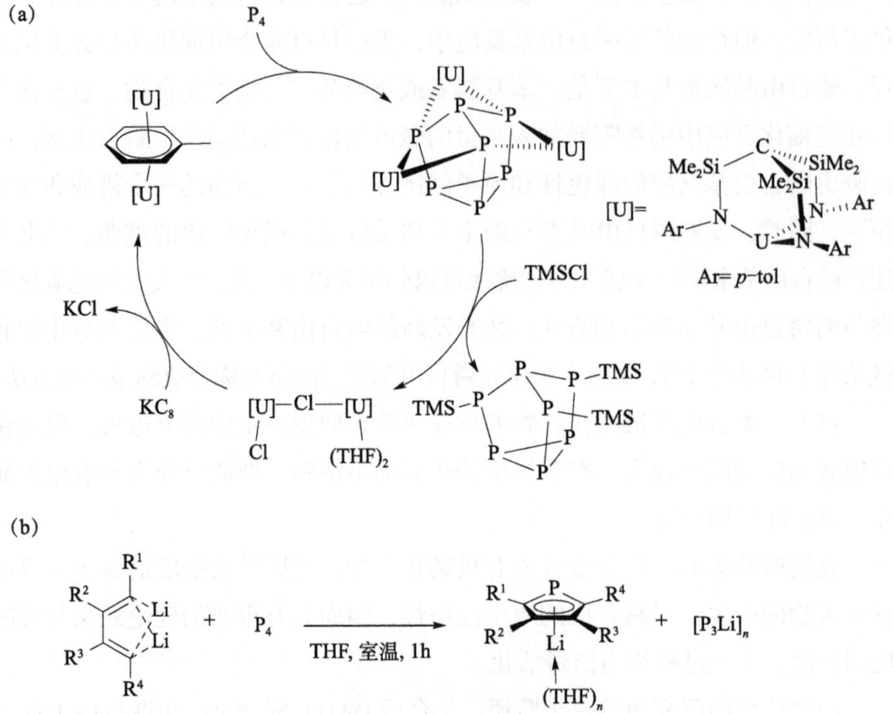

图 4-10　白磷活化的代表性例子
TMS：三甲基硅基

今后该研究领域的研究目标可以概括为以下两点：①从简单易得的原料出
发，发展构建 P—C 键的新方法，从而发展高效合成有机磷化合物的新技术；
②实现白磷活化的有效途径，发展原子经济性合成有机磷化合物的新方法。

第二节　高配位磷的研究

一、高配位磷化合物的基础理论研究

对于碳上的各类反应，已经有了非常详尽的研究和报道。对于含磷化合
物的各类反应来说，四配位磷化合物的反应已有了较深入的研究，但是由于

高配位磷化合物结构的特殊性，对高配位磷化合物的结构特点及其反应还有许多尚待探索之处，尤其是对一些重要反应中的立体化学机制尚需更深入、更广泛的研究。六配位磷化合物的稳定性不好，因此高配位磷化学的研究往往从五配位磷化合物入手。

目前，在五配位磷化合物的相关研究中，亟须发展新型的五配位磷模型化合物，以及对五配位磷的各类反应及其立体化学机制进行深入的研究。相对于碳原子及四配位磷原子来说，五配位磷原子参与成键轨道类型较多、变化较多，较复杂，因此对于五配位磷化合物立体化学机制的研究是重点和难点。相关研究工作的开展不仅可以进一步认识高配位磷化合物的性质特点，而且为进一步探索生命科学中高配位磷化合物所参与的生化反应机制提供良好的理论基础。

二、高配位手性磷化合物的合成和性质研究

手性膦配体应用于不对称合成作为过去几十年发展起来的一个新兴领域，具有极大的理论和应用价值。目前许多手性膦配体与过渡金属所形成的配合物在对映或非对映异构选择的合成中具有很好的催化作用，手性膦配体催化已成为目前的研究热点之一。目前手性膦配体已从初始的三配位磷化合物发展到四配位磷化合物。近几年的研究表明，五配位磷化合物也在催化配体领域崭露头角，显示了其作为催化配体的潜力。另外，在开展新型高效的手性配体及催化剂的设计合成中，螺环骨架手性配体受到广泛的关注，并逐渐发展成特色鲜明的手性配体类别。对于新型磷手性中心五配位螺磷烷化合物的合成，有助于在不对称催化领域寻找和发现新颖配体骨架，探索设计与合成新型手性磷催化剂。由于磷中心手性化合物在有机催化合成、不对称催化合成、生物医药及农药等方面的广泛应用和需求，有必要对高配位磷化合物反应的立体化学机制进行进一步的研究，丰富磷中心手性有机化合物的多样性，进一步发展合成新型磷中心手性化合物的新方法。

三、具有生物活性和催化活性的高配位磷化合物的合成

从分子水平观察生命体系会发现，磷元素参与了包括蛋白质的生物合成、DNA 的复制与修复、RNA 的转录与水解、信息传递过程中的"可逆蛋

白质磷酰化"及细胞第二代谢网络中各种酶的活化与去活化等几乎全部生化过程。对所有这些过程的研究发现,磷能通过形成五配位、六配位中间体(或过渡态)来影响化学反应进程和方向,这一调控机制至关重要。生物体内所发生的许多生命过程是通过五配位磷中间体来完成的,有时还涉及六配位磷化合物的过渡态,因此高配位磷化合物在生物化学和生命科学中扮演着重要角色。例如,利用五配位氢膦烷系列化合物对蘑菇酪氨酸酶进行的抑制活性研究表明,双氨基酸五配位膦烷是酪氨酸酶良好的抑制剂,不同类型的氨基酸氢膦烷对于酪氨酸酶有不同程度上的抑制作用。因此,合成具有特定生物活性的五配位磷化合物成为高配位磷化学发展方向之一。

Stephan 小组于 2006 年首次提出"空间受阻型路易斯酸碱对"(frustrated Lewis pairs, FLPs)的概念(Welch et al, 2016)。它是指分子内或混合体系中同时具有路易斯酸和路易斯碱两个位点,虽然由于空间位阻较大而不能使这两个位点相互结合形成酸碱加合产物,但两个位点仍然相互作用而靠近,从而具有了独特的反应活性。Stephan 小组开创性的工作使"FLPs 化学"迅速成为热门研究领域,FLPs 作为新型非金属催化剂用来催化加氢,减少了价格昂贵且毒性较大的金属催化剂的使用,并且后续的研究还展现出 FLPs 在工业上实现非金属催化氢化的良好前景(Spies et al, 2007; Spies et al, 2008)。目前对于构建 FLPs 体系的功能基团,主要以三配位磷、胺、卡宾作为路易斯碱,硼、铝、碳正离子及三配位硅正离子作为路易斯酸的种类为主。为了寻求高效活化惰性小分子的体系,寻找其他类型的主族元素作为路易斯酸碱功能单元仍是 FLPs 的主要研究方向之一。

五配位磷化合物作为路易斯酸的 FLPs 也偶有报道,2012 年 Stephan 小组报道了 CO_2 插入氨基膦烷 P—N 键的反应(Hounjet et al, 2012),后续的理论化学计算对此反应机制也进行了合理的解释(Zhu and An, 2013; Zhu and An, 2014)。值得注意的是,此类型 FLPs 中路易斯酸位点是五配位 P 原子,这也是目前唯一的五配位磷参与的 FLPs 催化惰性小分子的反应。2016年,Stephan 小组综述了目前关于含磷化合物作为路易斯酸在 FLPs 化学中的应用(Bayne and Stephan, 2016),主要介绍了三价磷与五价磷(四配位)化合物作为路易斯酸在 FLPs 中所发挥的作用。Stephan 教授在结论中提到,目前基于磷化合物作为路易斯酸的 FLPs 催化的研究还处于初级阶段,但含磷化合物作为路易斯酸在 FLPs 化学领域将具有极大的发展潜力。利用高配位磷化合物探寻新型的 FLPs 的体系类型，寻找高效催化惰性小分子的非金属催化剂具有重要的理论意义和应用价值。

第三节　含磷火安全材料的可持续发展

阻燃剂发展至今，人们尝试了多种不同的生物质组分用于制备生物基阻燃剂，如碳水化合物（淀粉）、动植物油脂（甘油三酸酯或脂肪酸）和天然多酚（木质素）等，并在这些结构的基础上化学修饰一些特征含磷官能团并进一步改善其阻燃效力。

2006 年以来，Cádiz 集团在此领域做出突出的贡献。他们报道了通过阳离子聚合、交叉换位反应或 Michael 加成反应从植物油中获得含磷甘油三酯或脂肪酸的新方法，结果材料的极限氧气指数（LOI）值有所提升。Howell 等报道了利用异山梨醇（isosorbide，来源于淀粉、蔗糖或葡萄糖）与 10-十一碳烯酸（来源于蓖麻油）的酯化反应合成出一种双官能酯，可通过硫醇-烯反应对其进行改性，生成一系列磷酸盐、膦酸盐和次膦酸酯，最后成功制备了一种基于生物质原料的阻燃环氧树脂。而后，他们又将二苯基次膦酰氯与酒石酸二乙酯 [酒石酸（tartaric acid），一种葡萄酒工业的副产物] 的仲羟基反应，制得了一种新型生物质阻燃剂。

淀粉、环糊精、甲壳素和壳聚糖是各具化学特性的天然多糖大分子，可以通过醚化、酯化或接枝聚合等反应制备生物基阻燃剂，而棉织物是最常用的生物基阻燃剂的应用基体材料。通过层层组装（layer-by-layer assembly，LbL）沉积的多糖阳离子聚电解质可以极大地增强纤维素的成炭能力，但通常需要 20～40 个沉积循环才能实现显著的阻燃性能，这限制了该技术的适用性。近期，Carosio 等利用聚磷酸作为阴离子聚电解质，仅需两个双层沉积循环（沉积量 ≤ 5%，质量分数）即可赋予棉织物材料以自熄性，其中聚磷酸的脱水作用和多羟基多糖的成炭作用表现出良好的凝聚相协同作用（Battegazzore et al，2018）。

木质素是一种广泛存在于植物体中无定形的、分子结构中含有氧代苯丙醇或其衍生物结构单元的芳香性高聚物，表现出比多糖大分子更高的热稳定性和成炭趋势。研究表明，木质素的热稳定性主要取决于构成植物的单体单元的性质和数量，这不仅受植物来源的影响，而且受提取方法的影响，有机溶剂木质素的热稳定性低于硫酸盐木质素（Kraft lignin）。木质素的热降解开始于230℃左右，此时苯丙烷侧链发生断裂，进一步升温则发生主链裂解（250~450℃）并产生大量甲烷等可燃性挥发物。高于500℃时，木质素会发生芳构化反应，直至650℃形成约50%（质量分数）的稳定碳化结构。同时，其结构中的大量反应性官能团使其能通过化学修饰含磷基团来促进脱水反应。Liu 等通过支化聚乙烯亚胺（PEI）和亚磷酸二乙酯对木质素进行改性，再将其用于制备阻燃聚丙烯木塑复合材料（Liu et al，2016）；Costes 等用 PONH₄ 改性木质素以改善其在聚乳酸（PLA）中的阻燃作用，结果显示添加 20%（质量分数）改性木质素，火安全材料达到 UL-94 V-0 等级。

目前已有广泛报道使用来自豆科植物的种子、谷物的麸皮和胚芽中的植酸（phytic acid，缩写为 PA，P 含量为 28%）作为生物基含磷阻燃剂。植酸在 200℃左右分解，能够促进碳源脱水，这使其成为膨胀型阻燃体系中酸源的良好候选物。Laufer 等使用 LbL 技术开发了一种完全可再生的膨胀型阻燃体系，并将其用于阻燃棉织物，30 个 PA（阴离子聚电解质）与壳聚糖（阳离子聚电解质）的沉淀循环可使材料在垂直燃烧测试中成功实现完全自熄（Laufer et al，2012）。Zheng 等（2015）通过植酸与三聚氰胺的反应合成了一种粒径约为 1μm 的三聚氰胺植酸盐（MPA）。MPA 在约 250℃开始分解，释放水并通过自交联产生三聚氰胺多聚氰酸酯，在 400℃时三嗪环分解产生稀有气体；进一步复配添加二季戊四醇作为成炭剂可使阻燃聚丙烯材料 LOI 值达到 28.5%，并通过 UL-94 V-0 等级，但阻燃剂的抗熔滴效果不佳。

来自意大利的 Malucelli 和 Alongi 团队提出使用磷酸化的生物大分子［如酪蛋白（来自乳制品）和 DNA（来自鲑鱼鱼白和卵囊的提取物）］作为阻燃剂，同时也被视作农业食品工业副产品增值战略的一部分。αs1-酪蛋白是牛乳蛋白中的主要成分，是一种高度磷酸化蛋白。在多数情况下，每个 αs1-酪蛋白上有 8 个磷酸基团存在，少数还含有 9 个磷酸基团。在棉织物中，酪蛋白表现出类似聚磷酸铵（APP）的热降解特征。由于其主链中连接磷酸基团的共价键较弱，能在更低温度下分解释放出磷酸及其聚/焦/过磷酸衍生物并催化纤维素脱水，促进其在 600℃ 下形成热稳定炭层，在阻燃棉织物的燃烧试验中，总燃烧速率降低 35%，热释放速率峰值（PHRR）降低 27%；在聚酯织物中，燃烧速率降低了 67%，但熔融滴落现象仍存在。DNA 的结构使其成为理想的单组分膨胀阻燃剂，原因是：①磷酸盐作为酸源。②脱氧核糖单元作为碳源。③含氮的芳香基团作为气源。然而，与典型膨胀型阻燃剂的分解温度相比（300～350℃），DNA 的分解温度较低（160～200℃）。在阻燃棉织物应用中，DNA 的热降解历程与 APP 类似；燃烧数据显示材料的 PHRR 降低了 50%，同时表现出明显的膨胀效果。Alongi 等研究了 DNA 作为 "通用" 阻燃涂层应用在不同基体材料（乙烯-乙酸乙烯共聚物、聚丙烯、尼龙 6）表面上的阻燃潜力。结果显示，当涂层厚度为 3mm（DNA 含量约为 10%）时，不同高分子基体均表现出良好的性能，PHRR 降低了 50% 多。

总体而言，这些生物基阻燃剂的作用机制与传统阻燃剂的作用机制并无二致，产生阻燃效果仍主要依赖于较低温度下释放磷酸以催化形成热稳定的炭层，而且目前生物基阻燃剂的应用仍存在两方面的限制，分别是对环境耐受性较差、大规模生产成本高昂。

发展高分子量阻燃剂的趋势是显而易见的，并且高分子、复合物和多功能结构将有助于降低可燃性而不牺牲材料的其他固有物理机械性能。此外，研究磷与其他元素（如 P—N、P—Si、P—B 等）和多组分体系的协同有助于进一步减少阻燃剂的添加量、提升其阻燃效率并维持材料的固有性能。使用可再生资源作为有效的阻燃剂能够确保更具生态的生产方式，从而延长在阻燃领域的研究寿命。

第四节　磷资源的循环利用

目前磷资源循环与利用主攻重点为不同环境条件下地球圈中磷的水文/生物地球化学过程及农业生产中的 "减磷增效"。自然环境条件的变化是控制磷元素在地球圈层迁移转化的关键因子。人的活动无时无刻地影响着生物地球与环境条件的变化。因此，聚焦不同的生态系统，围绕科学定位进行长期、专注、系统的研究，能够清晰地认知环境条件（包括岩石、土壤和水-

生物-人体）变化中磷的水文/生物地球化学过程及磷肥高效利用和无效化阻控的调控途径，并使其服务于环境质量和民生改善。具体为：阐明不同生态系统中磷元素转化的水文/生物地球化学机制及其与其他物质体系的耦合关系（如土壤-微生物-作物协同机制）；探明磷在土壤-河流（湖泊）-海洋迁移、转化、固定的机制；从磷输入量、磷循环量及磷循环率、产品载磷量及产品载磷率、水体排磷量及水体排磷率、固废输磷量及固废输磷率等，揭示磷循环利用的机制，以及微生物、有机质、矿物等环境因素对磷循环利用的影响机制；从宏观微观层面揭示中国磷资源利用过程中不合理的环节，提出农业生产"减磷增效"的途径，服务社会的环境修复新方法，以及相应的解决策略。

在磷资源有效利用方面：主要针对我国集约化农田磷肥施用过量、无效化积累严重、利用率低的问题，实现提高肥料磷和土壤累积态磷的利用效率，实现"减磷增效"目标。在这一方面需解决以下关键科学问题：

（1）我国主要土壤-作物系统磷肥转化、固定与释放机制；

（2）磷肥高效利用的土壤-微生物-作物协同机制及生物学潜力；

（3）主要种植体系的肥料-土壤-作物匹配机制，以及磷肥高效利用和无效化阻控的调控途径。

在磷循环方面：主要针对现代磷循环中的许多环节开展进一步的工作，认识磷在陆地与海洋生态系统之间的循环再利用及埋藏，合理利用磷资源，实现可持续利用。在这一方面需要解决的关键科学问题主要有以下几个方面。

（1）从封闭和开放尺度上研究近海磷的生物地球化学循环机制及循环通量，阐明海洋向陆地的物质转移方式及其对陆地生态系统的影响，以及陆地向海洋的物质转移方式及其对近海生态系统的影响；

（2）从水文地球化学特征出发，研究磷素的含量、分布和迁移特征，探究湖泊、河流本底磷的来源和迁移过程，同时也可为湖泊流域磷素污染的控制提供相关的理论依据；

（3）以代谢网络模型为基础，针对现代中国磷资源利用存在的问题，从代谢结构和代谢强度两个方面对不同历史时期中国磷元素代谢模式的演化过程进行分析。

磷资源的充分和循环利用是目前亟须解决的一大难题。目前的主要发展方向有以下几个方面：

（1）集约化体系肥料磷在主要土壤中的转化过程及机制，重点研究土壤-微生物-作物互作机制，生物学潜力最大化的调控途径，主要农区磷肥的迁移过程、损失途径，以及无效化阻控与减肥增效机制。

（2）沉积物活性磷的分析，不同地质环境中活性磷的记录。活性磷在陆地与现代海洋中的沉积千差万别，不仅体现在不同的地质环境差异上，而且更受活性磷埋藏曲线的时间影响，必须注意将活性磷埋藏记录与其他地质/地球化学记录进行综合对比，才可能得到较合理的结果。由于各方面条件的限制，在进行不同记录的对比时，数据来源往往较复杂，需要克服数据的异源性问题。

（3）磷循环过程的研究，重点研究陆地及海洋生态系统中的磷循环。陆地生态系统中的磷循环包括特定地质单元中磷元素赋存形态及相关元素（如铁、硫等）的分布特征、特定的环境条件（如 pH、氧化还原、有机质等）变化中磷元素和其他物质（铁、有机污染物）生物地球化学转化的耦合机制、典型地质环境中磷元素的迁移转化通量的定量模拟与预测。海洋生态系统中的磷循环包括海洋中磷元素沉积与释放机制、海洋生态系统中磷元素的迁移转化通量的定量模拟与预测、全球变化条件下海洋中磷元素的生物地球化学转化及生态环境效应。

（4）研究基地建设和技术方法开发。

根据以上认识，针对磷污染的土壤和水体开展修复研究，开发可服务于基础或应用研究的关键技术方法和设备：典型农业土壤与磷矿企业中磷循环野外研究基地建设；环境修复新方法与应用示范；磷资源高效利用重大技术、产品及装备系统研发。通过研究基地建设和技术方法开发，原位监控不同形态磷相互转化规律，培育磷高效作物新品种，提高磷资源高效/循环利用及环境修复能力，最终实现开发一片资源，保护一片环境，全面支撑磷资源可持续循环利用。

第五节 磷与生命起源

现代生命起源的实验研究是从 1953 年米勒（S. L. Miller）和尤里（H. C. Urey）进行的著名的火花放电实验开始的。他们模拟地球早期的大气层环境，成功地用无机气体合成了多种氨基酸，至今已基本完成了对组成生命的各种基本小分子化合物的前生源合成（图 4-11）（Kitadai and Maruyama, 2017）。2017 年，在圣地亚哥召开的第 18 届国际生命起源大会上，科学家们针对 "Miller-Urey 实验 64 周年后的今天，生命起源研究的发展趋势" 这一议题进行了广泛且激烈的讨论。大家普遍认为以下问题应是亟待关注、探索的焦点：有了搭建生物功能大分子的 "合成砌块" 之后，这些 "合成砌块" 是如何由简单到复杂，逐步构建成具有基本功能的生物大分子；在原始细胞产生后，原始的代谢网络是如何出现及如何进化到现代的代谢网络；生命体系同手性选择是如何实现的；遗传密码子是如何起源的；地外生命是否存在等生命起源的基本科学问题。

生物节律又称 "生物钟"，即有机体内部发生的周期性变化过程。它不仅取决于机体器官和细胞机能状态的周期性变化，还受环境的影响。在漫长的生命进化长河中，不同物种生物钟的演化过程更能反映前生源环境对生命起源与进化过程的关联性，更好地理解环境对生命起源与进化的胁迫性。另外，蛋白质的可逆磷酸化对生物钟发挥着非常重要的调控作用，并且在不同物种中具有保守性。在生命起源过程中，各物种间生物钟的演化具有哪些规律，相关的蛋白质可逆磷酸化水平的变化与生物钟的演化之间存在怎样的调控机制。上述问题对全面理解生命起源的环境因素至关重要，但是鲜少获得关注。

从生命起源研究的数十年探索中，可以总结出以下几个重要研究方向。

一、功能生物大分子的原始组装与进化

有了搭建生物功能大分子的 "合成砌块" 之后，这些 "合成砌块" 由简单到复杂，逐步构建成具有基本功能的生物大分子，其中的分子进化机制尚不清楚。此外，功能大分子进化获得之前，是否都具有一个原始进化雏形。

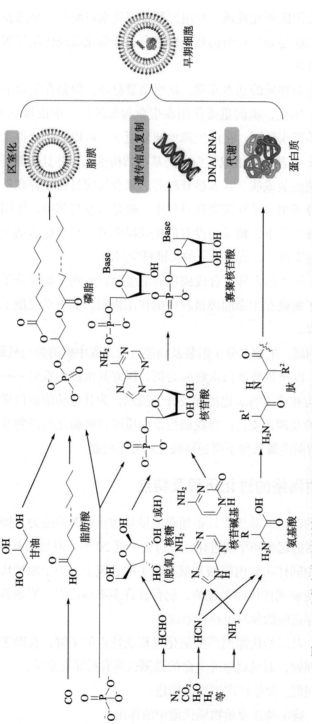

图 4-11 生物大分子的结构、组成和非生物合成途径及组装,进化出生命的三种基本功能(复制、区隔和代谢)

赵玉芬教授研究团队研究发现，丝组二肽是现代水解酶的一种潜在的原始进化雏形。丝组二肽是如何从结构乃至功能上逐步演化成现代丝氨酸蛋白水解酶目前仍然不清楚。

磷是组成生命物质的基本元素，虽然微量存在，但是在生命活动中扮演着重要的角色。因此，磷的重要作用在生命起源的研究中也是不可忽视的。目前，已有实验事实证明，在前生源地球环境下，可以有效获得生物可用磷源，帮助选择 α-氨基酸为组成蛋白质的基本结构单元，并且在氨基酸、核苷等生命合成砌块组装成肽、寡聚核苷酸等的聚合反应过程中存在催化作用。然而，生物大分子组装及功能进化过程中，磷是否参与其中，作用机制又如何，前生源地球环境下，相关酶没有进化获得之前，与生命活动至关重要的可逆磷酸化如何实现，是值得研究的关键科学问题。

科学意义：从生物大分子合成砌块的前生源合成到生物大分子组装及功能进化，全面了解磷在生命起源过程中的作用机制，能更系统地了解功能蛋白质的进化历程。

关键科学问题：生物大分子组装及功能进化过程中磷的参与机制。

研究目标：以丝氨酸蛋白水解酶为例，研究其由进化雏形——丝组二肽到现代分子结构和功能的演化历程及分子机制，为其他功能蛋白质分子的进化研究提供实验及理论支持；寻找调控蛋白质可逆磷酸化的激酶及酯酶原始进化雏形；厘清前生源条件下可逆磷酸化的分子机制。

二、代谢网络的进化历程及特点

原始生命的产生，必然要具备捕获能量及物质资源的能力，即能够新陈代谢。虽然代谢的起源和早期进化已经讨论了近 20 年，但是相关研究仍然集中在简单代谢中间体（如丙酮酸和氨基酸）的合成上。关于原始代谢系统是如何出现并演变成现代代谢系统的，仍存在许多不确定性。原始新陈代谢网络的扩张是否存在磷的参与也存在争议。

科学意义：对原始代谢网络的演化过程及特点的了解，有助于加深对生命起源机制的理解，而且对地外生命的勘测也具有指导性意见。

关键科学问题：原始代谢网络的构建。

研究目标：确定磷在原始物质代谢中的作用。

三、同手性的自然选择

生命是宇宙中最奇妙的现象，重要的生物大分子核酸和蛋白质分子都是手性的。构成生物大分子的基本结构单元核糖及氨基酸也存在 D- 和 L- 两种光学异构体。除旋光性相反以外，手性异构体具有相同的物理性质及化学性质。生物体立体选择性较高，手性分子异构体具有不同甚至相反的生物功能，即其在生物体内的代谢过程、营养价值及其毒理性等都存在着显著的差异。地球上的生命系统为什么只选择了 D- 核糖、L- 氨基酸来构建？同手性的自然选择，有的观点认为是一种"随机事件"，也有的认为存在某种"手性扰动"因素实现手性破缺（Evans et al，2012）。地球自身的运动，它所在的太阳系、银河系及所在宇宙的运动都有方向性。生命的产生、手性的选择可能是这个宏观运动的结果。然而，大自然利用哪些"手性扰动"因素实现手性破缺，其中的手性选择机制等问题仍然未得到广泛关注及研究。

科学意义：理解同手性的自然选择本质规律，有利于更好地利用"手性扰动"因素，实现手性选择及开发不对称合成新方法，同时也可以有效避免手性物质的消旋化，在手性医药研发等领域具有重要的经济及社会价值。

关键科学问题："手性扰动"关键因素的寻找、发现。

研究目标：实现特定构型手性物质的有效调控。

四、密码子的化学起源

遗传密码的生物学功能就是调控遗传信息能够高效且精准地翻译成多肽序列，其重要性是不言而喻的，而关于它是如何起源的答案至今仍是一个谜。现在主流学说有三种——立体化学（stereochemistry）、最小差异（error minimization）和共进化（co-evolution）。

立体化学理论强调氨基酸与密码子间的立体化学亲和力，但似乎没有强有力的实验数据去支持它，不能很好地解释密码子起源和进化过程。最小差异理论认为遗传密码的结构是由自然选择的稳健性及对突变的简并性决定的，但如何比较经典遗传密码与随机密码的稳健性及如何证明经典遗传密码比随机密码更稳健仍然是一个挑战。共进化理论对遗传密码表进行非随机特征的归类分析，为其理论提供了一定的合理解释，但并未有实验数据支持其理论推导分析过程。总之，以上三种理论都强调密码的重要性，但都未提供令人信服的明确解释。

科学意义：遗传密码起源是生命起源研究的重中之重，基于现存生物依据遗传密码调控肽合成方式，去追寻前生源肽和遗传密码起源之间的关系，更利于理解遗传密码子化学起源的分子机制。

关键科学问题：前生源肽和遗传密码起源之间关系的化学模型建立。

研究目标：通过遗传密码子对肽的生成量的影响，揭示遗传密码子对氨基酸的选择。

五、地外生命的探索

在浩瀚的宇宙中，是否地球以外还存在其他生命体系？这个生命体系是存在于一个类似于地球的星球之上，有着与地球类似的 L-氨基酸、D-核糖的手性体系，以及其他相似的生命特征？还是存在于一个"镜像地球"，有着截然相反的 D-氨基酸、L-核糖的镜像生命体系？这些有趣的问题一直刺激着人们的大脑，激发着人们的好奇心去不断探索。

地外生命的探索一直是国际生命起源研究的一个热点，是一个国家综合科技水平的体现。目前的研究都聚焦在星际空间、火星、土卫二等星球上有机物、液态水的检测。

磷在生命活动中扮演着重要角色。诺贝尔奖获得者 Todd 教授曾说："哪里有生命，哪里就有磷"，提出"只有在有磷的星球上，才可能存在生命"[1]。他认为，磷的存在是生命产生的必要条件。磷在生命起源的探索中有至关重要的作用。2013 年，Adcock 报道了磷在火星上的含量比在地球上的含量高 5～10 倍。2001 年，耶鲁大学的 R. E. Blake 教授提出磷酸盐中磷酸根 $^{18}O/^{16}O$ 同位素比值可以作为除液态水以外地外生命探寻的一种潜在的新型生命标志物，为寻找地外生命提供了新的研究思路及策略。

科学意义：为寻找地外生命提供新的研究思路及策略。

关键科学问题：深空探测器中集成微型分子手性检测装置实现原位检测；磷酸盐的原位采集及同位素比值的原位分析。

研究目标：地外生命的探索需要尝试跳出现有地球生物的惯性思维模式，从整个宇宙的视角去探寻，探寻"镜像地球"或"镜像生命世界"是否存在，检验磷酸根 $^{18}O/^{16}O$ 同位素——新型生命标志物。

六、磷酸化与生物钟的功能与演化

地球自转导致光照、温度、湿度等环境因子呈现周期性变化，地球上的生命系统为适应环境的周期变化演化出内在的生物钟调节机制。有机体内部表现出准确的节律性，一方面是取决于机体器官和细胞机能状态的周期性变化，另一方面是受环境的影响。与其他生命过程类似，磷酸化在翻译后水平上对生物钟发挥着非常重要的调控作用，并且在不同物种中具有保守性。

科学意义：由于生物钟是反映生物适应环境周期的一种独特的演化产物，对生物钟的产生及演化进行研究有助于理解其他的生命起源与演化问题。

关键科学问题：在生物钟的起源与演化过程中，磷酸化等翻译后修饰是否与生物钟蛋白质的结构、功能存在共同进化。

研究目标：磷酸化对于生物钟蛋白质结构和功能的影响及对应关系的图谱绘制；生物钟演化过程中激酶被招募并参与生物钟蛋白质磷酸化及功能调控的分子机制；N-磷酸化是否也参与生物钟的调节。

第六节　磷与生命科学

磷科学与生命科学高度交叉的科学问题凝练与探索目标的明确对学科的发展非常重要。本着突出前沿与特色、注重创新与研究基础的原则，选择生命有机磷科学关联优势方向进行深入研究，有望获得生命科学领域的原创发现与理论突破。以下从六大研究方向分别进行阐述。

一、核酸的化学修饰与功能调控

如今，越来越多的生物医药公司进入寡核苷酸类药物的研发，包括反义寡核苷酸、核酸适配体及 siRNA。截至目前，共有 6 类种寡核苷酸类药物获得 FDA 批准上市应用，其中属于反义寡核苷酸的药物有四种，分别是 Vitravene（Fomivirsen）、Kynamro（Mipomersen Sodium）、Exondys 51（Eteplirsen）和 Spinraza（Nusinersen）。

Vitravene 是 FDA 批准上市的第一个反义寡核苷酸类药物。该药物由 21 个硫代脱氧核苷酸组成，核苷酸序列为 5'-GCGTTTGCTCTTCTTCTTGCG-3'，主要用于治疗艾滋病患者并发的巨细胞病毒（CMV）性视网膜炎。

Mipomersen 是 Kynamro 的活性成分，是一种以人类载脂蛋白（Apo）B-100 mRNA 为靶点的反义寡核苷酸。该药用于纯合子型家族性高胆固醇血症（HoFH）患者，作为降脂药物和饮食的辅助药物，以降低低密度脂蛋白胆固醇（LDL-C）、载脂蛋白 B、总胆固醇（TC）和非高密度脂蛋白胆固醇。

Exondys 51 是一种治疗杜氏肌营养不良症（DMD）的药物。Eteplirsen 是 Exondys 51 的活性成分，采用一种新颖的磷酰二胺吗啉代寡核苷酸和外显子跳跃技术，跳过外显子 51 表达，帮助患者合成一些有一定功能形式的抗肌萎缩蛋白，延缓 DMD 患者行走和运动能力的退化。

Spinraza 是治疗儿童和成人脊髓性肌萎缩症的首个药物。脊髓性肌肉萎缩症由 SMN1 失活变异造成，但人体还有一个序列极其相近的 SMN2 基因，这个基因表达时缺失 7 号外显子，导致蛋白质略短，很快被降解。Nusinersen 和 SMN2 前 mRNA 结合，促进 7 号外显子编入 mRNA 中，因此产生功能类似 SMN1 的蛋白质。

另外两种寡核苷酸类药物是 Macugen（Pegaptanib Sodium）和 Defitelio（Defibrotide）。Macugen 是一种化学合成的适配体，对 VEGF165 具有高亲和力，能阻止血管生长，抑制新生血管形成，对任何大小和组成的脉络膜新生血管（choroidal neovascularization，CNV）均有治疗作用，其钠盐用于治疗新生血管性年龄相关性黄斑病变。Defibrotide 是一种具有纤溶酶特性的寡核苷酸混合物，能提高纤溶酶水解纤维蛋白凝块的酶活性，增加组织纤溶酶原激活物 t-PA 和血栓调节蛋白表达，减少血管性血友病因子 vWF 和纤溶酶原激活物抑制剂 PAI-1 的表达。该药批准用于治疗肝小静脉闭塞病伴随造血干细胞移植后肾或肺功能障碍。

由此可见，人工合成的寡核苷酸作为药物治疗疾病的效果是肯定的。随着大规模核酸合成技术和仪器的开发，各种增加寡核苷酸核酸酶抗性、生物利用率及生物学活性相关化学修饰技术的建立，以及系统的药理、毒理、代谢和分布实验数据的积累，将会有更多的寡核苷酸进入临床应用。此外，寡核苷酸的设计和应用是以生物学和医学的发展为前提和基础的，生物学和医学新的发展会进一步促进寡核苷酸在生物医学领域拥有更广阔的应用前景和极大的发展空间。

G-四链结构的存在对于 DNA 复制起点起到重要作用，较为可能的作用是定位 DNA 复制的起点和调控 DNA 开始复制的时间。这些调控作用可能通过 G-四链结构与复制开端相关蛋白质的互作间接生效，或直接影响 DNA 复制起始来生效。这些复制起点可能富含 GC 碱基，因为只有当序列中富含鸟嘌呤时 G-四链才能正常形成。一些研究人员也认为 G-四链片段的丰度是复制起点序列中高 GC 含量的次要因素。因此，关于能否通过 G-四链片段来定位富含 GC 碱基的 DNA 序列中的复制起点也需人们投入更多的关注。此外，关于 G-四链结构怎样影响脊椎动物中 DNA 复制的起始也是接下来的研究重点之一。

G-四链核酸作为一种特殊的核酸二级结构，在复制、转录、翻译过程中的调控机制大多是通过结构的动态折叠-解旋，介导蛋白质因子与之相互作用，进而调控相关基因过程。值得注意的是，G-四链结构元件调控基因过程，与其所在基因、所处位点等因素相关，其调控功能可以表现为正调控，也可以表现为负调控，而并非一概而论。目前，G-四链核酸作为基因调控靶标或药物设计靶标，仍存在诸多挑战。这主要是由于，在复杂生命体系中，生物分子彼此存在多种相互关联、相互影响，以及错综复杂的基因调控通路。与此同时，G-四链结构的潜在形成位点广泛分布于 DNA、RNA 中，生物学影响则更加交错重叠，因此靶标特异性的确证一直是一个难题，并且也是研究者越来越关注的问题。未来的研究一方面是在功能和结构研究方面纵深化发展，从细胞层面逐渐深入动物模型层面，且借助抗体免疫沉淀、分子探针等技术辅助靶标的钓取、富集测序，进行靶标的确证，从而深入揭示 G-四链结构元件参与调控的作用机制。与此同时，利用核磁技术、X 射线晶体技术可以对 G-四链结构进行更加精细和深入的研究，包括二维核磁、细胞内核磁、G-四链核酸-蛋白质复合物结晶等。另一方面，G-四链核酸研究在不同领域中不断拓展，主要体现在其他生物物种体系中对 G-四链核酸功能的揭示。例如，病毒体系中 G-四链核酸的功能、作为抗病毒靶标的初试；植物体系中的 G-四链核酸；等等。

二、N-磷酸化蛋白的分析与调控机制

磷酸化组氨酸（pHis）的发现者 Boyer 曾大胆预测，P—N 键比 P—O 键可能具有更重要的生物学功能。这主要基于如下理由：首先，P—N 键具有更高的自由能；其次，在低等生物两组分信号转导系统中，pHis 可以将其高能磷酰基团转移到其他分子中，发挥信号传递作用；最后，P—N 键对酸敏感的特性在一个细胞的微环境中可以起到调控"开关"的作用。

蛋白质 N-磷酸化（His、Lys 和 Arg）的发现比 O-磷酸化早约 20 年，N-磷酸化蛋白存在于细菌、真菌、植物到真核细胞甚至哺乳动物等各种生物体内。然而，N-磷酸化修饰蛋白的发现和功能揭示研究远远落后于 O-磷酸化。这主要是由于：一方面，由于 N-磷酸化对酸、热等条件高度敏感，而现有富集和分析方法通常在酸性条件下进行，缺乏针对 N-磷酸化特异性的富集材料等技术限制，导致对细胞内 N-磷酸化蛋白的数量、种类和时空分布没有全面认识；另一方面，由于缺乏有效的特异性抗体、化学合成和定点标记技术，N-磷酸化相关的激酶、酯酶发现甚少，相关的磷酸基团转移过程尚不清楚，导致很难采用传统的蛋白质合成方法获得毫克级别的产物用于蛋白质结构研究，N-磷酸化对蛋白质功能的调控和具体的生物学功能尚不清楚。发展 N-磷酸化蛋白的追踪、发现、捕获、富集、结构鉴定、合成及功能等研究，是极具基础性、前瞻性、交叉性和紧迫性的科学任务。同时，由于氮原子的孤电子对和磷酰胺 π 键重叠较少，P—N 键无法受益于电子离域形成的稳定结构，在酸性条件下极易发生去磷酸化。因此，采用现有的在酸性条件下富集和质谱分析 O-磷酸化肽的方法，会导致 P—N 键水解，无法获得 N-磷酸化信息。

发展 N-磷酸化蛋白分析负离子质谱技术。近年来，由于可以提供蛋白质专一位点上磷酸化的信息，质谱已经成为研究磷酸化蛋白组学的一种非常重要的工具。然而，传统的 O-磷酸化蛋白的质谱分析鉴定方法涉及酸处理，液相分离中也使用酸性洗脱剂。在质谱分析中，磷酸化位点鉴定过程（基于 LC-ESI-MS 技术）往往需要超过 2h 的时间，但 P—N 键的不稳定性使磷酸基团很容易丢失，尤其是在酸性条件正离子检测模式下。并且，磷酸基团具有中强酸性，不易离子化。以上诸多因素给酸敏感 N-磷酸化蛋白的质谱分析、鉴定带来极大的挑战。另外，虽然负离子质谱分析模式很早就被采用进行 O-

磷酸化肽段的分析，但在多数情况下只能采用添加小分子化合物改善离子化过程、化学修饰及设计新基质等策略来提高负离子模式的检测灵敏度，不能直接从质谱软硬件从头设计角度提高检测灵敏度和检测效率。质谱技术瓶颈极大制约着 N-磷酸化蛋白的发现。

N-磷酸化蛋白研究是生命科学研究的关键科学问题。人类细胞类型具有多样性，目前正处于系统研究阶段，有望获得重要突破。同时，基于人类不同组织或器官细胞种类与亚型的蛋白质组学研究具有一定的研究基础，特别是我国科学家针对肝脏组织已经成功测定出 6788 个高可信度的中国成人肝脏蛋白质，系统构建了国际上第一张人类器官蛋白质组"蓝图"；发现了包含 1000 余个"蛋白质-蛋白质"相互作用的网络图；建立了 2000 余株蛋白质抗体作为重要基础信息。因此，基于上述研究积累，首先选择以人类肝细胞为研究对象，系统开展 N-磷酸化修饰蛋白的发现及其生物功能研究的关键技术，从而为人类细胞 N-磷酸化蛋白组学研究奠定理论基础。

三、磷酸化过程与基因转录调控机制

人类基因转录过程依赖于 RNA 聚合酶。RNA 聚合酶 II（Pol II）是一个由 12 种亚基组成的 550kDa 的复合体。Rpb1 是 Pol II 最大的也是催化酶活所在的亚基。Rpb1 的碳端结构域（C-terminal domain，CTD）具有特殊的七肽重复序列 Tyr-Ser-Pro-Thr-Ser-Pro-Ser。CTD 的这个特征从真菌到人类都是保守的。不同的是，脊椎动物的 CTD 有 52 个七肽重复序列，而酿酒酵母只有 26 个，其他真核生物的数量介于二者之间。在转录的循环过程中，CTD 会发生多种翻译后修饰，其中最引人注意也重要的是磷酸化，特别是第二位和第五位的丝氨酸残基（Ser2 和 Ser5）。磷酸化可以调节 Pol II 的活性。

Pol II 以两种形式存在——高度磷酸化的 IIa（hyperphosphorylated RNA Pol II）及未磷酸化的 IIo（hypophosphorylated RNA Pol II）。转录起始时，组装到转录前起始复合体（preinitiation complex，PIC）里的是 IIo；随着转录的进行，CTD 的磷酸化程度逐渐变高，在转录延伸阶段的 Pol II 是高度磷酸化的。也就是说，CTD 在转录过程中经历着磷酸化和去磷酸化的循环（图 4-12）。转录因子 IIH（TFIIH）的组分之一周期蛋白依赖性激酶 7（CDK7）可以特异性磷酸化 Ser5，而由周期蛋白依赖性激酶 9（CDK9）和细胞周期蛋白 T1

（CycT1）组成的 P-TEFb 复合体是负责 Ser2 磷酸化的激酶。Ser5 被磷酸化以后，启动子区域彻底暴露，同时转录暂停，开始进行新生 RNA 5′ 端的加帽。加帽结束后，P-TEFb 加入并磷酸化 Ser2，转录及后续的 RNA 成熟与加工进程得以重启。CTD 的磷酸化状态是动态变化的。转录结束以后，Pol Ⅱ 从 DNA 模板上脱落。在进行新一轮的转录之前，Pol Ⅱ 必须变成 Ⅱo 的形式才可以组装到 PIC 中。主要有两个激酶负责将 CTD 去磷酸化——Fcp1 和 Ssu72。此外，有研究表明 PP1 也可将 CTD 磷酸化。由此可见，CTD 七肽重复序列的可逆磷酸化修饰（包括磷酸化位点选择及磷酸化程度高低），是调控转录循环过程的关键步骤。然而，CTD 磷酸化的分布模式仍然是生命科学领域未解的密码之一。

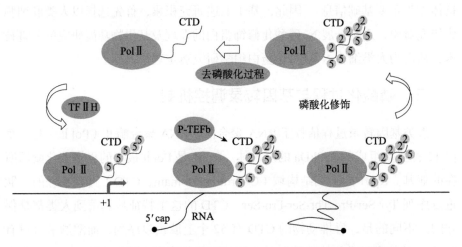

图 4-12 Pol Ⅱ CTD 的磷酸化循环（5′ cap 指 5′ 端甲基鸟苷帽子）

许多转录在达到特定的长度（约 10 个核苷酸）前会被提前终止，该现象可以被称为无效起始（abortive initiation）。无效起始持续不断发生，直到 Pol Ⅱ 产生超过 10 个核苷酸的转录子（transcripts）。一旦达到这个阈值，Pol Ⅱ 随即脱离与启动子元件及其他不再需要的调节蛋白的结合。此时，TF Ⅱ H 仍滞留在启动子区域，其组分之一 CDK7 将 CTD 的 Ser5 磷酸化，随后 Pol Ⅱ 完成启动子逃逸（promoter escape），转录也进行到下一个阶段。

CTD 的 Ser5 磷酸化以后发生构象变化，可以招募加帽酶到新生转录产物 5′ 端进行加帽反应。转录产物继续延长至 50 个核苷酸左右时，负性延伸因子（negative elongation factor，NELF）和 DRB 敏感性诱导因子（DRB-sensitivity inducing factor，DSIF）识别并结合到 Pol Ⅱ 上，引起 Pol Ⅱ 在启动子附近暂停（promoter-proximal pausing）。为了克服 NELF/DSIF 这两个因子的抑制效应，促进转录有效延伸，P-TEFb 随后参与进来，将 NELF 的 RD 亚基和 DSIF 的 Spt5 亚基磷酸化。磷酸化导致 NELF 从 Pol Ⅱ 上解离下来，而 DSIF 被转变成一个正性延伸因子继续与 Pol Ⅱ 结合。更重要的是，CTD 的 Ser2 也同时被 P-TEFb 磷酸化，Ser2 高度磷酸化的 Pol Ⅱ 得以从暂停状态中释放出来，转入有效延伸阶段。最后，在转录循环的结尾，CTD 的磷酸酶（如 FCP1）将 Pol Ⅱ 去磷酸化，从 Ⅱ a 形式变成 Ⅱ o 形式，通过这样的方式回收 Pol Ⅱ，又可以将其投入新一轮的转录中。

相位分离（phase separation）新机制与基因转录延伸调控过程密切相关。Pol Ⅱ CTD 结构域的高度磷酸化（hyperphosphorylation）是转录延伸及伴随转录的 mRNA 加工过程可以高效进行的前提。尽管研究者很早就知道 P-TEFb 是负责磷酸化 Pol Ⅱ CTD 的激酶，但是对于具体是 P-TEFb 的哪段区域在这中间发挥决定作用却知之甚少。有研究报道指出，CyclinT1 的组氨酸富集区 HRD 区域是 CDK9 高度磷酸化 CTD 所必需的（Lu et al，2018）。HRD 可以介导 P-TEFb 与 CTD 的相互结合，反过来也使得 P-TEFb 能够定位到活跃转录的基因上。存在于通用转录因子 TFIIH 中的 CDK7 的结合分子 Cyclin H 不具有 HRD，无法高度磷酸化 CTD。而将 CyclinT1 的 HRD 区域融合到 Cyclin H 的序列以后，CDK7/Cyclin H 获得了与 P-TEFb 一样高度磷酸化 CTD 的能力。另外，除了 P-TEFb 的 CyclinT1，另外一个激酶 DYRK1A 也同样需要 HRD 来结合 Pol Ⅱ 并高度磷酸化 CTD。

由于组氨酸连续、重复的存在，HRD 被认为是一个低复杂性结构域（low-complexity domain，LCD），并且存在于一个范围更大的、没有特定结构的固有无序区域（intrinsically disordered region，IDR）内。众多研究表明，IDR 特别是包含 LCD 的 IDR 可以促进蛋白质发生液-液相分离（liquid-liquid phase separation，LLPS），并且协助细胞内无隔膜细胞器（intracellular membrane-less organelles）的形成，这对于许多基础生物学过程具有重要的作用（Shin and Brangwynne，2017）。

研究还表明，包含 HRD 的 CyclinT1 的 IDR 区域可以在体外发生相分离，形成液滴（liquid droplet），并且这个过程依赖于 HRD，因为相同条件下缺少 HRD 的 IDR 区域只能观察到少量无规则的蛋白质析出。当 HRD 内九个连续的组氨酸被突变成丙氨酸之后，与野生型相比，IDR-H9A 这个突变体只能形成非常小的液滴，说明组氨酸对于 CyclinT1 的 IDR 区域发生相分离的关键作用。另外，尽管 Pol II 的 CTD 是一段低复杂性序列，但是 CTD 本身并不能发生相分离。而当 CTD 与 CyclinT1-IDR 同时存在时，CyclinT1-IDR 可以通过相分离招募 CTD 形成液滴。包含 CyclinT1 和 CTD 的液滴的形成，使得二者在细胞内的特定区域内高度聚集，有利于 P-TEFb 对 Pol II 进行高度磷酸化修饰，促进转录延伸的高效进行（图 4-13）（Lu et al，2018）。

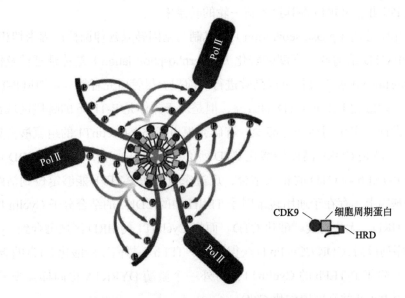

图 4-13　P-TEFb 通过依赖于 HRD 的相分离来高度磷酸化 Pol II CTD

四、DNA 修复与蛋白质二磷酸腺苷核糖基化

DNA 承载着传递生命遗传信息的使命，其结构的完整性与稳定性在生物学上有特别重要的意义。然而，机体无时无刻不在面临着内源性（细胞内 DNA 复制或代谢中自发形成的）或外源性（离子辐射、紫外照射或有害化学试剂）造成的 DNA 损伤，对基因组的完整性和稳定性产生重大不利影响。如果不能及时修复 DNA 损伤，可能导致 DNA 复制、转录和蛋白质的翻译等

过程受阻，进而使得代谢紊乱、基因组不稳定甚至细胞癌变。

为了延续生命和维持正常的机能活动，细胞必须存在高效且特异的 DNA 修复机制。可以通过多种途径对各种类型的 DNA 损伤进行修复，如核酸切除修复、碱基切除修复（base excision repair，BER）、错配修复和同源重组修复等。决定细胞命运的不仅是 DNA 损伤的严重程度，其修复过程的调控也起到关键作用。修复能力与修复机制也十分重要。

多腺苷二磷酸核糖聚合酶 1[poly（ADP-ribose）polymerase，PARP1] 介导的腺苷二磷酸核糖基化（ADP-ribosylation）与 DNA 损伤修复密切相关。以 PARP1 为例，敲除 PARP1 的小鼠表现出对 DNA 损伤试剂高度的敏感性。在机制方面，PARP1 可以在 DNA 损伤发生后被招募到基因组上损伤的位点，启动修复过程。结合损伤 DNA 的 PARP1 被激活，随后将自身和附近蛋白质 ADP 核糖基化，形成长的多聚 ADP 核糖 [poly（ADP-ribose），PAR] 链，而这可以进一步招募结合 PAR 的蛋白质到损伤位点。这些新招募的蛋白质包括：①支架蛋白 X 射线损伤修复交叉互补蛋白 1（XRCC1）。该蛋白参与 BER 途径的组装和激活。②染色质域解旋酶 DNA 结合蛋白 4（chromodomain helicase DNA binding protein 4，CHD4）。该蛋白质可抑制转录，促进修复的进行。③DNA 损伤应答因子 APLF 和有丝分裂检测点因子 CHFR。调控细胞周期，阻止细胞进入有丝分裂。④Macro 结构域包含蛋白 ALC1。结合 PAR 后被激活，调控核小体重组（nucleosome remodeling）。

ADP 核糖基化是一种可逆的蛋白质翻译后修饰（post-translational modification，PTM），利用 β-NAD$^+$ 作为供体，将一个或多个腺苷二磷酸核糖（ADP-ribose）共价连接至靶向蛋白上。该修饰是由 PARP 家族蛋白质介导的。靶向蛋白可以被单个 ADP 核糖修饰，也可以被多个 ADP 核糖组成的多聚链修饰，根据添加到靶向蛋白上的 ADP 核糖的数量可以将该修饰分为单 ADP 核糖基化（mono ADP-ribosylation，MARylation）和多聚 ADP 核糖基化（poly ADP-ribosylation，PARylation）。体外实验表明，多聚 ADP 核糖基化修饰可以包含多达 200 个 ADP 核糖，包括线性链和分支链。

许多不同的氨基酸残基可以是 ADP 核糖基化修饰的位点。尽管早期的研究者认为只有谷氨酸和天冬氨酸能被修饰，随后许多其他的位点陆续被发现，包括赖氨酸、精氨酸、丝氨酸、半胱氨酸、白喉酰胺（diphthamide，一种经过修饰的组氨酸）等（图 4-14）。ADP 核糖基化可引起被修饰蛋白质的功能变化，或者修饰之后可作为支架分子招募其他蛋白质来行使功能。PARylation 可以调控多种细胞进程，包括细胞分裂、细胞凋亡、染色质结构调节、转录和蛋白质降解等。同时，PARylation 还参与到多种细胞压力应答中，如 DNA 损伤、热激和细胞质应激反应（cytoplasmic stress response）等。

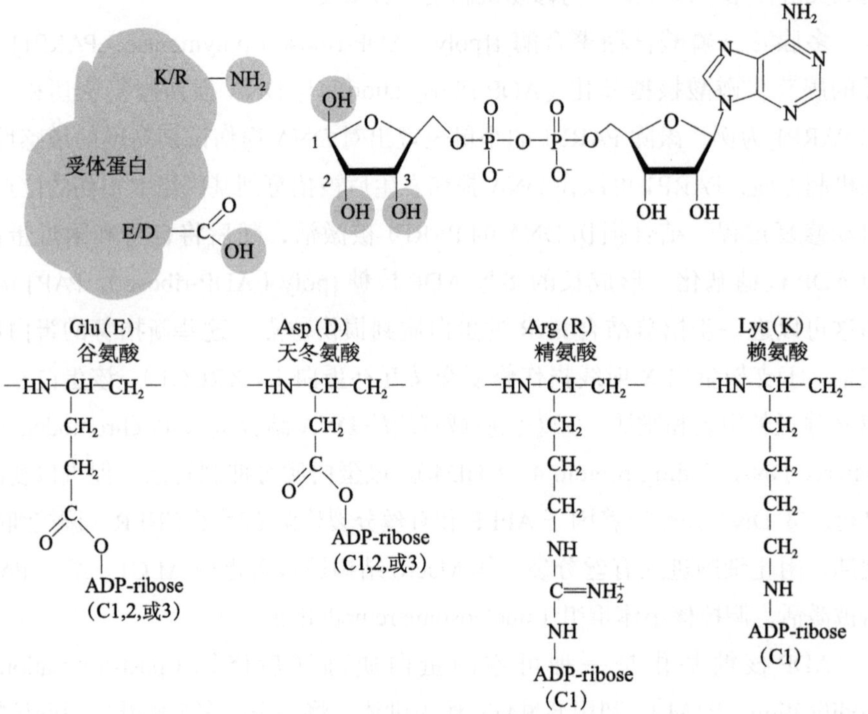

图 4-14 多种不同氨基酸残基可发生 ADP 核糖基化

负责催化 ADP 核糖基化修饰的是 PARP 家族蛋白质。该家族由 17 个成员组成，所有成员的催化结构域均包含一个经典的 H-Y-E 保守序列，其中组氨酸和酪氨酸是结合 NAD$^+$ 所必需的。PARP1 是第一个被人们发现的，也是研究最多、最深入的 PARP 成员家族。哺乳动物 PARP1 是一个约 116kDa 的蛋白质，包括多个不同结构域：①N 端的 DNA 结合结构域。其中又包含三个锌指结合结构域（zinc-finger binding domain）和一段核定位序列（nuclear localization sequence，NLS）。②位于中间的自身修饰结构域。由潜在的自身修饰位点，一段介导二聚体形成的亮氨酸拉链结构域（leucine zipper motif），一段磷酸肽结合结构域组成（BRCAI c-terminal domain）。③位于 C 端的催化结构域。其中包含一个 WGR 结构域和经典的 H-Y-E 保守序列。

PARP1 可以通过其锌指 DNA 结合结构域识别，结合单链 DNA 损伤区域并被激活，进而通过单链 DNA 断裂（single-strand break，SSB）修复和碱基切除修复等方式进行 DNA 修复。结合到损伤 DNA 之后，活化的 PARP1 催化活性增强，催化底物蛋白及自身的 ADP 核糖基化修饰。PARP1 自身发生修饰以后，其 ADP 核糖多聚链可以招募多种蛋白质至 DNA 损伤位点，形成一个修复复合体。随后，高度多聚核糖基化的 PARP1 对 DNA 的亲和力下降，从损伤位点上解离下来，使得更多其他修复蛋白可以结合到 DNA 损伤位点进行修复。然而，PARP1 的过度激活会导致细胞内烟酰胺腺嘌呤二核苷酸（NAD）的过度消耗，造成细胞功能失调，最终引起细胞坏死或凋亡。

由于各种刺激的存在，DNA 损伤在细胞的生命周期中经常发生。对于更加活跃的肿瘤细胞，正确的 DNA 复制及 DNA 损伤的正确修复对其存活尤其重要。双链 DNA 断裂（double-strand DNA breaks，DSB）对细胞的毒性最大。DSB 的修复包含准确性很高的同源重组（homologous recombination，HR）修复方法和错误率很高的非同源末端连接（non-homologous end-joining，NHEJ）方法。肿瘤抑制因子 BRCA1 和 BRCA2 可以与 DNA 修复蛋白 Rad51 形成复合体，在 HR 途径 DNA 修复过程中发挥重要作用。BRCA1/2 突变在乳腺癌和卵巢癌中十分常见。

PARP1 抑制剂是很有前景的抗肿瘤药物。目前已经有第三代 PARP1 抑制剂被开发出来，很多都进行到 Ⅱ 期临床试验。在机制方面，PARP1 被抑制引起 DNA 修复受阻，导致 SSB 积累，而 SSB 的积累又会导致 DSB 形成，如果 DSB 不被修复则将最终引起细胞死亡。在 BRCA1/2 发生突变肿瘤细胞中，细胞无法利用准确的 HR 方法有效修复 DSB，只能通过错误率较高的 NHEJ 方法修复。NHEJ 导致肿瘤细胞基因组的不稳定性增加，在肿瘤细胞活跃的复制分裂过程中，基因组的错误不断累计，最终导致肿瘤细胞死亡。

五、探索第二信使参与的信号转导活动

在面对外界信号时，细胞发生复杂精确的细胞反应。显然，目前对第二信使及其信号转导的研究远远不足以解释其中的复杂性、多样性和准确性。

（一）本领域的学科发展方向和关键科学问题

1. 拓展第二信使的多样性

发现新的具有第二信使功能的小分子化合物，探索其在生理病理中的调控作用，引领着学科的热点和突破性研究进展。

作为细胞内广泛存在的小分子化合物，Ap_nA 家族分子参与 DNA 复制调节、神经递质传递、天然免疫反应发生等多种重要活动，相关的分子调节机制、作用方式是一个重要的学科生长点。同时，Ap_nA 作为具有药物活力的小分子化合物，直接生理效应包括抗血栓形成的作用、调节血管收缩等。特别值得提到的一点是，Ap_4A 比 ATP 和 ADP 具有更长的体内半衰期。通过 P—C—P 键替换 P—O—P 键，可以使 Ap_4A 不被水解酶水解，同时保留药物活性。由于这些显著的性质，Ap_4A 已经作为一类药物辅助剂被应用到临床。然而对于整个 Ap_nA 第二信使家族更广泛的应用研究，主要的瓶颈却在于对调节通路和相关分子作用机制认识的缺乏。

2. 在时空水平上理解第二信使的动态分布

第二信使对外界环境的响应，主要是通过浓度变化来完成的。而这种浓度变化常常以振荡形式发生，即快速发生，随后在降解酶的作用下回到初始状态。探索时间-空间层面上的动态性质对于深刻理解第二信使的作用方式有重要意义。对第二信使进行时空水平的测定，一直是非常重要但同时具有挑战性的领域。例如，2010 年 Miller 基于荧光共振能量转移（fluorescence resonance energy transfer，FRET）技术实时观察了 c-di-GMP 在革兰氏阴性菌 *Caulobacter crescentus* 细胞分裂中的分布。对于 Ap_nA 家族分子的浓度测定来说，主流的检测方法（包括 HPLC-MS/MS）以及 20 世纪 60 年代研发的体外生化检测方法，经过萃取细胞内小分子化合物，降解细胞内 ATP，磷脂酶水解细胞内 Ap_3A、Ap_4A、Ap_5A 并检测生成 ATP 的浓度来检测 Ap_nA 的浓度。这种检测方法耗时长，同时不能区别 Ap_3A、Ap_4A、Ap_5A，只能根据常见的比例分布估计其相对含量，大大限制了对 Ap_nA 家族分子生理作用的探索和理解。目前还没有在细胞内检测 Ap_nA 实时分布的有效方法。因此，发展 Ap_nA 准确、便捷、实时的浓度检测方法，是该领域的学科制约问题。研发化学小分子、蛋白质探针，不仅可以探索 Ap_nA 的生理功能，而且是疾病诊断的潜在工具，是该领域的重要学科增长点。

3. 第二信使的合成启动机制

细胞如何读取外界信号、如何生成第二信使小分子化合物一直是热点关注的问题。对于 Ap_nA 家族来说，目前已知氨酰 tRNA 合成酶是其重要的合成酶。除了谷氨酰胺 tRNA 合成酶、谷氨酸 tRNA 合成酶及精氨酸 tRNA 合成酶外，大部分的氨酰 tRNA 合成酶都具有合成 Ap_nA 的能力。而这一合成能力与应激状态下的氨酰 tRNA 合成酶的非经典功能紧密联系。例如，在肥大细胞过敏免疫激活过程中，MAPK 通路激活并磷酸化赖氨酰 tRNA 合成酶（LysRS），磷酸化的 LysRS 失去了结合 tRNA 生成氨酰 tRNA 的能力，而通过结合 ATP 生成大量的 Ap_4A（其浓度会在 15min 内迅速上调 $5\sim10$ 倍），达到 $700\mu mol/L$。关键的科学问题包括：①除了氨酰 tRNA 合成酶，是否还有其他酶参与 Ap_nA 家族分子的应激合成。② MAPK 激酶磷酸化赖氨酰 tRNA 合成酶、调控 Ap_4A 浓度提升的这一机制除了参与过敏抗原应激反应外，是否参与了其他应激反应。

4. 第二信使的靶向蛋白鉴定

通过质谱技术和蛋白质组学技术，探索第二信使的靶向蛋白，是深入理解应激作用复杂性、网络性、协同性的必要手段和方式。

5. 在分子水平理解第二信使的调控方式

随着结构生物学、核磁共振技术、电镜技术的发展，人们对第二信使行为方式的理解已经进入分子水平。对于 Ap_nA 家族来说，还没有相关的分子调控机制报道。Ap_nA 具有独特的"线性＋对称"结构：它们像环化双核苷酸（如 c-di-GMP、c-di-AMP）一样具有对称的结构，同时保持独特的线性结构。而在已知的第二信使中，只有脂类第二信使二酰甘油 DAG 具有这种线性结构。这种"线性＋对称"分子结构如何发挥第二信使功能，激活下游通路，目前还不为人知。

（二）Ap_nA 家族功能的研究

50 年来，人们对信号转导活动展开了大量的研究。但是由于外界环境变化的细胞活动的复杂性，信号转导仍然是一个充满未知和挑战的研究领域。

对于含磷第二信使家族小分子 Ap_nA 而言更是如此。尽管 Ap_nA 参与广泛的生理活动，但是实验研究还主要局限在单一诱因可以促进细胞内/外 Ap_nA 浓度含量发生剧烈变化，或者 Ap_nA 可以显著诱导某一现象的发生；Ap_nA 具体靶向机制并没有清晰的了解，相关研究还处于起步阶段。关于 Ap_nA 家族功能的研究主要集中在如下三个方面。

1. Ap_4A 参与 DNA 复制调节

在 1978 年，Grument 首先发现 Ap_4A 会诱导 G1-arrest 的 BHK 细胞进行 DNA 复制。同时，S 期（即 DNA 复制期）时，细胞含有大量的 Ap_4A，而 G1 期细胞的 Ap_4A 的含量则大大减少。尽管 Ap_4A 的浓度随外界影响而变化，但是 ATP 的含量却基本维持不变，说明 Ap_4A 浓度在 DNA 复制期上调并非由核苷酸总浓度增加所导致。同时，Ap_4A 的酶解产物 AMP 或腺苷酸都不具备诱导 DNA 复制的能力。这说明，Ap_4A 促进 DNA 合成的功能是靶向特异的。有文献报道 Ap_4A 可以和 DNA 聚合酶-α 亚基发生结合，Ap_4A 可能作为引物起始 DNA 复制。然而，其中具体的靶向调节机制却并不清楚。

2. Ap_4A 在神经递质传递和调节血管收缩中的作用

Ap_4A 也被报道在神经递质传递和调节血管收缩中起作用。Ap_4A 和 Ap_5A 在脑细胞的分泌小体中大量存在，Ap_4A 的释放会促进儿茶酚胺（重要的神经递质包括多巴胺、去甲肾上腺素和肾上腺素，促进心脏、肾脏、皮肤黏膜血管收缩）的释放，其具体调节因素尚不清楚。同时，Ap_4A 和 Ap_5A 会抑制神经细胞内的囊泡运输。Ap_3A 和 Ap_4A 都可以促进血管收缩，血压升高。Ap_4A 在嗜铬细胞和红细胞中显著存在，并可以被分泌至细胞外部。在嗜铬细胞中，Ap_4A 可以作为拮抗剂作用在嘌呤受体 P_{2Y} 上，抑制腺嘌呤的胞内运输。Ap_4A 通过结合嘌呤受体 P_{2Y} 抑制 ADP 诱导的血小板聚集，起到抗凝血的作用。

3. Ap_4A 在过敏反应免疫激活中的作用

2004～2012 年，以色列希伯来大学的 Ehud Razin 教授发现了 Ap_4A（Ap_nA 家族中丰度最高、最具有代表性的成员）参与哺乳动物免疫应答过程的信号通路。当肥大细胞和嗜碱细胞被抗原（DNP）激活时，细胞内 Ap_4A 的浓度上调 5～10 倍。上调的 Ap_4A 结合下游靶向蛋白 HINT1，解除 HINT1 对转录因子 MITF 的抑制作用，释放 MITF 并激活免疫调节因子的转录和产生。Ap_4A 家族参与免疫激活调控的这一 Ap_4A-HINT1 通路，是目前唯一在分子上清楚的 Ap_nA 第二信使参与的细胞调控通路。由此，人们对于 Ap_nA 特别是其中的 Ap_4A 作为"第二信使"的性质才得到明确，确认了其作为第二信使的身份。现在以 Ap_4A 为代表的 Ap_nA 家族分子作为第二信使响应环境刺激已毋庸置疑，而它们如何发挥下游调控的分子机制成为一个全新的领域，仍等待人们去研究。

综上所述，Ap_nA 作为蛋白质翻译过程中的必然产物，是细胞内最广泛分布的小分子，并以快速、剧烈的浓度变化响应外界环境变化，参与广泛的生理活动。而它在各个重要方面的具体分子机制，与其他第二信使分子的作用机制相比，目前的研究都处于起步阶段。它的研究现状可以归纳为：参与的生物学功能多，清楚的调控通路少，相关分子的调控机制没有报道，因此是一个非常重要的学科领域生长点。

六、异戊二烯焦磷酸生物合成通路研究

异戊二烯类化合物是地球上结构最多、立体构型最多样化的一类天然产物。异戊二烯类化合物皆由二甲基烯丙基焦磷酸（DMAPP）和异戊二烯焦磷酸（IPP）（图 4-15）通过多种反应生成。二者通过形成异戊烯碳正离子的给体和受体、碳链的延长、多种关环反应等构建了多样化的天然产物骨架。青蒿素、紫杉醇就是大家所熟知的异戊二烯类化合物。除了植物之外，异戊二烯类化合物出现于各种生命形式中，包括细胞、寄生物及每种细菌。这些化合物包括胆固醇、血红素、维生素 K、辅酶 Q10 及所有的固醇类激素等。DMAPP、IPP 被认为是生物合成多样性的根源之一，而探究异戊二烯焦磷酸生物合成通路的调控对象及其生理学意义也一直是生物学的重要研究方向之一。

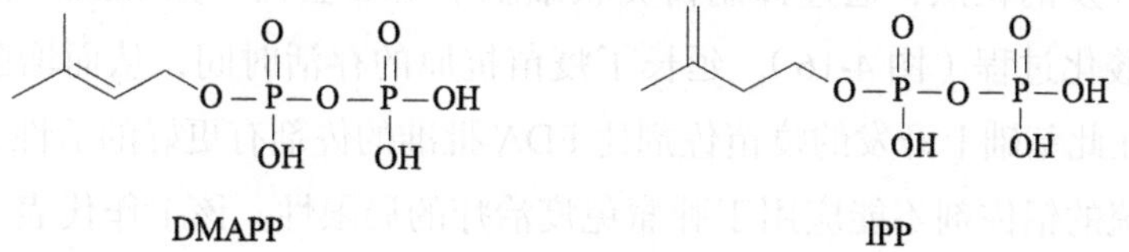

图 4-15 DMAPP、IPP 的化学结构

在 20 世纪，对异戊二烯焦磷酸生物合成通路的研究帮助人类深入地了解了生命体的奥秘，也促进了多种"重磅炸弹"药物（如他汀及双磷酸药物）

的诞生。这些英雄史诗般的工作有效地改善了人类自身的健康。我们完全可以预期，深入探究每个生命形式中异戊二烯焦磷酸生物的合成通路，将会带来更多生物学和医学上的重大突破。例如，2008 年，美国科学家发现金黄色葡萄球菌这一超级细菌的色素是由法尼基焦磷酸转化而来的，而抑制该色素的合成则可以使这一病菌被免疫系统高效地清除，该工作为抗生素开发提供了全新的策略。2012 年，Oldfield 教授及张永辉（现清华大学教授）等发现了抑制疟原虫中类异戊二烯焦磷酸的生物合成，可以有效地治疗疟疾感染（No et al，2012）。2014 年，张永辉教授在《科学转化医学》（*Science Translational Medicine*）上发文，他们发现抑制肿瘤细胞内的法尼基焦磷酸的合成，能有效抑制带有 KRAS（kirsten rat sarcoma viral oncogene）突变的肿瘤。（Xia et al，2014b）

2018 年，清华大学张永辉教授在《细胞》（*Cell*）上报道了异戊二烯焦磷酸生物合成通路是疫苗佐剂和免疫治疗的靶点，亲脂的他汀药物和双膦酸药物通过抑制异戊二烯焦磷酸，可以被开发为高效的疫苗佐剂（Xia et al，2018）。疫苗佐剂是现代疫苗最重要的瓶颈问题之一。疫苗原则上由抗原和免疫激活剂两个部分组成。由于生化、基因和合成技术的发展，抗原的获取已经没有不可逾越的屏障，而免疫激活剂（佐剂）在理论和现实意义上的开发则不尽如人意。到目前为止，FDA 批准上市的佐剂只有铝佐剂、MF-59、AS03 和 AS04 等几种。美国国立卫生研究院（National Institutes of Health，NIH）曾于 2014 年投入 7000 万美元，资助新型佐剂的靶点发现及机制研究，但尚无较大进展。新型佐剂研发的窘境在一定程度上归咎于人们对佐剂的作用机制缺乏了解，这也导致佐剂开发的新靶点严重缺乏。张永辉研究团队通过对异戊二烯焦磷酸生物合成通路的深入研究，提出并验证了该通路作为疫苗佐剂开发的靶点，通过抑制树突状细胞中小 G 蛋白（如 Rab5）的异戊二烯焦磷酸化过程（图 4-16），延长了疫苗抗原的存活时间，从而增强了免疫反应。在此基础上开发的疫苗佐剂比 FDA 批准的佐剂有更好的活性，而且克服了传统的铝佐剂不能应用于肿瘤免疫治疗的局限性。该工作代表了科学家对异戊二烯焦磷酸生物合成通路调控作用的更深入的理解。

这些药物控制着胆固醇的生物合成及众多小 G 蛋白（如 Rab5）的异戊二烯修饰过程。需要强调的是，异戊二烯焦磷酸的生物合成通路还有大量的探索空间。我们需要重新审视基于该通路进行药物研发的巨大潜力，并进行相

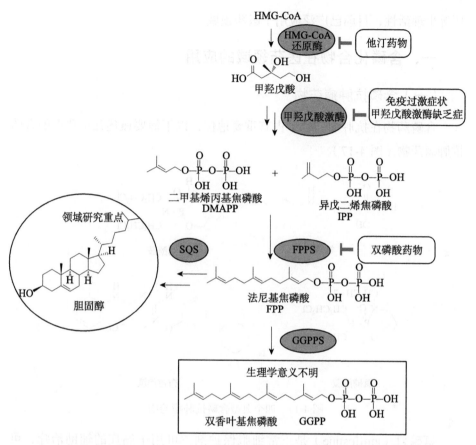

图 4-16　真核细胞中的类异戊二烯焦磷酸生物合成通路及对应的他汀和双磷酸药物

SQS：squlene synthase，角鲨烯合成酶；FPPS：farnesyl diphosphate synthase，法尼基焦磷酸合成酶；GGPPS：geranylgeranyl diphosphate synthase，双香叶基焦磷酸合成酶

关的产业布局。可以预见，深入研究异戊二烯焦磷酸在各种生命形式（如免疫细胞、结核菌、金黄色葡萄球菌、病毒）中所起的作用，将会引导新的学科方向并导致新型"重磅炸弹"类药物的诞生。

第七节　磷与医药

随着人类对含磷物质认识的加深和科学的新发现，磷对人类健康的益处越来越显著。含磷化合物具有显著的抗癌、抗骨质疏松、抗病毒、抗菌、降压等生理活性，目前已广泛应用于医药领域。

一、含磷化合物在医药领域的应用

（一）含磷抗肿瘤药物

含磷药物在抗肿瘤药物中占有重要地位，以下简要概述几个典型的含磷抗肿瘤药物（图 4-17）。

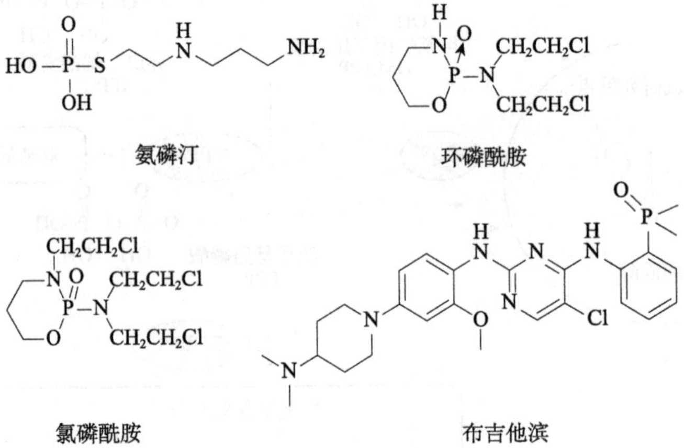

氨磷汀　　　　　　　　环磷酰胺

氯磷酰胺　　　　　　　　布吉他滨

图 4-17　四个典型含磷抗肿瘤药物

氨磷汀（amifostine）是正常细胞保护剂，可用于癌症的辅助治疗，可以在不影响肿瘤治疗效果的前提下保护患者正常组织，减轻化疗和放疗给患者带来的痛苦，防止继发性肿瘤的发生。该药物于 1994 年在欧洲开始批准应用。1995 年，FDA 批准其用于卵巢癌患者顺铂化疗时引起的肾毒性保护；1996 年，FDA 批准其用于接受顺铂治疗的非小细胞肺癌患者；1999 年，FDA 批准其用于放疗所致头颈部肿瘤患者的口腔干燥症。

环磷酰胺，1958 年由 Arnold 和 Bourseaux 首次合成，是第一个所谓"潜伏化"广谱抗肿瘤药，抗瘤谱广，对白血病和实体瘤都有效，主要通过肝脏 P450 酶水解成醛磷酰胺再运转到组织中形成磷酰胺氮芥而发挥作用。该药是应用潜效概念设计药物的范例。2017 年，世界卫生组织国际癌症研究机构公布的致癌物清单中，环磷酰胺仍在一类致癌物清单中。布吉他滨（brigatinib）用于治疗对克唑替尼抵抗或不耐受的 ALK 非小细胞肺癌患者。

（二）含磷抗骨质疏松药物

含磷药物可用于治疗骨质疏松，目前比较流行的是双膦酸盐类药物（图 4-18），其结构与内源性骨代谢调节剂焦磷酸盐相似。它将在酸性环境下易水解或被焦磷酸酶分解而失活的焦磷酸盐中的 P—O—P 键更换成 P—C—P 结构，在体内性质稳定。双膦酸盐易沉积在骨组织内，与其中的膦酸钙结合，继而抑制羟磷灰石结晶及其非结晶前体物质的溶解吸收、形成和生长，而且抑制其吸收比抑制其形成和生长所需要的剂量要低，即在低剂量时就足以发挥抗骨吸收的作用。阿仑膦酸钠是第一个被 FDA 批准的可用于预防和治疗骨质疏松的双磷酸盐类药物。利塞膦酸钠作为抗骨质疏松症的第三代双膦酸盐类药物，最早由美国宝洁（Procter&Gamble，P&G）公司与 Hoechst Marion Roussrl 公司研制开发，是一种吡啶二膦酸盐骨吸收抑制剂。它于 1998 年在美国首次上市，临床上用于治疗变形性骨炎。利塞膦酸钠片剂于 1999 年 10 月在瑞典得到批准，于 2004 年又获 FDA 许可用于预防和治疗绝经后妇女的骨质疏松症。由于该类药物具有优秀的骨组织亲和力及显著的骨吸收抑制能力，目前正被广泛应用于临床。该类药物除了具有显著疗效之外，还存在常见的副作用：一过性的流感症状，如骨骼肌肉疼痛、发热；胃肠道反应，如上腹部疼痛；对肾脏产生毒性反应。

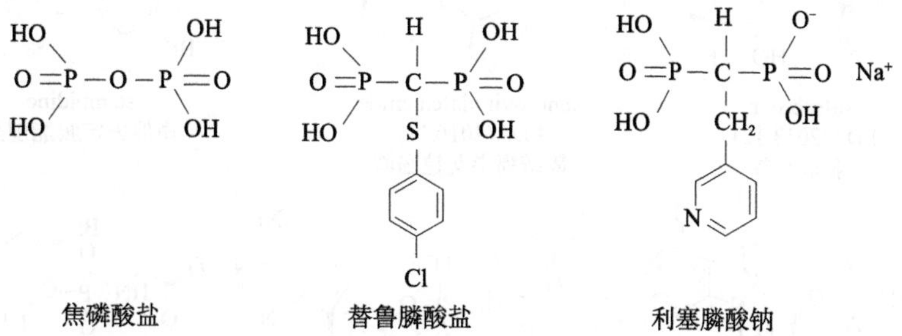

| 焦磷酸盐 | 替鲁膦酸盐 | 利塞膦酸钠 |

图 4-18 常见双磷（膦）酸类药物

（三）含磷抗病毒药物

含磷药物广泛用于抗病毒。膦甲酸钠、磷霉素等是较早发现的具有抗病毒活性的含磷药物。核苷类化合物也具有潜在的抗病毒活性，西多福韦（cidofovir）和阿德福韦酯（adefovir dipivoxil）是典型的非环核苷类药物。西多福韦用于艾滋病患者的巨细胞病毒（CMV）引起的视网膜炎的治疗，由美国吉利德公司开发。阿德福韦酯是核苷酸阿德福韦的二酯前药，是第一种应用于临床的用以治疗慢性乙型肝炎的核苷类药物。它在体内水解为阿德福韦而发挥抗病毒作用。富马酸替诺福韦二吡呋酯（tenofovir disoproxil fumarate，TDF，商品名 Viread）是一种新型核苷类逆转录酶抑制剂（NRTI），可有效抑制多种病毒复制，用于治疗慢性乙型肝炎、艾滋病等病毒感染性疾病。它是核苷酸替诺福韦的前药，由美国吉利德公司开发生产。

近年来，对核苷结构进行磷酰胺酯前药修饰成为热点，即在糖环 5′-OH 引入最常用且效果较好的磷酰胺酯掩蔽基团，透膜进入细胞后经两步酶水解释放磷酸酯原型化合物或单磷酸，然后被相应的激酶磷酸化为三磷酸酯活性衍生物而发挥药效。该策略绕过了母药活化依赖的主动转运和激酶活化，提高了核苷类药物的抗肿瘤和抗病毒疗效。目前已有多个核苷磷酰胺酯前药处于临床或临床前研究阶段，包括已上市的索非布韦和替诺福韦艾拉酚胺（tenofovir alafenamide，TAF）（图 4-19）。

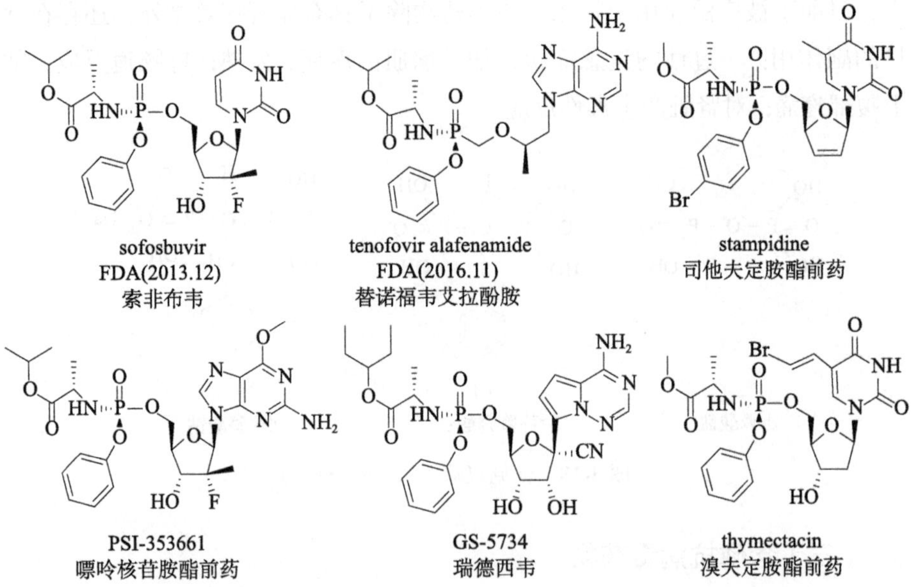

图 4-19　索非布韦和替诺福韦艾拉酚胺及多个处于临床或临床前研究阶段核苷磷酰胺酯前药

值得一提的是，索非布韦和替诺福韦艾拉酚胺是核苷类化合物的磷酰胺酯前药的成功案例。索非布韦于 2013 年由吉利德公司研发成功，FDA 批准上市。该药是首款用于治疗某些类型 HCV 感染而无需同时使用干扰素的安全、有效药物,治愈率高于 95%,上市第一年的全球销售峰值超过 100 亿美元。但该药的价格非常高,索非布韦在美国的售价约为 1000 美元/片,12 周的疗程费用高达 84 000 美元。替诺福韦艾拉酚胺于 2016 年由 FDA 批准上市。该药是已上市药物 Viread(富马酸替诺福韦二吡呋酯,TDF,在日本由葛兰素史克销售)的升级版,是一种新型核苷类逆转录酶抑制剂,在体内转化为替诺福韦(tenofovir),5′-一磷酸腺苷的无环核苷膦酸(核苷酸)类似物,用来治疗成人慢性乙型肝炎,该药已于 2018 年 11 月获得批准进入我国市场。

(四)含磷抗菌药物

含磷药物也具有抗菌活性(图 4-20)。头孢洛林酯(ceftaroline fosamil)是一种新型 N-膦酰基水溶性头孢菌素抗菌药,于 2010 年 10 月获得 FDA 批准上市。该药主要适用于治疗成人社区获得性细菌性肺炎(CABP)和急性细菌性皮肤及皮肤结构感染(ABSSSI),包括耐甲氧西林金黄色葡萄球菌(MRSA)。磷酸泰地唑胺(tedizolid phosphate)的商品名为 Sivextro,由 Cubist 制药公司开发,是第一个获得 FDA 批准的二代噁唑烷酮类抗生素。磷酸泰地唑胺是一种前药,在体内可被磷酸酶迅速转化为具有生物活性的泰地唑胺。后者能够和细菌的核糖体 50S 亚基结合,从而抑制蛋白质的合成。

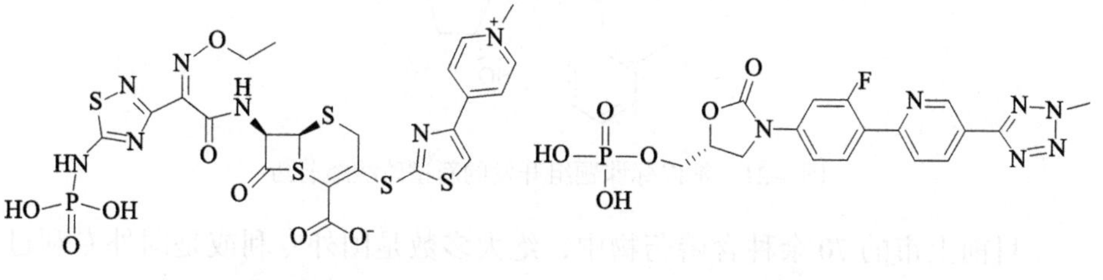

头孢洛林酯   磷酸泰地唑胺

图 4-20 含磷抗菌药物

(五)含磷骨修复材料

在骨修复方面,羟基磷灰石是一种磷酸钙生物陶瓷,与人体自然骨和牙齿等硬组织中的无机质在化学成分和晶体结构上具有相似性,是一类重要的骨修复材料,化学式为 $Ca_{10}(PO_4)_6(OH)_2$,简称 HA。它能与自然骨产生化学结合，HA 植入人体后对组织无刺激和排斥作用，能与骨形成很强的化学结合，用作骨缺损的充填材料，为新骨的形成提供支架，发挥骨转导作用，是理想的硬组织替代材料，被认为是最有前途的人工齿及人工骨的替代材料。该研究工作起步较晚，没有自主生产的成熟产品，大多数产品需从国外进口。

二、含磷药物的研究

（一）研究现状

目前国内含磷医药的基础研究较薄弱，从事含磷医药相关方面的科研团队或者机构缺少。医药研究周期长，投入大，见效慢，新药的合成并不容易，从国际上研究新药的成功概率而论，平均每研究超过 1 万个化合物，才有可能诞生一个新药。常俊标课题组从事抗病毒药物的研究，设计开发了新一类的具有自主知识产权的磷酸酯前药（图 4-21）（Peng et al，2016；Chang et al，2015）。我国含磷药物基础研究匮乏是制约含磷药物发展的另一因素，加大该方面基础研究非常迫切和必要。

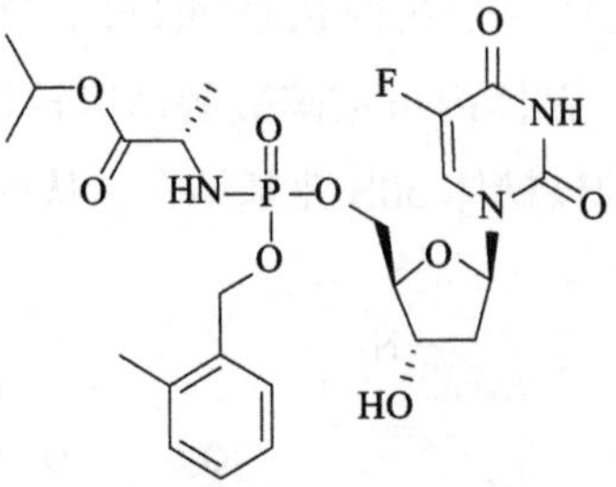

图 4-21　常俊标课题组开发的新型磷酸酯前药

目前上市的 70 余种含磷药物中，绝大多数是国外专利或是国外专利过期产品，缺乏自主创新产品是制约含磷药物发展的根本因素；我国自主开发的含磷药物甚少，主要依靠进口药物和仿制国外超出保护期的老一代药物，但进口药物价格昂贵，花费巨大，部分药物在使用过程中会产生严重的突变耐药现象，仿制的老一代药物毒副作用明显等是制约含磷药物发展的重要因素；含磷药物方面的基础研究较薄弱是制约含磷药物发展的另一个因素。

（二）发展思路

开发拥有自主知识产权的含磷药物，已成为我国制药企业面临的紧迫任务，因此深化改革、加强国际合作与交流、鼓励研发创新、加大基础投入、鼓励源头创新是首要任务。同时，我国是人口大国，又是发展中国家，经济力量薄弱，药品需求量十分巨大。值得一提的是，我国乙肝患者数量庞大，占全球患者数量的1/3。我国乙肝发病率还在持续上升。研制开发含磷创新药周期长、代价高，甚至还有很大风险，难以在短时间内解决根本问题。目前进口药物和仿制国外超出保护期的老一代药物尤为必要。因此逐步开发具有独立知识产权的新药为主、进口药物和仿制国外超出保护期的老一代药物为辅是我国含磷医药领域整体发展思路。

党的十九大报告提出"人民健康是民族昌盛和国家富强的重要标志"（习近平，2017a）。"大健康"理念将从理论付诸实践、医疗卫生体制改革将全面破解"世界难题"。因此"健康中国"行动将为医药领域，包括含磷医药带来新的发展机遇和挑战。基于此，加大投资力度，打造像美国吉利德公司一样集研究、开发并将其商业化等一体化的具有核心竞争力的含磷药物专业研发机构，研制和开发一批具有独立知识产权或者原创性的含磷药物，彻底打破依靠进口药物和仿制国外过了保护期老一代药物的被动格局，是我国含磷药物领域发展的长远和最终目标。

开发一批具有独立知识产权或者原创性的含磷药物，将从以下几个方面进行。

1. 研制创新具有独立知识产权的高附加值新型含磷药物

重点研究含磷医药新靶标识别和确证、新药设计，以及药物大规模高效筛选、药效与安全性评价、制备和成药性预测关键技术，研制一批具有独立知识产权的含磷新药，初步形成支撑我国药业发展的新药创制技术体系。尤其在抗病毒方面，含磷核苷药物发挥着重要作用，开发高效低毒且生物利用率高的新型含磷药物成为未来市场的需求。目前利用前药的概念，将磷引入现有的药物分子中合成一批具有含磷新结构的潜在药物，以期获得一批具有低毒高效的含磷新药，是含磷药物领域的发展方向之一。磷酰胺酯前药策略是目前含磷医药研究领域的热点。但这类前药也存在一定的问题，如索非布韦的代谢产物苯酚能引起肝脏和肾脏的损伤，对神经系统也有影响。环磷酸酯前药虽然克服了索非布韦存在的问题，但其代谢过程中会产生强致癌的 α,β-不饱和酮类化合物，因此开发代谢过程中不产生有毒代谢物的肝靶向磷酸酯前药具有重大的理论意义与应用前景。常俊标课题组在已有工作基础上，研究设计了具有自主知识产权的磷酸酯前药，开发了新一类磷酰胺酯前药。前药中苄基在细胞内被 P450 酶氧化脱去后释放出活性核苷磷酸。这种新型前药有显著的肝靶向特性。该前药用于治疗肝脏疾病。

2. 仿制含磷药物要重新定义，重新进行安全性评价

我国是全球最大的仿制药市场，我国制药工业的发展是建立在仿制基础之上的，缺少具有自主知识产权的创新药物（包括含磷药物等），且都停留在仿制药的最低端——普药阶段，很少涉足高端市场。

公司产品由含磷医药中间体提升到含磷原料药生产，质量也要求达到GMP的更严格要求，在原有市场的前提下，进一步增强了企业的核心竞争力，将推动公司向生产更多、有更高附加值的含磷原料药产品的道路上迈进。

3. 平台建设、人才队伍建设应加大力度

（1）平台建设。在平台建设方面，围绕含磷药物发展的总体目标，瞄准当前的核心问题，建设含磷药物重点实验室，进而创建含磷药物研发基地。

（2）人才队伍建设。在人才队伍建设方面，建设一支具有较强创新能力的人才队伍，包括引进和培养高层次人才和科研骨干，打造开拓创新的顶级科研团队；建立科学的人才选拔和考核制度，营造人才成长的良好氛围；培养学科交叉的实验室设备管理人员，优化资源利用；创新高层次人才的激励与评价机制；创新青年优秀人才的培养与分配机制。

4. 发展前沿关键技术与创新方法

加强多学科前沿技术与含磷药物的深度交叉融合，切实促进含磷药物研究策略的优化，重点突破含磷药物发现与评价、安全性评价技术等核心技术瓶颈问题，为重大含磷新药创制提供源头创新。

第八节　有机磷农药的发展方向

目前占据我国整个农药行业和市场的支柱产品均为仿制国外的农药老品种，其中超过 95% 为仿制国外的过专利期品种。虽然我国农药产量早已为全球第一，但利润很低。在相当长的时间里，整个行业的利润没有国外一家公司的高。其主要原因是，我国农药行业以仿制国外专利过期品种为主，低价竞争；创新品种极少，缺乏自身品牌；出口产品低端化，更多的是"贴牌"，附加值低。

有机磷农药在全球 75 年的应用实践证明了四配位有机磷化合物作为农药在作物保护上具有显著的独特性和实用性，具有非常重要的研究和应用价值。随着国际上许多先进国家对农药的管理日趋严格、对农药的毒理学及生态毒理学的要求越来越高的背景之下，高毒有机磷杀虫剂也在世界上逐渐被限用和淘汰。对有机磷酸酯杀虫剂的创新性研究已在 1985 年到 20 世纪 90 年代前后逐渐进入低潮或终止。但目前我国有机磷农药工业的当家品种均为仿制国外的传统有机磷农药老品种。一些传统有机磷农药老品种还存在对人类和环境种种不安全的问题。因此，开展新农药创制研究已成为保证我国农药工业、磷化工及国民经济可持续发展的战略性任务，同时也可满足国家粮食安全的战略需求。

为了有效利用我国有限的磷资源、使我国农药工业可持续发展，必须从源头上采取措施，逐步减少高毒、高污染有机磷农药老品种，直至最终停止使用。

开发利用具有自主知识产权且对环境友好、无公害的低毒有机磷农药是取代高毒有机磷品种的有效策略之一，其理由如下：

（1）有相当一批有机磷农药具有活性高、毒性低的特点，具有推广上的优势。开发低毒有机磷除草剂既有利于取代高毒杀虫剂品种，又有利于调整我国农药品种的结构。

（2）我国磷矿资源丰富，有机磷农药的原料、中间体系统较完备，化工基础好。因而，开发这类对环境友好无公害的低毒有机磷农药品种可以充分利用我国的磷矿开采和磷化工业的技术资源。

（3）有机磷农药在世界农药市场仍占有相当比例。例如，有机磷除草剂占除草剂之首，至少在近10年内仍会具有稳定的市场，具有较好的应用开发前景。

针对我国有机磷农药工业均为仿制国外有机磷农药老品种的现状和所存在的种种与人类和环境不和谐的问题，以及我国农业对人类和环境友好型新农药的重大需求，本学科领域的整体发展目标应为：创制对人类和环境友好的有机磷农药，为我国有机磷农药工业的可持续发展提供磷化学基础和先进技术，为保证我国粮食丰收提供高效安全的农药化学品。

围绕这一整体目标，我们提出如下重要的研究领域或方向，在发展和建设的同时，可形成磷科学和农药科学的队伍。

（1）对人类和环境友好的有机磷农药新品种的创制研究。

（2）高活性对映异构体手性有机磷新农药的创制研究。

（3）有机磷光学活性异构体工业化制备方法的研究。

（4）具有原子经济性、低碳环保特点的有机磷系列产品合成新方法和新工艺的研究。

（5）有利于有机磷农药增效减量的环保型新剂型的研究。

基于以上目标，我们提出以下几个重要的研究方向。

一、创制对人类和环境友好的有机磷农药新品种

新农药创制是我国发展中面临的重大科学技术问题。如何克服传统有机磷农药的种种问题、设计友好型有机磷农药新品种是磷科学在农药领域发展中必须解决的核心科学问题（图4-22）。

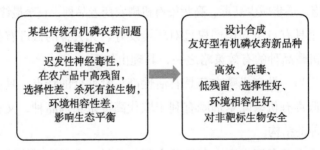

图4-22 传统有机磷农药与友好型有机磷农药特点的比较

科学目标：设计合成具有高效、低毒、低残留、选择性好、环境相容性好、对非靶标生物安全的有机磷化合物。为了达到这一目标，需要解决的关键科学问题为：靶标与非靶标的选择性与适当的化学稳定性。

可以考虑以下三个发展思路来开展研究：

（1）选择有害生物中的关键酶为靶标，生物合理设计有机磷农药分子。

（2）改造传统有机磷酸酯的结构骨架，设计结构多样性的新型膦酸酯类型。

（3）重点开展含磷除草剂和杀菌剂的创新性研究。

研究表明：经过科学合理的设计，完全有可能获得对人类和环境友好的有机磷农药新品种，实现其科学目标。例如，贺红武研究小组从靶标生物特异性及新先导结构发现的关键科学问题切入，以植物丙酮酸脱氢酶 PDHc 为靶标，提出除草剂分子合理设计的新思路。通过 10 多年的基础研究及应用研究，创制了首个以丙酮酸脱氢酶为靶标的实用型除草剂氯酰草膦（clacyfos）（He et al，2011），是唯一被 *The Pesticide Manual*（第 16 版和第 17 版）收录的中国创制有机磷除草剂（Turner，2015）。由环境与毒理学评价证明：氯酰草膦无致癌性，无明显胚胎及致畸毒性；对大鼠生殖功能及子代的生长发育无影响。对生态环境中的鱼、鸟、蜜蜂、家蚕及多种非靶标具有低毒、低风险的特点，而且其环境行为特征是易水解、易降解、不移动、难挥发，土壤吸附和生物富集试验均不能测出氯酰草膦，对环境影响极小。由此表明，氯酰草膦是一种具有高效、低毒、低残留、选择性好、环境相容性好、对非靶标生物安全的新型绿色除草剂，证实了当初的科学设想（He et al，2014）。

二、高活性对映异构体手性有机磷新农药的创制研究

单一光学活性异构体手性农药（图 4-23）在农业中显示了很高的应用价值和更优的生物特性，有利于农药减量增效，有可能降低农药毒性，符合当前的发展趋势。

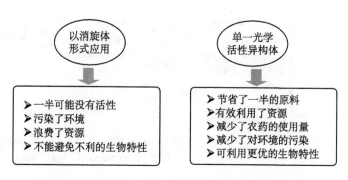

图 4-23　使用单一光学活性异构体手性农药的特点

关键科学问题：探明对映体在药效、作物安全性、毒性和环境安全性等方面的差异性。

科学目标：实现定向合成，选择性地研发高效、低毒、对生态环境安全的单一光学活性异构体。

三、有机磷光学活性异构体工业化制备方法的研究

手性已成为全球农药研究关注的重点。随着环境保护意识的不断加强，美国、日本及欧洲一些发达国家已不允许生物活性有显著差异的光学异构体以外消旋混合物的形式登记上市。然而，在全球范围内还没有一个手性的有机磷农药实现了光学活性异构体的工业化生产和商品化销售。

科学意义：探明不同光学异构体有机磷的活性及安全性的异同成为手性有机磷农药品种研发中需解决的重要科学问题，对于准确地评价手性有机磷农药对人类健康和生态系统的风险性，合理并安全地使用农药具有重要的科学意义。

科学目标：建立高效的定向合成方法，特别是具有工业化规模的有机磷光学活性异构体制备方法，是极具挑战性的前沿课题。

四、原子经济性、低碳环保磷系产品新方法的研究

我国有机磷农药工业制备体系中主要采用从黄磷出发，经过制备三氯化磷或三氯化磷再进一步衍生的传统工艺（图4-24），但耗能高，副产物多，原子经济性差。

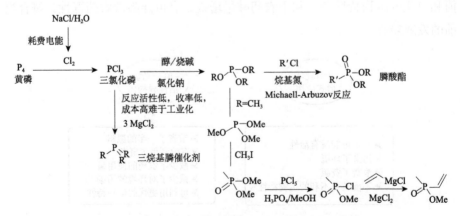

图4-24　由三氯化磷或五氯化磷衍生磷系产品的传统工艺

（一）三氯化磷法

耗能高，消耗大量的电能。副产物多，引入体系的部分原子需从体系中去除，原子经济性差。

关键科学问题：选择能提高磷的转化率、减少或无副产物的合成工艺路线。

科学目标：建立原子经济性、低碳环保磷系产品的新方法或新工艺。

（1）考虑原子经济性高的磷化氢法工艺方法的应用。

（2）发展从黄磷出发，不经过三氯化磷或三氯氧磷，直接合成各种有机磷化合物的新方法。

（二）磷化氢法（图 4-25）

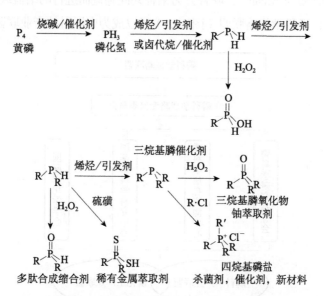

图 4-25 由磷化氢衍生磷系产品的工艺路线

与消耗大量电能、耗能高、副产物多、原子经济性差的三氯化磷法相比，更环保和具有原子经济性。

磷化氢与烯烃反应性高，收率和产品纯度都很高，几乎没有废物排放。

由于磷化氢的毒性和可燃性，工艺、设备难度极高。目前，美国氰特公司和法国罗地亚公司掌握着安全、可靠的由磷化氢衍生磷系产品的工艺路线。

开发以黄磷为起始物直接合成各种有机磷化合物的方法：从黄磷出发，

不使用传统的三氯化磷或三氯氧磷，直接合成各种有机磷化合物，避开了传统的黄磷氯代过程，极大地提高了反应的原子经济性，十分符合当下绿色经济、低碳环保的迫切要求。因此，开发从黄磷出发直接合成各种有机磷化合物的方法是磷化学发展的必然趋势。

第九节 磷科学战略联盟的发展方向

一、磷科学战略联盟的性质

联盟的性质为 Alliance，联合方为某种共同利益而进行的结盟或联合；成员为团体单位，磷科学战略联盟（图 4-26）可以成为中国科技产业联盟的成员。

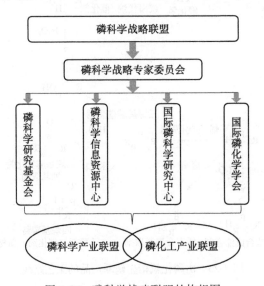

图 4-26 磷科学战略联盟的构想图

二、磷科学战略联盟的组成

磷科学战略联盟由以下几方组成。

（1）磷科学战略专家委员会：大脑和战略决策。

（2）磷科学研究基金会：资金募集和使用，设立项目和资助，设立磷科学贡献奖和颁奖。

（3）磷科学产业联盟：学术资源，各大院校单位联合体。

（4）磷化工产业联盟：产业资源，各大企业联合体。

（5）磷科学信息资源中心：信息资源，网络数据库建立，最新资讯收集和传递。

三、磷科学战略联盟的功能

磷科学战略联盟的功能有以下几个方面。

（1）规划和制定相关科技产业发展的政策、措施并组织实施；按照相关国家科技政策的需求，完成特殊的科技项目攻关任务；按照需求，组织磷科学专家为企业提供技术援助和协同开发。

（2）组织和协助企业申报科技项目，申请科技专项基金。接受企业的委托，提供科技项目的产业化方案。

（3）根据国家最新政策导向及时提供相关领域最新科技支撑，以配合相关政策推进实施。

（4）架起国内外科技交流桥梁，推动国际前沿科技成果的资源整合。

（5）根据政策导向和行业需求，为企业提供最有效的帮助，以加快我国自有科技成果项目的产业化，提升行业竞争力。

（6）组织专家进行技术研讨，为相关行业科技攻关提供解决方案，发挥整体优势，为行业服务。

（7）组织行业企业出国考察学习先进科技成果，架起国际合作的通道，帮助企业提升国际竞争力。

（8）定期推出《磷科学和产业前沿进展》，主要发行方式为内部赠阅和公开发行相结合，主要赠阅对象为国家相关部委及各省份政府部门，目的是为国家部委相关政策的制定提供科技依据，同时也在重点行业内公开发行，以达到和市场对接的目的。

（9）建设和完备"磷科学战略专家库"和"磷科学信息资源中心"，为社会提供详尽的科技支撑服务。

第五章
资助机制与政策建议

在我国的科技发展进程中，国家政策层面也逐渐重视生命起源等基础前沿科学的研究。2018 年 1 月发布的《国务院关于全面加强基础科学研究的若干意见》中指出，"加强基础前沿科学研究，围绕宇宙演化、物质结构、生命起源、脑与认知等开展探索……" 2018 年 3 月发布的《国务院关于印发积极牵头组织国际大科学计划和大科学工程方案的通知》中指出，"要根据《国家创新驱动发展战略纲要》等部署，结合当前战略前沿领域发展趋势，立足我国现有基础条件，综合考虑潜在风险，组织编制牵头组织大科学计划规划，围绕物质科学、宇宙演化、生命起源、地球系统、环境和气候变化、健康、能源、材料、空间、天文、农业、信息及多学科交叉领域的优先方向、潜在项目、建设重点、组织机制等，制定发展路线图，明确阶段性战略目标、资金来源、建设方式、运行管理等，科学有序推进各项任务实施……"

2019 年 4 月 26 日，2021～2035 年国家中长期科技发展规划基础科学发展战略研究专题启动会在北京召开。科学技术部副部长黄卫指出"基础研究是创新之源、强国之基……"国家自然科学基金委员会李静海主任指出"要明确基础研究在国家创新体系中的定位和功能，以及与其他方面的互动关系。要从适应科学研究范式变革、促进学科交叉和面向基础研究重大需求等方面来考虑未来发展的重大战略……"

依据《国务院关于全面加强基础科学研究的若干意见》及《国务院关于印发积极牵头组织国际大科学计划和大科学工程方案的通知》等国家科学发

展指导方针，结合《中国学科发展战略·磷科学》学科发展战略研究的成果，拟向国家有关部委进一步提出以下建议。

建议一：国家自然科学基金委员会设立"生命过程中磷的催化调控分子作用机制"重大研究专项，推动从生命原始化学进化过程到现代生命体系中，全方位、系统化的磷的分子作用机制研究，从核酸的化学修饰与功能调控、N-磷酸化蛋白的结构与功能及含磷化合物在生命应激过程中的作用三个重要方向作为起点，从生命有机磷科学的角度研究生命本质，同时，促进诸如"生命起源"等基础性、前沿性、多学科交叉、缺乏经费申请渠道的相关研究领域的快速发展。

磷科学关键技术水平的积累与提升直接决定着生命科学研究领域的重大理论突破和原始创新。

建议二：科学技术部设立"磷循环与磷资源开发利用"重大研究专项，发挥多学科优势，促进各学科协调发展，形成新学科的生长点，推动磷化学品实验室研究成果向产业化迈进。

建议三：教育部加强"基础磷化学及应用"理论体系的本科及研究生教学。分别在本科教育的高年级阶段，增加"磷化学"教育选修课及研究生培养阶段的必修课设置，为"磷科学"的可持续发展提供人才储备。

建议四：国家出台相关的政策以激励企业和高校等研究机构建立研发联盟，以政策导向激励生产企业推动和实施自主创新，将自主创新研究与产业化紧密结合。

建议五：国家层面建立有利于学科交叉的组织管理方式，改进人员聘任评价机制，加快学科管理体制机制改革，探索学科协调发展机制，创新科技活动组织模式，构建以解决复杂问题为导向的交叉学科研究和教育模式。建立健全科学合理的资源配置和科技评价制度，努力促进学科交叉融合。

参 考 文 献

樊银鹏, 胡山鹰, 陈定江, 等. 2007. 不同历史时期中国磷元素代谢网络的构建. 现代化工, 27(S2): 10-14.

付华, 赵玉芬. 2000. 氨基酸和核苷的五配位磷化合物. 化学学报, 58 (1): 6-12.

李坚, 巨修练, 梁帝允, 等. 2005. 新杀虫剂氯胺磷. 世界农药, 27(2): 44-46.

王文清. 1984. 甲烷、氮、三氢化磷与水混合物的预生物合成. 北京大学学报（自然科学版）, (6): 36-44.

习近平. 2017a. 习近平在中国共产党第十九次全国代表大会上的报告. http://cpc.people.com.cn/n1/2017/1028/c64094-29613660.html[2021-04-23].

习近平. 2017b. 决胜全面建成小康社会 夺取新时代中国特色社会主义伟大胜利. 人民日报, 2017-10-19: 002.

喻学锋, 汪建南, 王佳宏. 2020. 一种高效制备二维黑磷晶体的方法. CN110938867A.

曾志平, 侯建波, 章慧, 等. 2010. 双氨基酸手性五配位氢膦烷化学新进展. 中国科学: C辑, 40: 878-887.

赵文献, 杨代月, 张玉华. 2016. 高效手性膦配体的研究进展. 有机化学, 36 (10): 2301-2316.

Adamala K, Szostak J W. 2013. Competition between model protocells driven by an encapsulated catalyst. Nat Chem, 5 (6): 495-501.

Adcock C T, Hausrath E M, Forster P M. 2013. Readily available phosphate from minerals in early aqueous environments on Mars. Nat Geosci, 6 (10): 824-827.

Akiba K. 2011. Studies on hypervalent compounds and synthetic work using heteroaromatic cations. Heteroatom Chem, 22 (3-4): 207-274.

Aktas H, Slootweg J C, Lammertsma K. 2010. Nucleophilic phosphinidene complexes: access and applicability. Angew Chem Int Ed, 49: 2102-2113.

Baba Y, Onoe M, Sumiyama T, et al. 1987. Phosphonylation of glucose 1-monophosphate with diphosphonate. Chem Lett, (7): 1389-1392.

Baddiley J Michelson A M, Todd A R. 1948. Synthesis of adenosine triphosphate. Nat Protoc, 161(4098): 761-761.

Baross J A, Hoffman S E. 1985. Submarine hydrothermal vents and associated gradient environments as sites for the origin and evolution of life. Orig Life Evol Biosph, 15 (4):327-345.

Battegazzore D, Frache A, Carosio F. 2018. Sustainable and high performing biocomposites with chitosan/sepiolite layer-by-layer nanoengineered interphases. ACS Sustainable Chem Eng, 6(8): 9601-9605.

Bayne J M, Stephan D W. 2016. Phosphorus Lewis acids: emerging reactivity and applications in catalysis. Chem Soc Rev, 45: 765-774.

Beck A, Lohrmann R, Orgel L E. 1967. Phosphorylation with inorganic phosphates at moderate temperatures. Science, 157: 952.

Belsky I, Dodiuk H, Shvo Y. 1974. Nucleophilic substitution at phosphorus. Phosphorothioates. J Org Chem, 39(7): 984-989.

Benhalevy D, Gupta S K, Danan C H, et al. 2017. The human CCHC-type zinc finger nucleic acid-binding protein binds G-rich elements in target mRNA coding sequences and promotes translation. Cell Rep, 18 (12): 2979-2990.

Bernhardt G, Ludemann H D, Jaenicke R, et al. 1984. Biomolecules are unstable under black smoker conditions. Naturwissenschaften, 71 (11): 583-586.

Berridge M J, Bootman M D, Roderick H L. 2003. Calcium signalling: dynamics, homeostasis and remodelling. Nat Rev Mol Cell Biol, 4 (7): 517-529.

Berry R S. 1960. Correlation of rates of intramolecular tunneling processes, with application to some group V compounds. J Chem Phys, 32 (3): 933-938.

Bertran-Vicente J, Serwa R A, Schümann M, et al. 2014. Site-specifically phosphorylated lysine peptides. Journal of the American Chemical Society, 136 (39): 13622-13628.

Besnard E, Babled A, Lapasset L, et al. 2012. Unraveling cell type-specific and reprogrammable human replication origin signatures associated with G-quadruplex consensus motifs. Nat Struct Mol Biol, 19 (8): 837-844.

Bhattacharyya D, Diamond P, Basu S. 2015. An independently folding RNA G-quadruplex domain directly recruits the 40S ribosomal subunit. Biochemistry, 54 (10): 1879-1885.

Blake R E, Alt J C, Martini A M. 2001. Oxygen isotope ratios of PO_4: an inorganic indicator of enzymatic activity and P metabolism and a new biomarker in the search for life. Proc Natl Acad Sci U S A, 98 (5): 2148-2153.

Bridgman P W. 1914. Two new modifications of phosphorus. J Am Chem Soc, 1914, 36 (7):

1344-1363.

Brown R K, Holmes R R. 1977. The crystal and molecular structure of the spirophosphorane 2-phenyl-2, 2'-spirobis (1, 3, 2-benzodioxaphosphole). J Am Chem Soc, 99 (10): 3326-3331.

Cammas A, Dubrac A, Morel B, et al. 2015. Stabilization of the G-quadruplex at the VEGF IRES represses cap-independent translation. RNA Biol, 12 (3): 320-329.

Cao S, Gao P, Guo Y, et al.2013. Unexpected insertion of CO_2 into the pentacoordinate P–N bond: Atherton-Todd-type reaction of hydrospirophosphorane with amines. J Org Chem, 78 (22): 11283-11293.

Carbon J A. 1963. Schramm deoxyadenosine synthesis. Chem Ind, 13:529-530.

Castellanos-Gomez A.2015. Black phosphorus: narrow gap, wide applications. J Phys Chem Lett, 6 (21): 4280-4291.

Chai J, Tian R, Wu D, et al. 2018. The coordination chemistry of phosphinidene sulfides. Synthesis and catalytic properties of Pd_4 and Pt_4 clusters. Dalton Trans, 47: 13342-13344.

Chang J. 2014. 2'-fluoro-4'-substituted nucleosides, the preparation and use. Eur. Patent EP2177527B, December 18, 2013; US Patent US8835615B2, September 16.

Chang J, Bao X, Wang Q, et al. 2009. 2'-fluoro-4'-substituted nucleosides, the preparation and use. CN Patent ZL200710137548.0, August 26.

Chang J, Huang Q, Liu R, et al. 2015. Double-liver-targeting phosphoramidate and phosphonoamidate prodrugs. US9156874B2, Oct. 13.

Chase R L, Delaney J R, Karsten J L, et al. 1985. Hydrothermal vents on an axis seamount of the Juan de Fuca ridge. Nature, 313 (17): 212-214.

Chen B, Hwang L, Ochowicz W, et al. 2017. Coupling functionalized cobalt ferrite nanoparticle enrichment with online LC/MS/MS for top-down phosphoproteomics. Chemical Science, 8 (6): 4306-4311.

Chen I A, Salehi-Ashtiani K, Szostak J W. 2005. RNA catalysis in model protocell vesicles. J Am Chem Soc, 127 (38): 13213-13219.

Chen S, Su L, Qiu J, et al. 2013. Mechanistic studies for the role of cellular nucleic-acid-binding protein (CNBP) in regulation of c-myc transcription. Biochim Biophys Acta, 1830 (10): 4769-4777.

Chen W, Ouyang J, Liu H, et al. 2017. Black phosphorus nanosheet-based drug delivery system for synergistic photodynamic/photothermal/chemotherapy of cancer. Adv Mater, 29 (5): 1603864.

Cheng C M, Liu X H, Li Y M, et al.2004. N-phosphoryl amino acids and biomolecular origins. Orig Life Evol Biosph, 34 (5): 455-464.

Cheng F R, Vivacqua G, Yu S J.2011. The role of alpha-synuclein in neurotransmission and synaptic plasticity. Che Neuroanat, 42 (4): 242-248.

Chin J H, Gamuyao R, Dalid C, et al. 2011. Developing rice with high yield under phosphorus deficiency: pup1 sequence to application. Plant Physiology, 156(3): 1202-1216.

Cohen P. 2001. The role of protein phosphorylation in human health and disease-delivered on June 30th 2001 at the FEBS Meeting in Lisbon. Eur J Biochem, 268 (19): 5001-5010.

Cohen P. 2002. Protein kinases-the major drug targets of the twenty-first century? Nat Rev Drug Discov, 1 (4): 309-315.

Conlon E G, Lu L, Sharma A, et al. 2016. The C9ORF72 GGGGCC expansion forms RNA G-quadruplex inclusions and sequesters hnRNP H to disrupt splicing in ALS brains. Elife, 5: e17820.

Corliss J B, Baross J A, Hoffman S E. 1981. An hypothesis concerning the relationship between submarine hot springs and the origin of life on Earth. Oceanol Acta, 4: 56-69.

Corliss J B, Dymond J, Gordon L I, et al. 1979. Submarine thermal sprirngs on the galapagos rift. Science, 203 (4385): 1073-1083.

Cossairt B M, Piro N A, Cummins C C. 2010.Early-transition-metal-mediated activation and transformation of white phosphorus. Chem Rev, 110: 4164-4177.

Couzijn E P, Slootweg J C, Ehlers A W, et al. 2010. Stereomutation of pentavalent compounds: validating the berry pseudorotation, redressing Ugi's turnstile rotation, and revealing the two- and three-arm turnstiles. J Am Chem Soc, 132 (51): 18127-18140.

Dai W, Liu Q, You X, et al. 2016. Synthesis and characterization of alkoxy spirophosphoranes prepared from hydrospirophosphoranes and sodium alcoholates. Heteroatom Chem, 27 (1): 63-71.

Déjugnat C, Etemad-Moghadam G, Rico-Lattes I. 2003. Asymmetric synthesis of (α-amino) phosphonic acid amphiphiles using chiral P–H spirophosphoranes. Chem Commun, (15): 1858-1859.

Derrick W B, Greef C H, Caruthers M H, et al. 2000. Hammerhead cleavage of the phosphorodithioate linkage. Biochemistry, 39(16): 4947-4954.

DiRocco D A, Ji Y, Sherer E C, et al. 2017. A multifunctional catalyst that stereoselectively assembles prodrugs. Science, 356(6336): 426-430.

Druker B J. 2004. Molecularly targeted therapy: have the floodgates opened? Oncologist, 9(4): 357-360.

Du S, Yin J, Chi Y, et al. 2017.Dual functionalization of white phosphorus: formation, characterization, and reactivity of rare-earth-metal cyclo-P$_3$ complexes. Angew Chem Int Ed, 56: 15886-15890.

Egloff S, Murphy S. 2008. Cracking the RNA polymerase II CTD code. Trends Genet, 24

(6):280-288.

Elmen J, Lindow M, Schutz S, et al. 2008. LNA-mediated microRNA silencing in non-human primates. Nature, 452 (7189): 896-899.

Endoh T, Sugimoto N. 2016. Mechanical insights into ribosomal progression overcoming RNA G-quadruplex from periodical translation suppression in cells. Sci Rep, 6: 22719.

Evans A C, Meinert C, Giri C, et al. 2012. Chirality, photochemistry and the detection of amino acids in interstellar ice analogues and comets. Chem Soc Rev, 41 (16): 5447-5458.

Ewers M, Buerger K, Teipel S J. 2007. Multicenter assessment of CSF-phosphorylated tau for the prediction of conversion of MCI. Neurology, 69: 2205-2212.

Ferus M, Nesvorny D, Sponer J, et al. 2015. High-energy chemistry of formamide: a unified mechanism of nucleobase formation. P Natl Acad Sci USA, 112 (3): E339.

Flür S, Micura R. 2016. Chemical synthesis of RNA with site-specific methylphosphonate modifications. Methods, 107: 79-88.

Foustoukos D I, Seyfried W E. 2004. Hydrocarbons in hydrothermal vent fluids: the role of chromium-bearing catalysts. Science, 304 (5673): 1002-1005.

Fox S W. 1965. The origins of prebiological systems and of their molecular matrices. New York: Academic Press: 289.

Fox S W, Harada K. 1961. Synthesis of uracil under conditions of a thermal model of prebiological chemistry. Science, 133: 1623-1662.

Franiatte M, Richard L, Elie M, et al. 2008. Hydrothermal stability of adenine under controlled fugacities of N_2, CO_2 and H_2. Origins Life Evol B, 38 (2):139-148.

Freier S M, Altmann K H. 1997. The ups and downs of nucleic acid duplex stability: structure-stability studies on chemically-modified DNA:RNA duplexes. Nucleic Acids Res, 25(22): 4429-4443.

Fu H, Li Z L, Zhao Y F, et al. 1999. Oligomerization of N,O-bis(trimethylsilyl)-alpha- amino acids into peptides mediated by O-phenylene phosphorochloridate. J Am Chem Soc, 121 (2): 291-295.

Fuhrmann J, Schmidt A, Spiess S, et al. 2009. McsB is a protein arginine kinase that phosphorylates and inhibits the heat-shock regulator CtsR. Science, 324 (5932): 1323-1327.

Fuhrmann J, Subramanian V, Thompson P R. 2015. Synthesis and Use of a Phosphonate Amidine to Generate an Anti-Phosphoarginine-Specific Antibody. Angewandte Chemie, 127 (49): 14928-14931.

Fuhs S R, Hunter T. 2017. Phisphorylation: The emergence of histidine phosphorylation as a reversible regulatory modification. Curr Opin Cell Biol, 45: 8-16.

Fuhs S R, Meisenhelder J, Aslanian A, et al. 2015. Monoclonal 1- and 3- phosphohistidine antibodies: new tools to study histidine phosphorylation. Cell, 162 (1): 198-210.

Gamuyao R, Chin J H, Pariasca-Tanaka J, et al. 2012. The protein kinase Pstol1 from traditional rice confers tolerance of phosphorus deficiency. Nature, 488: 535-539.

Gao Y, Deng Z, Chen S. 2016. Research progress and prospects of phosphorothioate modification: a review. Acta microbiologica Sinica, 56(12): 1831-1839.

Goerlich O, Foeckler R, Holler E. 1982. Mechanism of synthesis of adenosine(5') tetraphospho(5')adenosine (Ap$_n$A) by aminoacyl-tRNA synthetases. Eur J Biochem, 126(1): 135-142.

Gonzalez V, Guo K, Hurley L, et al. 2009. Identification and characterization of nucleolin as a c-myc G-quadruplex-binding protein. Biol Chem, 284(35): 23622-23635.

Griittner G, Wiemik M. 1915. New heterocyclic systems. I. Piperidine analogs in which the nitrogen atom is replaced by phosphorus, arsenic, antimony or bismuth. Chem Ber, 48: 1473-1486.

Haeusler A R, Donnelly C J, Periz G, et al. 2014. C9ORF72 nucleotide repeat structures initiate molecular cascades of disease. Nature, 507 (7491): 195-200.

Hansel-Hertsch R, Beraldi D, Lensing S V, et al. 2016. G-quadruplex structures mark human regulatory chromatin. Nat Genet, 48 (10): 1267-1272.

Hazen R M. 2001. Life's rocky start. Sci Am, 284 (4): 76-85.

He H W, Peng H, Tan X S. 2014. Environmentally Friendly Alkylphosphonate Herbicides. Berlin: Springer-Verlag and Beijing: Chemical Industry Press.

He H W, Yuan J L, Peng H, et al. 2011. Studies of O,O-dimethyl α -(2,4- dichlorophenoxyacetoxy) ethylphosphonate (HW02) as a new herbicide. 1. Synthesis and herbicidal activity of HW02 and analogues as novel inhibitors of pyruvate dehydrogenase complex. J Agric Food Chem, 59(9):4801-4813.

Hergenrother P M, Thompson C M, Smith J G, et al. 2005. Flame retardant aircraft epoxy resins containing phosphorus. Polymer, 46(14): 5012-5024.

Hesterberg D, Mcnulty I, Thieme J. 2017. Speciation of soil phosphorus assessed by XANES spectroscopy at different spatial scales. Journal of Environmental Quality, 46, 1190-1197.

Hingsinger P. 2001. Bioavailability of soil inorganic P in the rhizosphere as affected by root-induced chemical changes: a review. Plant and Soil, 237: 173-195.

Hippe H J, Lutz S, Cuello F, et al. 2003. Activation of heterotrimeric G proteins by a high energy phosphate transfer via nucleoside diphosphate kinase (NDPK) B and G beta subunits-specific activation of G(s)alpha by an NDPK B-G beta gamma complex in H10 cells. J Biol Chem, 278 (9): 7227-7233.

Hirashima K, Seimiya H. 2015. Telomeric repeat-containing RNA/G-quadruplex-forming sequences cause genome-wide alteration of gene expression in human cancer cells *in vivo*. Nucleic Acids Res, 43 (4):2022-2032.

Holmes R R. 1996. Comparison of phosphorus and silicon: hypervalency, stereochemistry, and reactivity. Chem Rev, 1996, 96 (3): 927-950.

Holmes R R. 1998. Hexacoordinate phosphorus via donor interaction: Implications regarding enzymatic reaction intermediates. Acc Chem Res, 31 (9): 535-542.

Holmes R R, Chandrasekaran A, Timosheva N V. 2008. Biologically relevant phosphoranes: Hypervalent phosphorus as applied to phosphoryl transfer enzymes. Phosphorus, Sulfur, Silicon Relat Elem, 183 (2-3): 209-223.

Houalla D, Moureau L, Skouta S, et al. 1995. New macrocycles containing bicyclophosphorane moieties Iv1. macrocycles issued from polyethyleneglycols and triethanolamine. Phosphorus, Sulfur, Silicon Related Elem, 103 (1-4): 199-204.

Hounjet L J, Caputo C B, Stephane D W. 2012. Phosphorus as a Lewis acid: CO_2 sequestration with amidophosphoranes. Angew Chem Int Ed, 51: 4714-4717.

Huang F X, Wang Y, Lu G, et al. 2020a. Direct synthesis of phosphorotrithioites and phosphorotrithioates from white phosphorus and thiols. Green Chem, 22: 5303-5309.

Huang F X, Zhang Y, Chen P, et al. 2020b. Synthesis of mixed phosphorotrithioates from white phosphorus. Green Chem, 22: 8353-8359.

Hulshof J, Ponnamperuma C.1976. Prebiotic condensation reactions in an aqueous medium: a review of condensing agents. Origins of Life, 7(3): 197-224.

Huppert J L, Balasubramanian S. 2007. G-quadruplexes in promoters throughout the human genome. Nucleic Acids Res, 35 (2): 406-413.

Hwang L, Ayaz-Guner S, Gregorich Z R, et al. 2015. Specific enrichment of phosphoproteins using functionalized multivalent nanoparticles. J Am Chem Soc, 137 (7): 2432-2435.

Janos P D. 2007. Plant responsiveness to mycorrhizas differs from dependence upon mycorrhizas. Mycorrhiza, 17:75-91.

Jenal U, Reinders A, Lori C.2017. Cyclic di-GMP: Second messenger extraordinaire. Nat Rev Microbiol, 15 (5): 271-284.

Joyce G F. 2002. The antiquity of RNA-based evolution. Nature, 418 (6894): 214-221.

Kee J M, Oslund R C, Couvillon A D, et al. 2014. A second-generation phosphohistidine analog for production of phosphohistidine antibodies. Organic Letters, 17 (2): 187-189.

Kelley D S, Karson J A, Blackman D K, et al. 2001. An off-axis hydrothermal vent field near the Mid-Atlantic Ridge at 30 degrees N. Nature, 412 (6843): 145-149.

Kisselev L L, Justesen J, Wolfson A D, et al. 1998. Diadenosine oligophosphates (Ap_nA), a novel class of signalling molecules? FEBS Lett, 427(2):157-163.

Kitadai N, Maruyama S. 2017. Origins of building blocks of life: a review. Geosci Front, 9(4): 1117-1153.

Knowles W S, Sabacky M J. 1968. Catalytic asymmetric hydrogenation employing a soluble, optically active, rhodium complex. Chem Commun (London), (22): 1445-1446.

Knowles W S, Sabacky M J, Vineyard B D, et al. 1975. Asymmetric hydrogenation with a complex of rhodium and a chiral bisphosphine. J Am Chem Soc, 97: 2567-2568.

Kojima S, Kajiyama K, Nakamoto M, et al. 1996. First characterization of a 10-P-5 spirophosphorane with an apical carbon-equatorial oxygen ring. Kinetic studies onpseudorotation of stereoisomers. J Am Chem Soc, 118 (50): 12866-12867.

Kojima S, Nakamoto M, Yamazaki K, et al. 1997. Stereochemistry of nucleophilic substitution reactions of sterically rigid phosphoranes. Tetrahedron Lett, 38 (23):4107-4110.

Kumari S, Bugaut A, Balasubramanian S. 2008. Position and stability are determining factors for translation repression by an RNA G-quadruplex-forming sequence within the 5' UTR of the NRAS proto-oncogene. Biochemistry, 47(48): 12664-12669.

Kwok C K, Marsico G, Sahakyan A B, et al. 2016. rG4-seq reveals widespread formation of G-quadruplex structures in the human transcriptome. Nat Methods, 13 (10): 841-844.

Lammertsma K , Vlaar M J M. 2002. Carbene-like chemistry of phosphinidene complexes-reactions, applications, and mechanistic insights. Eur J Org Chem, 7: 1127-1138.

Landweber L F. 1999. Testing ancient RNA-protein interactions. Proc Natl Acad Sci USA, 96 (20): 11067-11068.

Laufer G, Kirkland C, Morgan A B, et al. 2012. Intumescent multilayer nanocoating, made with renewable polyelectrolytes, for flame-retardant cotton. Biomacromolecules, 13: 2843-2848.

Leavitt F C, Manuel T A, Johnson R. 1959. Novel heterocyclo pentadienes. J Am Chem Soc, 1959, 81: 3163-3164.

Lee S C, Zhang J, Strom J, et al. 2017. G-quadruplex in the NRF2 mRNA 5' untranslated region regulates de novo NRF2 protein translation under oxidative stress. Mol Cell Biol, 37 (1): e00122-16.

Lee S, Yang F, Suh J, et al. 2015. Anisotropic inplanethermal conductivity of black phosphorus nanoribbons at temperatures higher than 100. K Nat Commun, 6: 8573.

Lennert U, Arockiam P B, Streitferdt V, et al.2019. Direct catalytic transformation of white phosphorus into arylphosphines and phosphonium salts. Nature Catla, 2: 1101-1106.

Levchik S V, Weil E D. 2006. A review of recent progress in phosphorus-based flame retardants. J Fire Sci, 2006, 24 (5): 345-364.

Li L, Yu Y, Ye G J, et al. 2014. Black phosphorus fieldeffect transistors. Nat Nanotech, 9: 372.

Li W, Zhang J. 2016. Recent developments in the synthesis and utilization of chiral β -

aminophosphine derivatives as catalysts or ligands. Chem Soc Rev, 45 (6): 1657-1677.

Liu L, Huang G, Song P, et al. 2016. Converting industrial alkali lignin to biobased functional additives for improving fire behavior and smoke suppression of polybutylene succinate. ACS Sustainable Chem Eng, 4: 4732-4742.

Liu L, Ruiz D A, Munz D, et al. 2016. A singlet phosphinidene stable at room temperature. Chemistry, 1: 147-153.

Liu L J, Wang W M, Yao L, et al. 2017. Reinvestigation of the substitutions reaction of stereogenic phosphoryl compounds: stereochemistry, mechanism, and applications. J Org Chem, 82, 11990-12002.

Liu L Z, Li G W, Zeng X Z, et al. 1996. The Atherton-Todd reaction of hydridophosphoranes. Heteroatom Chem, 7: 131-136.

Liu Y, Li W, Zhang J.2017. Chiral ligands designed in China. National Sci Rev, 4 (3): 326-358.

Liu Y T, Hesterberg D. 2011. Phosphate bonding on noncrystalline Al/Fe-hydroxide coprecipitates. Environmental Science Technology, 45: 6283-6289.

Lohrmann R, Orgel L E. 1968. Prebiotic synthesis: phosphorylation in aqueous solution. Science, 161: 64-66.

Lu G, Chen J, Huangfu X, et al.2019.Visible-light-mediated direct synthesis of phosphorotrithioates as potent anti-inflammatory agents from white phosphorus. Org Chem Front, 6: 190-194.

Lu H, Yu D, Hansen A S, et al. 2018. Phase-separation mechanism for C-terminal hyperphosphorylation of RNA polymerase Ⅱ. Nature, 558 (7709): 318-323.

Ma M R, Hu Z W, Zhao Y F, et al.2016. Phosphorylation induces distinct alpha-synuclein strain formation. Sci Rep, 6: 37130.

Martin J. 1983. "Frozen" transition states: Pentavalent carbon et al. Science, 221 (4610):509-514.

Mathey F. 1990. Chemistry of 3-membered carbon-phosphorus heterocycles. Chem Rev, 90: 997-1025.

Mathey F, Huy N H T, Marinetti A. 2001. Electrophilic terminal-phosphinidene complexes: versatile phosphorus analogues of singlet carbenes. Helv Chim Acta, 84: 2938-2957.

Mathey F, Mercier R, Charrier C, et al. 1981. Dicoordinated 2H-phospholes as transient intermediates in the reactions of tervalent phospholes at high temperature. One-step syntheses of 1-phosphanorbornadienes and phosphorins from phospholes. J Am Chem Soc, 103: 4595-4597.

Mcdougall P. 2016. The cost of new agrochemical product discovery, development and registration in 1995, 2000, 2005-8 and 2010-2014. R&D expenditure in 2014 and expectations for 2019. http://www.ecpa.eu/article [2016-03-15].

Mehellou Y, Rattan H S, Balzarini J. 2018.The protide prodrug technology: from the concept to the clinic. J Med Chem, 61: 2211-2226.

Messmore J M, Raines R T. 2000. Pentavalent organo-vanadates as transition state analogues for phosphoryl transfer reactions. J Am Chem Soc, 122 (41): 9911-9916.

Michelson A M, Todd A R. 1955. Nucleotides part XXXII. Synthesis of a dithymidine dinucleotide containing a 3': 5'-internucleotidic linkage. J Chem Soc: 2632-2638.

Miller S L, Parris M. 1964. Synthesis of pyrophosphate under primitive earth conditions. Nature, 204(4965): 1248-1250.

Miyaura N, Suzuki A. 1995. Palladium-catalyzed cross-coupling reactions of organoboron compounds. Chem Rev, 95: 2457-2483.

Morgan A B, Gilman J W. 2013. An overview of flame retardancy of polymeric materials: application, technology, and future directions. Fire Mater, 37 (4): 259-279.

Morris M J, Negishi Y, Pazsint C, et al. 2010. An RNA G-quadruplex is essential for cap-independent translation initiation in human VEGF IRES. J Am Chem Soc, 132 (50), 17831-17839.

Muetterties E L. 1969. Topological representation of stereoisomerism. I. Polytopal rearrangements. J Am Chem Soc, 91 (7):1636-1643.

Muetterties E L, Mahler W, Schmutzler R. 1963. Stereochemistry of phosphorus(V) fluorides. Inorg Chem, 2: 613-618.

Murphy S K, Park J-W, Cruz F A, et al. 2015. Rh-catalyzed C—C bond cleavage by transfer hydroformylation. Science, 347: 56-60.

Nagy R, Drissner D, Amrhein N, et al. 2009. Mycorrhizal phosphate uptake pathway in tomato is phosphorus-repressible and transcriptionally regulated. New Phytologist, 181: 950-959.

Napper S, Kindrachuk J, Olson D J H, et al. 2003. Selective extraction and characterization of a histidine-phosphorylated peptide using immobilized copper(II) ion affinity chromatography and matrix-assisted laser desorption/ionization timeof-flight mass spectrometry. Anal Chem, 75 (7): 1741-1747.

Nguyen M T, Keer A V, Vanquickenborne L G. 1996. In search of singlet phosphinidenes. J Org Chem, 61: 7077-7084.

Nicolaou K C, Bulger P G, Sarlah D. 2005. Palladium-catalyzed cross-coupling reactions in total synthesis. Angew Chem Int Ed, 44: 4442-4489.

Nie B, Jin C, Zhong W, et al. 2017. Application and recent progress of phosphoramidate prodrugs strategies and protide technology in drug discovery. Chinese J Org Chem, 37: 2818-2840.

Nie J, Jiang M, Zhang X, et al. 2015. Post-transcriptional regulation of Nkx2-5 by RHAU in heart development. Cell Rep, 13 (4): 723-732.

No J H, de Macedo Dossin F, Zhang Y, et al. 2012. Lipophilic analogs of zoledronate and risedronate inhibit Plasmodium geranylgeranyl diphosphate synthase (GGPPS) and exhibit potent antimalarial activity. PNAS, 109:4058-4063.

Nolen B, Taylor S, Ghosh G. 2004. Regulation of protein kinases; controlling activity through activation segment conformation. Mol Cell, 15(5):661-675.

Nozaki K, Sakai N, Nanno T, et al. 1997. Highly enantioselective hydroformylation of olefins catalyzed by rhodium(I) C complexes of new chiral phosphine-phosphite ligands. J Am Chem Soc, 119: 4413-4423.

Oenema O. 2004. Governmental policies and measures regulating nitrogen and phosphorus from animal manure in European agriculture. Journal of Animal Science, 82(Suppl.): 196-206.

Ojida A, Mito-Oka Y, Sada K, et al. 2004. Molecular recognition and fluorescence sensing of monophosphorylated peptides in aqueous solution by bis (zinc (II)- dipicolylamine)-based artificial receptors. J Am Chem Soc, 126 (8): 2454-2463.

Onel B, Carver M, Wu G, et al. 2016. A new G-quadruplex with hairpin loop immediately upstream of the human BCL2 P1 promoter modulates transcription. J Am Chem Soc, 138 (8): 2563-2570.

Oslund R C, Kee J M, Couvillon A D, et al. 2014. A phosphohistidine proteomics strategy based on elucidation of a unique gas-phase phosphopeptide fragmentation mechanism. J Am Chem Soc, 136 (37): 12899-12911.

Pallan P S, Yang X, Sierant M, et al. 2014. Crystal structure, stability and Ago2 affinity of phosphorodithioate-modified RNAs. RSC Adv, 4(110): 64901-64904.

Pang B, Zhou X, Yu H, et al. 2007. Lipid peroxidation dominates the chemistry of DNA adduct formation in a mouse model of inflammation. Carcinogenesis, 28(8): 1807-1813.

Parang K, Till J H, Ablooglu A J, et al. 2001. Mechanism-based design of a protein kinase inhibitor. Nat Struct Mol Biol, 8 (1):37.

Patel B H, Percivalle C, Ritson D J, et al. 2015. Common origins of RNA, protein and lipid precursors in a cyanosulfidic protometabolism. Nat Chem, 7 (4): 301-307.

Patel D, Tuna F, McInnes E J L, et al. 2013. An actinide zintl cluster: a tris(triamidouranium) heptaphosphanortricyclane and its diverse synthetic utility. Angew Chem Int Ed, 52: 13334-13337.

Peng Y, Yu W, Li E, et al. 2016. Discovery of an orally active and liver-targeted prodrug of 5-fluoro-2'-deoxyuridine for thetreatment of hepatocellular carcinoma. J Med Chem,59: 3661-3670.

Perkins C, Martin J, Arduengo A, et al.1980. An electrically neutral σ-sulfuranyl radical from the homolysis of a perester with neighboring sulfenyl sulfur: 9-S-3 species. J Am Chem Soc, 102 (26): 7753-7759.

Petersen K H, Nielsen J. 1990. Chemical synthesis of dimer ribonucleotides containing internucleotidic phosphorodithioate linkages. Tetrahedron Lett, 31(6): 911-914.

Pierre S, Eschenhagen T, Geisslinger G, et al. 2009. Capturing adenylyl cyclases as potential drug targets. Nat Rev Drug Discov, 8 (4): 321-335.

Ponnamperuma C, Kirk P. 1964. Synthesis of deoxyadenosine under simulated primitive earth conditions. Nature, 203: 400-401.

Ponnamperuma C, Mack R. 1965. Nucleotide synthesis under possible primitive earth conditions. Science, 148(3674): 1221-1223.

Ponnamperuma C, Mariner R, Sagan C. 1963. Formation of adenosine by ultraviolet irradiation of a solution of adenine and ribose. Nature, 198: 1199-1200.

Pradere U, Garnier-Amblard E C, Coats S J, et al. 2014. Synthesis of nucleoside phosphate and phosphonate prodrugs. Chem Rev, 114: 9154-9218.

Qiao J S, Kong X H,Hu Z X, et al. 2014. High-mobility transport anisotropy and lineardichroism in few-layer black phosphorus. Nat Commun, 5: 4475.

Quin L D, Bryson J G. 1967. 1-methylphosphole. J Am Chem Soc, 89: 5984-5985.

Rabinowitz J. 1969. Preparation and transformation of esters. XXXIII . condensation and (or) phosphorylation reactions in aqueous solution of organic compounds containing hydroxy, carboxy, amino and other functional groups with linear or cyclic phosphates. Helv Chim Acta, 52(8): 2663-2671.

Ramirez F. 1968. Oxyphosphoranes. Acc Chem Res, 1 (6): 168-174.

Ramirez F. 1974. Syntheses via oxyphosphoranes. Synthesis, (2): 90-113.

Ray T, Mills A, Dyson P. 1995. Tris-dependent oxidative DNA strand scission during electrophoresis. Electrophoresis, 16(1): 888-894.

Ray T, Weaden J, Dyson P. 1992. Tris-dependent site-specific cleavage of streptomyces lividans DNA. FEMS Microbiol Lett, 96(2-3): 247-252.

Reppe V W, Schweckendiek W J. 1948. Cyclisierende polymerisation von acetylen. III benzol, benzolderivate und hydroaromatische verbindungen. Justus Liebigs Annalen der Chemie, 560 (1): 104-116.

Rodriguez R, Miller K M, Forment J V, et al. 2012. Small-molecule–induced DNA damage identifies alternative DNA structures in human genes. Nat Chem Biol, 8 (3): 301-310.

Roy S, Caruthers M. 2013. Synthesis of DNA/RNA and their analogs via phosphoramidite and H-phosphonate chemistries. Molecules, 18(11): 14268-14284.

Roy S, Paul S, Roy M, et al. 2017. Pyridinium boranephosphonate modified DNA oligonucleotides. J Org Chem, 82(3): 1420-1427.

Rupaimoole R, Slack F J. 2017. MicroRNA therapeutics: towards a new era for the management of cancer and other diseases. Nat Rev Drug Discov, 16 (3): 203-221.

Saffhill R. 1970. Selective phosphorylation of the *cis*-2',3'-diol of unprotected ribonucleosides with trimetaphosphate in aqueous solution. J Org Chem, 35(9): 2881-2883.

Saha D, Singh A, Hussain T, et al. 2017. Epigenetic suppression of human telomerase (hTERT) is mediated by the metastasis suppressor NME2 in a G-quadruplex-dependent fashion. Biol Chem, 292 (37): 15205-15215.

Scherer O J.1990.Complexes with substituent-free acyclic and cyclic phosphorus, arsenic, antimony, and bismuth ligands.Angew Chem Int Ed, 29: 1104-1122.

Schramm G. 1963. Synthesis of nucleosides and polynucleotides with metaphosphte esters// Origins Prebiol. Systems Their Mol. Matrices, Proc. Conf., Wakulla Springs, Fla: 299-309.

Schröder J J, Neeteson J J. 2008. Nutrient management regulations in the Netherlands. Geoderma, 144: 418-425.

Schwartz A W. 2006. Phosphorus in prebiotic chemistry: philosophical transactions of the royal society of London. Series B Biolog Sci, 361: 1743-1749.

Schwartz A, Ponnamperuma C. 1968. Phosphorylation of adenosine with linear polyphosphate salts in aqueous solution. Nature, 218: 443.

Seguin T J, Wheeler S E. 2016. Electrostatic basis for enantioselective Brønsted-acid-catalvzed asymmetric ring openings of *meso*-epoxides. ACS Catal, 6: 2681-2688.

Service R F. 2015. Biochemistry. Origin-of-life puzzle cracked. Science, 347 (6228): 1298.

Sheldriek W S. 1978. Topics in Current Chemistry-organic Chemistry. New York: Springer-Verlay: 1-48.

Shin Y, Brangwynne C P. 2017. Liquid phase condensation in cell physiology and disease. Science, 357(6357): 1253.

Sicre C, Braga A A C, Maseras F, et al. 2008. Mechanistic insights into the transmetalation step of a Suzuki-Miyaura reaction of 2(4)-bromopyridines: characterization of an intermediate. Tetrahedron, 64: 7437-7443.

Siddiqui-Jain A, Grand C L, Bearss D J, et al. 2002. Direct evidence for a G-quadruplex in a promoter region and its targeting with a small molecule to repress c-MYC transcription. Proc Natl Acad Sci U S A, 99 (18): 11593-11598.

Sivriev H, Kaleva V, Borissov G.1986. Synthesis of polyurethanes from phosphorus-and nitrogen-containing diols obtained on the basis of tetrakis (hydroxymethyl) phosphonium chloride. Eur Polym J, 22: 761-765.

Slaugh L H, Mullineaux R D. 1968. Novel hydroformylation catalysts. J Organomet Chem, 13 (2): 469-477.

Smith S E, Andrew F S, Jakobsen I. 2003. Mycorrhizal fungi can dominate phosphate supply to plants irrespective of growth responses. Plant Physiology, 133: 16-20.

Smith S E, Jakobsen I, Grønlund M, et al. 2011. Roles of arbuscular mycorrhizas in plant phosphorus nutrition: interactions between pathways of phosphorus uptake in Arbuscular mycorrhizal roots have important implications for understanding and manipulating plant phosphorus acquisition. Plant Physiology, 156: 1050-1057.

Song K, Burgin A J. 2017. Perpetual phosphorus cycling: eutrophication amplifies biological control on internal phosphorus loading in agricultural reservoirs. Ecosystems, 20 (8):1483-1493.

Spies P, Erker G, Kehr G, et al. 2007. Rapid intramolecular heterolytic dihydrogen activation by a four-membered heterocyclic phosphane-borane adduct. Chem Commun, 47:5072-5074.

Spies P, Schwendemann S, Lange S, et al. 2008. Metal-free catalytic hydrogenation of enamines, imines, and conjugated phosphinoalkenylboranes. Angew Chem Int Ed, 47: 7543-7546.

Spiess F N, Macdonald K C, Atwater T, et al. 1980. East pacific rise: hot springs and geophysical experiments. Science, 207 (4438): 1421-1433.

Sun L, Peng Y, Yu W, et al. 2020.Mechanistic insight into antiretroviral potency of 2'-deoxy-2'-β-fluoro-4'-azidocytidine (FNC) with a long-lasting effect on HIV-1 prevention. J Med Chem, 63: 8554-8566.

Sutherland E W, Rall T W. 1958. Fractionation and characterization of a cyclic adenine ribonucleotide formed by tissue particles. J Biol Chem, 232(2):1077-1091.

Swamy K C K, Kumar N S. 2006. New features in pentacoordinate phosphorus chemistry. Acc Chem Res, 39: 324-333.

Swamy K K, Kumaraswamy S, Said M A, et al. 2000. Cyclic hexacoordinate phosphorus compounds. Curr Sci: 473-478.

Szostak J W, Bartel D P, Luisi P L. 2001. Synthesizing life. Nature, 409 (6818): 387-390.

Tanaka N, McCalley D V. 2015. Core-shell, ultrasmall particles, monoliths, and other support materials in high-performance liquid chromatography. Analytical Chemistry, 88 (1): 279-298.

Taylor S S, Ilouz R, Zhang P, et al. 2012. Assembly of allosteric macromolecular switches: lessons from PKA. Nature Reviews Molecular Cell Biology, 13: 646-658.

Teichert J F, Feringa B L. 2010. Phosphoramidites: privileged ligands in asymmetric catalysis. Angew Chem Int, 49 (14): 2486-2528.

Thakur R K, Kumar P, Halder K, et al. 2009. Metastases suppressor NM23-H2 interaction with G-quadruplex DNA within c-MYC promoter nuclease hypersensitive element induces c-MYC expression. Nucleic Acids Res, 37 (1): 172-183.

Thornton P J, Kadri H, Miccoli A, et al. 2016. Nucleoside phosphate and phosphonate prodrug clinical candidates. J Med Chem, 59: 10400-10410.

Todd A. 1959. Some aspects of phosphate chemistry. Proc Natl Acad Sci U S A, 45(9): 1389-

1397.

Todd L. 1981.Where there's life, there's phosphorus.//Makoto K, Keiko N, Tairo O. Science and Scientists. Tokyo: Japan Sci Soc Press: 275-279.

Tofan D, Cummins C C.2010.Photochemical incorporation of diphosphorus units into organic molecules. Angew Chem Int Ed, 49: 7516-7518.

Transue W J, Velian A, Nava M, et al. 2017. Mechanism and scope of phosphinidene transfer from dibenzo-7-phosphanorbornadiene compounds. J Am Chem Soc,139: 10822-10831.

Trentini D B, Fuhrmann J, Mechtler K, et al. 2014. Chasing phosphoarginine proteins: development of a selective enrichment method using a phosphatase trap. Molecular & Cellular Proteomics, 13 (8): 1953-1964.

Trentini D B, Suskiewicz M J, Heuck A, et al. 2016. Arginine phosphorylation marks proteins for degradation by a Clp protease. Nature, 539 (7627): 48-53.

Trippett S, Waddling R E L. 1979. The stereochemistry of nucleophile substitution at phosphorus in pentacovalent phosphoranes. Tetrahedron Letters, 2:193-196.

Trost B M, Li C J. 1994. Novel" umpolung" in CC bond formation catalyzed by triphenylphosphine. J Am Chem Soc, 116: 3167-3168.

Tsuhako M, Fujimoto M, Ohashi S. 1984. Phosphorylation of nucleosides with sodium cyclo-triphosphate. Bull Chem Soc Jpn, 57(11): 3274-3280.

Turner J A. 2015. The Pesticide Manual. 17 Ed. Alton: BCPC (British Crop Production Council): 215.

Wächtershäuser G. 2006. From volcanic origins of chemoautotrophic life to bacteria, archaea and eukarya. Phil Trans R Soc B, 361: 1787-1808.

Waehneldt T V, Fox S W. 1967. Phosphorylation of nucleosides with polyphosphoric acid, biochim. Biophys Acta, 134(1): 1-8.

Wang G, Shen R, Xu Q, et al. 2010. Stereospecific coupling of H-phosphinates and secondary phosphine oxides with amines and alcohols: a general method for the preparation of optically active organophosphorus acid derivatives. J Org Chem, 75(11): 3890-3892.

Wang L, Chen S, Vergin K L, et al. 2011. DNA phosphorothioation is widespread and quantized in bacterial genomes. Proc Natl Acad Sci USA, 108(7): 2963-2968.

Wang L, Chen S, Xu T, et al. 2007. Phosphorothioation of DNA in bacteria by dnd genes. Nat Chem Biol, 3(11): 709.

Wang S K, Wu Y, Wang X Q, et al.2017. Discovery of small molecules for repressing cap-independent translation of human vascular endothelial growth factor (h VEGF) as novel antitumor agents. Med Chem, 60 (13): 5306-5319.

Wang T, Han X, Zhong F, et al. 2016. Amino acid-derived bifunctional phosphines for enantioselective transformations. Acc Chem Res, 49: 1369-1378.

Wang X L, Yang K K, Wang Y Z. 2001. Physical and chemical effects of diethyl *N,N'*-diethanolaminomethylphosphate on flame retardancy of rigid polyurethane foam. J Appl Polym Sci, 82, 276-282.

Welch G C, Juan R R S, Masuda J D, et al. 2016. Reversible, metal-free hydrogen activation. Science, 314, 1124-1126.

Westheimer F H. 1968. Pseudo-rotation in the hydrolysis of phosphate esters. Acc Chem Res, 1 (3): 70-78.

White R H. 1984. Hydrolytic stability of biomolecules at high-temperatures and its implication for life at 250-degrees-C. Nature, 310 (5976), 430-432.

Wolfe A L, Singh K, Zhong Y, et al. 2014. RNA G-quadruplexes cause eIF4A-dependent oncogene translation in cancer. Nature, 513 (7516), 65-70.

Wolfenden R, Ridgway C, Young G. 1998. Spontaneous hydrolysis of ionized phosphate monoesters and diesters and the proficiencies of phosphatases and phosphodiesterases as catalysts. J Am Chem Soc, 120 (4): 833-834.

Xia F, Wang H, Jia Y. 2014a. Rediscovering black phosphorus as an anisotropic layered material for optoelectronics and electronics. Nat Commun, 5: 4458.

Xia Y, Liu Y L, Xie Y, et al. 2014b. A combination therapy for KRAS-driven lung adenocarcinomas using lipophilic bisphosphonates and rapamycin. Sci Transl Med, 6(263): 263-161.

Xia Y, Xie Y, Yu Z, et al. 2018. The mevalonate pathway is a druggable target for vaccine adjuvant discovery. Cell, 175:1059-1073.

Xu L, Chi Y, Du S, et al. 2016. Direct synthesis of phospholyl lithium from white phosphorus. Angew Chem Int, 55 (32): 9187-9190.

Xu Z, Bai X F, Zheng L S, et al.2018. Novel multistereogenic ligand-controlled catalytic asymmetric reactions. Science, 360 (6387): 9-12.

Yamagata Y, Watanabe H, Saitoh M, et al. 1991. Volcanic production of polyphosphates and its relevance to prebiotic evolution. Nature, 352 (6335): 516-519.

Yamaji N, Takemoto Y, Miyaji T, et al. 2017. Reducing phosphorus accumulation in rice grains with an impaired transporter in the node. Nature, 541: 92-95.

Yamanaka J, Inomata K, Yamagata Y. 1988. Condensation of oligoglycines with trimeta- and tetrametaphosphate in aqueous solutions. Origins Life Evol Biosphere, 18(3): 165-178.

Yu L, Liu Z, Fang H, et al. 2005. Synthesis, characteristics and biological activity of pentacoordinated spirophosphoranes derived from amino acids. Amino Acids, 28(4): 369-372.

Yu L, Liu Z, Fang H, et al. 2005. Synthesis, characteristics and biological activity of pentacoordinated spirophosphoranes derived from amino acids. Amino Acids, 28 (4):369-372.

Yuan Z, Jiang S, Sheng H, et al. 2018. Human perturbation of the global phosphorus cycle: changes and consequences. Environ Sci Technol, 52 (5): 2438-2450.

Zhang C, Lu X. 1995. Phosphine-catalyzed cycloaddition of 2,3-butadienoates or 2-butynoates with electron-deficient olefins. A novel [3+2] annulation approach to cyclopentenes. J Org Chem, 60: 2906-2908.

Zhang C, Lu X. 1995. Umpolung addition reaction of nucleophiles to 2,3-butadienoates catalyzed by a phosphine. Synlett, 6:645-646.

Zhang K, Donnelly C J, Haeusler A R, et al. 2015. The C9ORF72 repeat expansion disrupts nucleocytoplasmic transport. Nature, 525 (7567), 56-61.

Zhang Y, Cai Z, Chi Y, et al. 2021. Diphenyl diselenide-catalyzed synthesis of triaryl phosphites and triaryl phosphates from white phosphorus. Org Lett, 23: 5158-5163.

Zheng Z, Liu S, Wang B, et al. 2015. Preparation of a novel phosphorus- and nitrogen-containing flame retardant and its synergistic effect in the intumescent flame-retarding polypropylene system. Polym Compo, 36: 1606-1619.

Zhou H J, Ye M L, Dong J, et al. 2013. Robust phosphoproteome enrichment using monodisperse microsphere-based immobilized titanium(IV) ion affinity chromatography. Nat Protoc, 8 (3): 461-480.

Zhou X, He X, Liang J, et al. 2005. A novel DNA modification by sulphur. Mol Microbiol, 57(5): 1428-1438.

Zhou Y, Wang G, Saga Y, et al. 2010. Stereospecific halogenation of P (O)-H bonds with copper(II) chloride affording optically active Z1Z2P (O) Cl. J Org Chem, 75 (22): 7924-7927.

Zhu J, An K. 2013. Mechanistic insight into the CO_2 capture by amidophosphoranes: interplay of the ring strain and the trans influence determines the reactivity of the frustrated lewis pairs. Chem Asian J, 8: 3147-3151.

Zhu J, An K. 2014. Why does activation of the weaker C=S bond in CS_2 by P/N-based frustrated Lewis pairs require more energy than that of the C=O bond in CO_2? A DFT study. Organometallics, 33: 7141-7146.

Zhu Y G, Smith S E, Barritt A R, et al. 2001.Phosphorus (P) efficiencies and mycorrhizal responsiveness of old and modern wheat cultivars. Plant and Soil, 237, 249-255.

关键词索引